Medizinische Informatik
und Statistik

Herausgeber: S. Koller, P. L. Reichertz und K. Überla

48

H.-Erich Wichmann

Regulationsmodelle und ihre Anwendung auf die Blutbildung

Springer-Verlag
Berlin Heidelberg New York Tokyo 1984

Reihenherausgeber
S. Koller P. L. Reichertz K. Überla

Mitherausgeber
J. Anderson G. Goos F. Gremy H.-J. Jesdinsky H.-J. Lange
B. Schneider G. Segmüller G. Wagner

Autor

H.-Erich Wichmann
Medizinische Universitätsklinik Köln
Joseph-Stelzmann-Straße 9, 5000 Köln 41

ISBN-13:978-3-540-12892-2   e-ISBN-13:978-3-642-82156-1
DOI: 10.1007/978-3-642-82156-1

CIP-Kurztitelaufnahme der Deutschen Bibliothek: Wichmann, Heinz-Erich: Regulationsmodelle und
ihre Anwendung auf die Blutbildung / H.-Erich Wichmann. – Berlin; Heidelberg; New York; Tokyo:
Springer, 1984.
(Medizinische Informatik und Statistik; 48)
ISBN-13:978-3-540-12892-2

NE: GT

2145/3140 – 5 4 3 2 1 0

Dieses Buch ist meiner Frau

Margarett-Ann gewidmet

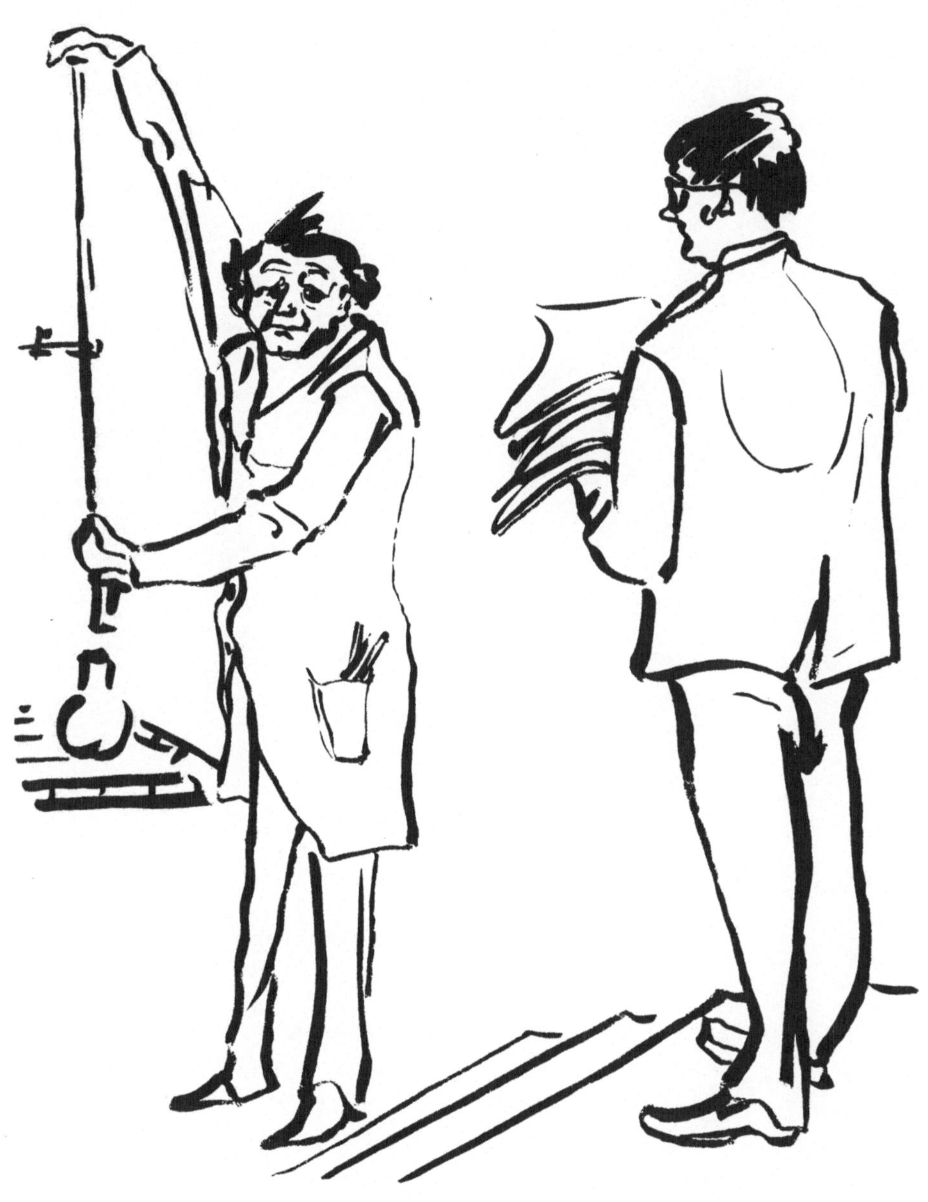

Ihre Daten müssen wir leider zurückgehen lassen
- Sie halten unserem Modell nicht stand

Vorwort

Kann die Biomathematik dem Kliniker und dem forschenden
Mediziner Einsichten vermitteln, die über eine statisti-
sche Auswertung hinausgehen?

In der Tat ist es möglich, Funktionsabläufe im Körper
mit Hilfe mathematischer Formeln nachzuvollziehen. Das
Produkt, ein mathematisches Modell, kann dann statt des
Originals untersucht werden. Mit ihm kann man experimentieren und aus seinen "Reaktionen" kann man Rückschlüsse
auf die zugrundeliegenden Mechanismen ziehen. Insofern
hat es Ähnlichkeit mit einem Tiermodell, welches man
ebenfalls statt des "Originals" Mensch untersucht, weil
man mit ihm experimentieren und an ihm ausgedehnte Messungen vornehmen kann. Vom mathematischen Modell, wie
vom Tiermodell, lassen sich die gewonnenen Erkenntnisse
mehr oder weniger gut auf die Vorgänge im menschlichen
Körper übertragen. Diese Übertragung gelingt um so besser, je "ähnlicher" das Versuchstier dem Menschen ist
bzw. je adäquater das mathematische Modell die wahren
Vorgänge beschreibt.

Aus der letztgenannten Voraussetzung ergibt sich, daß
mathematische Modelle nur sinnvoll für solche Bereiche
der Medizin konstruiert werden können, in denen der
Kenntnisstand über Physiologie und Pathophysiologie der
Abläufe fortgeschritten ist. Dies ist bei der Regulation
der Blutbildung der Fall, und so ist es nicht verwunderlich, daß in diesem Bereich schon früh an mathematischen
Modellen gearbeitet wurde.

Es kommt eine zweite Voraussetzung für ein brauchbares
mathematisches Modell hinzu, und das ist die richtige
Umsetzung des biologischen Wissens in die Sprache der
Mathematik. Diese Voraussetzung klingt einfach, erweist
sich aber als überaus schwierig, denn es muß ein geeig-
neter Mittelweg gefunden werden zwischen einer möglichst

einfachen Beschreibung und der Berücksichtigung aller
wichtigen Einflußgrößen. Insbesondere bei der Regulation
der Hämozytopoese ist eine Fülle von Einflußgrößen bekannt. Es ist aber durchaus unklar, welche davon essen-
tiell sind und welche eine untergeordnete Rolle spielen.
Ferner liegen die quantitativen Zusammenhänge nicht offen
zutage, sondern müssen erst aus der Reaktion des Regelsystems auf Stimulation, Suppression oder pathologische
Veränderungen ermittelt werden.

In dem vorliegenden Buch ist es m.E. gelungen, die genannten beiden fundamentalen Forderungen an die mathematische Modellbildung zu erfüllen: das Erarbeiten eines
leistungsfähigen mathematischen Formalismus und seine
adäquate Anwendung auf das interessierende biologisch-
medizinische Problem. Insbesondere die praktische Rele-
vanz des vorgelegten Modells kann ich als Hämatologe
beurteilen: Das gewählte Beispiel des Regelkreises der
Thrombozytopoese ist m.W. zum ersten Mal in derart gründ-
licher Weise bearbeitet worden. Die Analyse liefert eine
erhebliche Präzisierung des Wissens, besonders, was die
Thrombopoetinwirkungen im Knochenmark betrifft. Ferner
erlaubt sie wichtige Aussagen über pathophysiologische
Mechanismen, von der stimulierenden Wirkung eines Operationstraumas auf die Blutbildung bis zur Rolle einer vergrößerten Milz bei der Regulation.

Das Buch zeigt auf, wie durch enge Verflechtung mathematischen und medizinischen Denkens neue Wege der Erkennt-
nisgewinnung eröffnet werden, welche als Ergänzung neben
die klassische Verfahren der Beobachtung und des Experiments treten und der Bildung voraussagefähiger Theorien
dienen.

Es ist diesem neuen Gebiet zu wünschen, daß es Kliniker,
Experimentatoren und Biomathematiker zu einer vertieften
und fruchtbaren interdisziplinären Kooperation zusammen-

führt. Der vorliegende Band ist ein erster gelungener Schritt in diese Richtung. Ich wünsche ihm eine breite Resonanz in den beteiligten Fachgebieten.

Köln, im November 1983   Prof. Dr. Rudolf Gross

Der vorliegende Band ist weitgehend identisch mit meiner
Habilitationsschrift, welche der Medizinischen Fakultät
der Universität Köln im Jahr 1982 vorgelegt wurde. Herr
Prof.Dr.R. Gross (Medizinische Klinik) und Herr Prof.Dr.
V. Weidtman (Institut für Medizinische Dokumentation und
Statistik) haben diese Arbeit uneingeschränkt gefördert.
Die Herren Prof.Dr.D. Gerhardts, Dr.P. Herkenrath und
Dr.M. Löffler haben zahlreiche Anregungen gegeben, welche
in die endgültige Formulierung eingeflossen sind. Herr
S. Gontard und Herr C. Wesselborg haben wertvolle techni-
sche Hilfe geleistet. Den Genannten danke ich vielmals
für ihre Unterstützung.

                        H.-Erich Wichmann

Inhaltsverzeichnis

0 Einführung

0.1 Wozu mathematische Modelle?

Ein Modell ist ein Abbild von etwas oder ein Vorbild
für etwas. Sein Wesen besteht darin, daß es einige
Eigenschaften des Originals widerspiegelt, andere ver-
missen läßt und zusätzliche Eigenschaften aufweist,
welche das Original nicht kennt (STACHOWIAK 1973).
Statt des eigentlich interessierenden Objekts, nämlich
des Originals, wird das Modell studiert, und zwar in
der Regel weil es einfacher zu handhaben ist, leichter
zugänglich ist, oder, wie in der Medizin, am Original
bestimmte Untersuchungen aus ethischen Gründen nicht
durchführbar sind. So werden in der Hämatologie Mäuse,
Ratten, Kaninchen, Schafe und Hunde als 'Tiermodelle'
verwendet, weil man deren Blutbildung, die große Ähnlichkeit mit der menschlichen Hämopoese hat, im Experiment gründlich analysieren kann. Dafür nimmt man den
Nachteil in Kauf, daß die Erfahrungen am Versuchstier
möglicherweise nicht in allen Details auf den Menschen
übertragbar sind.

Ähnliches gilt auch für mathematische Modelle. Als erste
Disziplin hat sich die Physik dieses Hilfsmittels be-
dient, und wegen des großen Erfolges dieser Methode hat
sich ein ganzer Wissenschaftszweig ausgebildet, die Theoretische Physik, der sich nicht mehr mit der Realität
beschäftigt, sondern nur noch mit Modellen dieser Realität.

In die Medizin haben mathematische Modelle erst später
Einzug gehalten, wobei am Anfang entscheidungstheoreti-
sche Modelle für das Testen biologischer Hypothesen
standen, aus denen sich die moderne Teststatistik ent-

wickelt hat. Modelle zur Simulation komplexer biologischer Abläufe sind dagegen erst in den letzten 20 Jahren entstanden (SCHNEIDER 1966, FUCHS 1972). Diese Entwicklung ist parallel zur Verbesserung der Computertechnologie verlaufen, welche erst die Anwendung von Näherungsverfahren praktikabel gemacht hat. Mittlerweile gibt es eine Vielzahl von Anwendungen wie Compartmentmodelle in der Pharmakokinetik, welche den Fluß von Substanzen durch den Körper beschreiben, Diagnose- und Therapiemodelle, welche den ärztlichen Entscheidungsvorgang simulieren, Mustererkennungsmodelle, welche zur automatischen EKG - oder EEG - Analyse eingesetzt werden, Modelle in der Sinnesphysiologie und Modelle zur Simulation biochemischer Reaktionsabläufe.

Rückkopplungsmodelle stellen eine spezielle Form mathematischer Modelle dar. Bei diesen wird nicht nur versucht, den Fluß von Zellen oder Substanzen zu charakterisieren, es wird zusätzlich der Fluß von Informationen betrachtet. Die Informationsübertragung ist Voraussetzung dafür, daß sich ein Fließgleichgewicht einstellen und der jeweiligen Bedarfssituation anpassen kann. Der menschliche Körper bietet unzählige Beispiele für derartige Regulationsvorgänge, doch nur relativ wenige sind hinreichend gut untersucht, um sich für eine Modellbeschreibung zu eignen. Hier seien der Regelkreis Hypothalamus - Hypophyse - periphere Hormonbildungsstätten (SCHENZLE 1980), das neuromuskuläre Reflexverhalten (VON FOERSTER 1967), die Regelung des Herzkreislaufsystems (RANFT 1978a), die Aktivierung des Gerinnungssystems (RICHTER 1982) sowie das Regulationssystem der Blutbildung erwähnt. Mit letzterem beschäftigt sich die vorliegende Arbeit.

0.2 <u>Problemstellung und Zielsetzung</u>

Die Zellen der Erythropoese, Granulopoese und Thrombopoese stammen von einer gemeinsamen hämopoetischen
Stammzelle ab. Diese hat die Fähigkeit, sich selbst
zu erneuern und in alle drei Zellentwicklungsreihen
zu differenzieren. Sie ist, ebenso wie die frühen
differenzierten Zellen, morphologisch nicht identifi-
zierbar und kann nur indirekt bestimmt werden. Demgegenüber können die reiferen Vorstufen, die sich ebenso wie
die Stammzellen überwiegend im Knochenmark befinden,
mit den üblichen **Färbetechniken klassifiziert werden.**
Sie werden nach Abschluß der Reifung als Erythrozyten,
Granulozyten und Thrombozyten ins Blut ausgeschüttet und
haben dort lebenswichtige Aufgaben beim Sauerstofftrans-
port, bei der Abwehr und bei der Blutgerinnung zu erfüllen.

Wegen der großen Bedeutung der peripheren Zellen ist es
nicht verwunderlich, daß es eigene Kontrollinstanzen
gibt, welche prüfen, ob sie in ausreichender Anzahl
vorhanden sind. Als Informationsträger dienen dabei die
Rückkopplungshormone der Hämopoese, deren Aufgabe darin
besteht, die Bedarfsmeldung an die Produktionsstätten
im Knochenmark weiterzuleiten. Das Wechselspiel von
Bedarfsmeldung und Bedarfserfüllung garantiert, daß
beim Gesunden eine erstaunlich konstante Zahl von Blutzellen gebildet wird. Nach Störungen des Gleichgewichts,
z.B. durch Zellverlust, sorgt der Regelkreis dafür, daß
sich die Zahl der Funktionszellen möglichst schnell
erholt und daß das alte Fließgleichgewicht sich wieder
einstellt. Bei einer veränderten Bedarfslage schließlich,
die durch andere Umweltbedingungen (z.B. Hypoxie) oder
durch krankhafte Prozesse (z.B. Hämolyse) verursacht
sein kann, stellt sich ein neues Fließgleichgewicht ein,
welches dieser Situation besser angepaßt ist.

Durch gezielte Stimulation oder Suppression der
Hämopoese beim Versuchstier und beim Menschen gelingt
es in gewissem Umfang, Aussagen über die Regulation zu
gewinnen. So kann man messen, wie stark die Knochenmarkproliferation gesteigert oder unterdrückt werden
kann, in welchen Grenzen sich Teilungs- und Reifungszeiten bewegen, wodurch sich in 'Streßsituationen'
gebildete Zellen von normalen Zellen unterscheiden.
Eine Vielzahl von Daten läßt sich aber nicht adäquat
auswerten. Dies sind vor allem die Verlaufskurven der
Zellen und Rückkopplungshormone bei der Rückkehr in
den Normalzustand oder beim Übergang in ein neues
Gleichgewicht. Die verschlüsselten Informationen über
den Regelkreis, die im genauen zeitlichen Ablauf dieses
Vorgangs, in der Stärke der überschießenden Reaktion
und in der Anzahl gedämpfter Schwingungen stecken,
lassen sich nicht ohne weiteres entschlüsseln.

Hier liegt der Ansatzpunkt für die Modellanalyse. Sie
will mit mathematischen Methoden versuchen, das verbor-
gene Wissen über den Regelkreis, welches in den zellkinetischen Daten steckt, wenigstens teilweise freizulegen.
Zu diesem Zweck werden Hypothesen über die aufzuklärenden
Regulationsabläufe mathematisch formuliert und die
Konsequenzen dieser Hypothesen berechnet. Die theoretischen Verlaufskurven, die man dabei erhält, können dann
mit den entsprechenden Meßkurven verglichen werden. Auf
diese Weise läßt sich herausfinden, welche Hypothesen
brauchbar und welche unhaltbar sind. Insgesamt findet
man auf indirektem Weg quantitative Aussagen über Regel-
größen, die auf andere Weise bisher nicht zu erhalten
sind.

Im folgenden soll am Beispiel der Thrombopoese aufgezeigt

werden, wie durch konsequentes Anwenden dieser Methode
ein komplexes Regulationsmodell erstellt werden kann,
welches physiologische und pathophysiologische Einflüsse
berücksichtigt. Um zu garantieren, daß dieses Gesamtmodell hinreichend gut abgesichert ist, wird ein schritt-
weises Vorgehen gewählt. Ausgehend von einem einfachen Grundmodell werden dabei baukastenartig weitere Komponenten hinzugefügt. Das Grundmodell und jede
Komponente werden einzeln auf ihre Eigenschaften hin
untersucht und durch Vergleich mit experimentellen oder
klinischen Daten geprüft.

Bei diesem stufenweisen Aufbau wird in jedem Schritt
das gleiche Konstruktionsschema angewandt: Zunächst
wird eine möglichst übersichtliche Modellstruktur gewählt, welche festlegt, was auf der jeweiligen Stufe
berücksichtigt werden soll. Dann werden die Modellparameter festgelegt, die sich meist aus Gleichgewichtsmes-
sungen der Generationszeiten, Umsatzzeiten, Lebensdauern und Angaben über Zellteilungen ergeben. Zusätzlich
müssen Annahmen über die Dosis- Wirkungs-Beziehungen
zwischen den rückkoppelnden Hormonen und den Zellen
im Knochenmark gemacht werden, welche der direkten Messung nicht zugänglich sind.

Diese Komponenten führen zu den Modellgleichungen,
welche das Kernstück des mathematischen Modells darstellen. Im folgenden werden nichtlineare Differentialgleichungen verwendet. Durch Veränderung von Anfangswerten, Vorgabe von Randbedingungen oder Variation der
Modellparameter können akute oder chronische Stimulationsexperimente ebenso mit Hilfe der Modellgleichungen
simuliert werden wie veränderte Umweltbedingungen, Krankheiten oder Therapieeinflüsse. Diese Simulationsrechnungen liefern die Modellergebnisse. Dazu zählen zeit-

liche Verläufe von Zellzahlen oder Hormonkonzentrationen
ebenso wie Markierungskurven oder neue Gleichgewichtswerte.

Die Modellergebnisse sind die Grundlage für die Modellprüfung, bei welcher, wie bereits erwähnt, die theoretisch berechneten mit den gemessenen Werten verglichen
werden. Dies ist der entscheidende Schritt, denn hier
zeigt sich, ob die Modellannahmen mit der Wirklich-
keit verträglich sind und ob das Modell die wichtigsten
Einflußgrößen berücksichtigt. Abschließend folgt die
Sensitivitätsanalyse, bei der durch Modifikation der
Annahmen und der Parameterwerte geprüft wird, wie emp-
findlich die einzelnen Größen eingehen und ob alternative Modellhypothesen möglicherweise ebenfalls in der
Lage sind, die gemessenen Daten zu reproduzieren.

Dieses Schema (vom Festlegen der Modellstruktur bis zur
Sensitivitätsanalyse) wird auf jeder Komplexitätsstufe
angewandt. Dadurch ist weitgehend sichergestellt,
daß das komplexe Gesamtmodell, welches am Ende vorliegt,
transparent bleibt und nur wenige ungeprüfte Annahmen
enthält, die man zudem präzise benennen kann.

Ein derart konstruiertes mathematisches Modell kann
folgendes leisten (WICHMANN und GROSS 1981, WICHMANN
1982b):

- Es zeigt auf, welche Größen eine entscheidende Rolle
  bei der Regulation spielen und welche von untergeordneter Bedeutung sind.

- Es erlaubt auf indirektem Wege Aussagen über Wirkme-
  chanismen, welche der direkten Messung nicht zugänglich sind.

- Es ermöglicht das quantitative Testen biologischer
  Hypothesen.

- Es stellt Hilfsmittel zur Abschätzung der Proliferationsverhältnisse beim Patienten bereit, welche klinisch eingesetzt werden können.

- Eine weitere Anwendung ist das Aufzeigen relevanter Fragestellungen sowie das Erarbeiten und Optimieren von Untersuchungsprotokollen und Versuchsplänen. Dadurch ist es möglich, die Modellerkenntnisse auszunutzen und in enger Zusammenarbeit mit Experimentatoren und Klinikern gezielt auf neue Fragen anzuwenden.

Bevor das dargestellte Konzept auf die Thrombopoese angewandt werden kann, müssen die mathematischen Hilfsmittel bereitgestellt werden. Hierzu wird ein allgemeiner Ansatz für partielle Differentialgleichungen gewählt, den VON FOERSTER (1959) entwickelt hat, und welcher die Altersstruktur der untersuchten Zellcompartments und deren zeitliche Veränderung betrachtet. Der Begriff 'Compartment' wird dabei ganz allgemein zur Charakterisierung funktioneller Einheiten von Zellen oder Substanzen verwendet und ist im Einzelfall genauer zu spezifizieren. Die benötigten Differentialgleichungen für Stammzellen, proliferierende, reifende und ausgereifte Zellen lassen sich in geschlossener Form aus diesem Formalismus herleiten.

0.3 Bestehende mathematische Modelle zur Hämopoese

0.3.1 Stammzellregulation

Hämopoetische Stammzellen haben zwei Eigenschaften, die sie von allen übrigen Zellen des blutbildenden Systems unterscheiden: Sie sind selbstreproduzierend und pluripotent. Eine Zelle heißt dabei selbstreproduzierend,

wenn sie die Fähigkeit zu (nahezu) unbegrenzter Proliferation hat, ohne daß sich ihre Eigenschaften spürbar
ändern. Sie heißt pluripotent, wenn sie in verschiedene
Zellentwicklungsreihen (Erythropoese, Granulopoese,
Thrombopoese) differenzieren kann.

Die Eigenschaft der Pluripotenz wird nur bei den eigent-
lichen Mutterzellen der Blutbildung gefunden, die als
pluripotente Stammzellen bezeichnet werden. Im Gegensatz
dazu verlieren die differenzierten Tochterzellen diese
Fähigkeit und können sich nur in eine der drei Zellinien
weiterentwickeln. Sie besitzen aber noch eine limitierte
Selbsterhaltungspotenz und werden deshalb als determinierte Stammzellen bezeichnet (KUBANEK und HEIT 1978).

Die Stammzellregulation unterliegt einem komplexen
Wechselspiel kurzreichweitiger und langreichweitiger
Einflüsse der erythropoetischen, granulopoetischen und
thrombopoetischen Zellen. Die kurzreichweitige Rückkopplung erfolgt dabei intramedullär, während die langreich-
weitige Rückkopplung von den Funktionszellen im Blut
ausgeht und vorwiegend die determinierten Stammzellen
beeinflußt.

In einer Vielzahl von mathematischen Modellen ist versucht worden, diese komplizierten Zusammenhänge zu vereinfachen und die wesentlichen Regulationsmechanismen zu
verstehen (LAJTHA et al. 1962, NEWTON 1965, 1966,
KRETCHMAR 1966, SACHER und TRUCCO 1966, OKUNEWICK und
KRETCHMAR 1967, 1968, KIEFER 1968, HIRSCHFELD 1970,
HRADIL und SMID 1971, KOSCHEL 1975, RANFT 1978b, AARNEAS
1977, 1978, GRUDININ et al. 1978, REINCKE und SLATKIN
1975, NECAS et al. 1980, LOEFFLER et al. 1980, 1981,
1982, LOEFFLER 1982, WICHMANN und LOEFFLER 1983).

Daneben beschäftigen sich mehrere Modelle mit einem
wichtigen Teilaspekt der Stammzellregulation. Unter bestimmten pathologischen Einflüssen, bei speziellen Ver-

suchstierzüchtungen und bei einigen Erkrankungen treten nämlich regelmäßige und dauerhafte Oszillationen der
Blutzellen auf, deren Ursache im Stammzellspeicher liegen dürfte (NAZARENKO 1978, MONICHEV 1978, MACKEY
1978, KAZARINOFF und VAN DEN DRIESSCHE 1979, WICHMANN
1980b,WICHMANN et al. 1982, VON SCHULTHESS und MAZER 1982).

0.3.2 Erythropoese

Rückkopplungsmodelle zur Erythropoese umfassen in der
Regel die determinierten erythropoetischen Stammzellen,
die proliferierenden und reifenden Blasten im Knochenmark, die Retikulozyten und die Erythrozyten. Manche
Autoren betrachten zusätzlich die pluripotenten
Stammzellen. Die Rückkopplung wird in einigen Ansätzen
vereinfacht von der Erythrozytenzahl oder -konzentration
abhängig gemacht. Die meisten Modelle berücksichtigen
jedoch, daß nicht die Zellzahl, sondern die Sauerstoff-
versorgung im Gewebe den erythropoetischen Stimulus
auslöst, und daß das Hormon Erythropoetin als Informationsträger dient (KIRK et al. 1968, 1970, HODGSON 1970,
MYLREA und ABBRECHT 1971, ZNOJIL und VACHA 1975, DUNN
et al. 1980, 1982, PABST et al. 1981, WICHMANN et al.
1981, WICHMANN 1982a,WULFF 1982). Zusätzlich werden **in**
einigen Modellen Erkrankungen der Erythropoese und Therapieeinflüsse untersucht(DÜCHTING 1973,1976, WICHMANN 1976,
WICHMANN et al. 1976, WICHMANN und SPECHTMEYER 1977).

Neben diesen Regulationsmodellen gibt es eine Vielzahl
ferrokinetischer Modelle, welche den Eisenstoffwechsel
im Gleichgewicht analysieren und seine Störungen quantifizieren (z.B. POLLYCOVE und MORTIMER 1961, GARBY et
al. 1963, NOONEY 1966, GROTH et al. 1970, WELLNER und
KUTZIM 1971, BAROSI et al. 1976, 1978). Diese Modell-

analysen liefern als Nebenprodukt wichtige Informationen
über das Fließgleichgewicht der erythropoetischen Zellen,
das bei den untersuchten Patienten besteht. Dadurch sind
Rückschlüsse auf die Regulation und auf den Angriffspunkt
der Krankheit im Regelkreis möglich.

0.3.3 Granulopoese

Der Regelkreis der Granulopoese umfaßt determinierte
granulopoetische Stammzellen, Proliferations-,Reifungs-
und Reservespeicher im Knochenmark sowie zirkulierende
und randständige Granulozyten im Blut. Die Rückkopplung
erfolgt über ein oder mehrere 'Granulopoetine', welche
auf die frühen Vorstufen wirken. Ferner kann der Reservespeicher im Knochenmark durch andere Einflußfaktoren
entleert werden. Neben diesen Zusammenhängen werden in
einigen mathematischen Modellen zusätzlich der pluripotente Stammzellspeicher und der Funktionsspeicher
im Gewebe berücksichtigt (KING-SMITH und MORLEY 1970,
REEVE 1973, PRASSE et al. 1973, RUBINOW und LEBOWITZ
1975, STEINBACH et al. 1976, 1980).

Ferner untersuchen einige Autoren Leukämien und andere
Erkrankungen des granulopoetischen Systems (WHELDON et
al. 1974, RUBINOW und LEBOWITZ 1976a,b).

0.3.4 Thrombopoese

Bisher gibt es nur wenige Versuche, die Regulation der
Thrombopoese mathematisch zu beschreiben. Neben eigenen
Ansätzen (WICHMANN et al. 1979, WICHMANN 1980a,WICHMANN
und GERHARDTS 1981), die in den späteren Kapiteln behandelt werden sollen, liegen nur die Arbeiten von GRAY
und KIRK (1971) und GUMOWSKI und SOURIAC (1977) vor.

Modell von GRAY und KIRK (1971)

Dieses Modell stellt eine Übertragung des Modells der
Erythropoese von KIRK et al. (1968) auf die Thrombopoese dar. Es besteht aus 5 gekoppelten Differentialgleichungen mit Zeitverzögerung, welche die Gesamtzahl und
den aktiven Anteil der pluripotenten Stammzellen, einen Inhibitor der Stammzellproliferation, die Thrombozyten und das Rückkopplungshormon Thrombopoetin reprä-
sentieren. Der Stammzellinhibitor kontrolliert die
Größe des Stammzellspeichers, während das Thrombopoetin
die Differenzierungsrate aus dem Stammzellspeicher festlegt. Die Produktion des Thrombopoetins ist wiederum
durch die Thrombozytenzahl bestimmt. Die Thrombozyten
werden altersunabhängig abgebaut. Die Modellsimulation
beschränkt sich auf zwei Kurven zur Erholung der Thrombozytenzahl nach akuter Thrombozytopenie und Thrombozytose bei Ratten.

Modell von GUMOWSKI und SOURIAC (1977)

Dieses Modell besteht aus zwei Differentialgleichungen
mit Zeitverzögerung und drei weiteren expliziten Gleichungen. Es berücksichtigt die Megakaryozytenzahl, die
Thrombozytenzahl in Zirkulation und Milz sowie das
Thrombopoetin. Die Thrombopoetinbildung wird durch die
zirkulierende Thrombozytenzahl und die Thrombozyten-
produktion wiederum durch das Hormon bestimmt. In diesem Modell dient die Zeitverzögerung zur Charakterisierung der Marktransitzeit, während die Thrombozyten
altersunabhängig abgebaut werden. Auch hier sind als
Anwendungsbeispiel zwei Kurven zur Stimulation und
Suppression der Thrombopoese bei Ratten angegeben.

I Mathematischer Formalismus

1 Allgemeine Theorie zur Konstruktion von Blutbildungsmodellen

1.1 Problembeschreibung

Die Regelkreise der Blutbildung lassen sich vereinfacht
in einem Schema wie in Abb. 1.1 darstellen. Ausgehend
von einem Stammzellcompartment durchlaufen die Zellen
mehrere Teilungs- und Reifungscompartments im Knochenmark, bevor sie ins Funktionscompartment im Blut gelangen. Während die Stammzellen sich selbst reproduzieren,
sind die differenzierten proliferierenden und nichtproliferierenden Zellen auf Nachschub aus den jeweiligen Vorgängercompartments angewiesen. Die Rückkopplung
erfolgt über ein Hormon, welches die Zahl der Teilungen
und die Reifungsdauer in den Knochenmarkcompartments
in Abhängigkeit von der Zahl reifer Zellen im Funktionscompartment regelt.

Der übliche Weg bei der mathematischen Beschreibung eines solchen Regelkreises ist die Konstruktion eines
Systems gewöhnlicher Differentialgleichungen, das neben
nichtlinearen Rückkopplungstermen im wesentlichen lineare Gleichungen des Typs $\dot{y} = a - by$ oder Differentialgleichungen mit Zeitverzögerung der Form $\dot{y} = c(t) - c(t
- d)$ enthält. Mit diesen Ansätzen läßt sich das Verhalten des Regelsystems in vielen Fällen gut beschreiben.
Hierbei ergeben sich jedoch zwei wichtige Probleme. Einmal ist es nicht immer möglich, einen eindeutigen Zusammenhang zwischen den Modellparametern und den biologischen Meßgrößen wie Generationszeiten, Teilungshäufigkeiten, Reifungszeiten, Lebensdauern angeben. Zum
anderen ist nicht klar, wie diese Gleichungen zu ver-

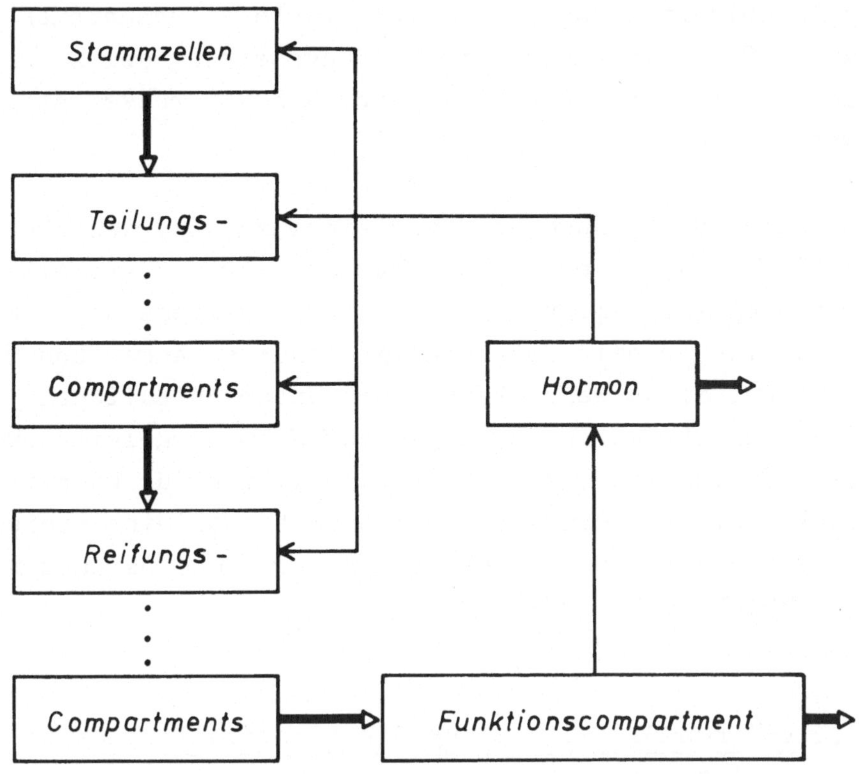

Abb. 1.1 Vereinfachtes Schema der Blutbildung.
(➡ Übergänge von Zellen und Hormonen, ⟶ Regulationsmechanismen)

allgemeinern sind, wenn kompliziertere Mechanismen -
wie z.B. hormongesteuerte Reifungszeiten oder Alterung
und parallellaufender Zellverbrauch - berücksichtigt
werden sollen.

Deshalb soll - ausgehend von einem Ansatz, den VON
FOERSTER (1959) entwickelt hat und der zu partiellen
Differentialgleichungen führt - ein allgemeines Kon-
struktionsprinzip für Modellgleichungen angegeben werden. Auf diese Weise können die unterschiedlichen
Gleichungstypen in geschlossener Form hergeleitet werden. Zusätzlich liefert der Formalismus für kompli-
zierte wie für einfache Zellcompartments eine eindeutige biologische Interpretation der Modellparameter
(WICHMANN 1978, 1979).

1.2 VON FOERSTER-Gleichung für nichtproliferierende Zellsysteme

Sei $N(t)$ die Zahl der Zellen in einem der Reifungscompartments von Abb. 1.1 . Ihre zeitliche Änderung $\dot{N}(t)$
wird durch den Zustrom und Abstrom von Zellen festgelegt. Während die Zuflußrate durch das Vorgängercompart-
ment bestimmt wird, ist die Zahl der Zellen, die abwandern oder verlorengehen, von äußeren Einflüssen und vom
inneren Zustand des Compartments abhängig. Die Zellen
können dabei im allgemeinen nicht als gleichwertig und
gegeneinander austauschbar angesehen werden, denn sie
sind zu verschiedenen Zeiten ins Compartment hineinge-
kommen und werden dieses ebenfalls zu unterschiedlichen
Zeiten verlassen.

Jede Zelle hat somit ein Alter a bezogen auf den Zeitpunkt, zu dem sie ins Compartment gelangt ist. Wenn T

die maximale_Aufenthaltsdauer im Compartment ist, dann
gilt $0 \leqslant a \leqslant T$. Unterteilt man das Intervall $\begin{bmatrix} 0, T \end{bmatrix}$ in
Abschnitte der Länge Δa, dann läßt sich eine Alters-
verteilung_n(a,t) definieren, wobei $n(a,t) \cdot \Delta a$ die
Zellzahl zur Zeit t mit einem Alter zwischen a und
$a + \Delta a$ angibt.

Für die Gesamtzellzahl folgt dann

$$N(t) = \int_0^T n(a,t)\, da \quad . \tag{1.1}$$

Speziell für $a = 0$ ist $\underline{n_0(t) : = n(0,t)}$ die Zuflußrate
ins Compartment, während zu Beginn der Beobachtung
$t = 0$ die Anfangsverteilung_f(a) : = n(a,0) vorliegt.
Betrachtet man die Altersverteilung $n(a,t)$ einen Zeitraum Δt später (wobei ohne Beschränkung der Allgemein-
heit $\Delta t = \Delta a$ gewählt werden soll), dann sind die Zel-
len aus dem Intervall $\begin{bmatrix} 0 , T - \Delta a \end{bmatrix}$ um Δa älter ge-
worden:

$$n(a + \Delta a, t + \Delta t) = n(a,t) \quad \text{oder}$$
$$n(a, t + \Delta t) = n(a - \Delta a, t) , \tag{1.2}$$

und die Zellen aus dem Intervall $\begin{bmatrix} T - \Delta a, T \end{bmatrix}$ sind aus
dem Compartment abgewandert (Abwanderungsrate).
Ist ferner zugelassen, daß zwischen t und $t + \Delta t$ ein
Teil der Zellen verloren geht (z.B. durch Absterben,
Verbrauch, vorzeitiges Verlassen des Compartments),
dann kann man eine Verlustfunktion_$\Theta(a,t) \geqslant 0$ definieren, und es folgt

$$n(a, t + \Delta t) = n(a - \Delta a, t) - n(a - \Delta a, t)\, \Theta(a - \Delta a, t)\Delta a. \tag{1.3}$$

Diese Situation ist in Abb. 1.2 wiedergegeben.

Die Taylorentwicklung nach der Zeit und dem Alter liefert

$$n(a,t+\Delta t) = n(a,t) + \frac{\partial n(a,t)}{\partial t}\,\Delta t + 0(\Delta t)$$

$$n(a-\Delta a,t) = (a,t) - \frac{\partial n(a,t)}{\partial a}\,\Delta a + 0(\Delta a),$$

(1.4)

und mit $\Delta t = \Delta a \to 0$ geht Gleichung (1.3) über in

$$\boxed{\frac{\partial n(a,t)}{\partial t} + \frac{\partial n(a,t)}{\partial a} = -\,n(a,t)\cdot\Theta(a,t)}.$$

(1.5)

Diese partielle Differentialgleichung wird als
VON FOERSTER Gleichung bezeichnet.

Differenziert man die Gesamtzellzahl N(t) nach der Zeit,
dann folgt aus (1.1) und (1.5)

$$\dot{N}(t) = \int_0^T \frac{\partial n}{\partial t}(a,t)\,da = -\int_0^T \frac{\partial n}{\partial a}(a,t)\,da - \int_0^T n(a,t)\cdot\Theta(a,t)\,da$$

oder

$$\boxed{\dot{N}(t) = n(0,t) - n(T,t) - \int_0^T n(a,t)\cdot\Theta(a,t)\,da}.$$

(1.6)

Dies ist die integrale Form der VON FOERSTER - Gleichung.
Die einzelnen Terme dieser Integrodifferentialgleichung
lassen sich biologisch interpretieren als Zuflußrate
n(0,t),Abwanderungsrate n(T,t) und Verlustrate
$\int_0^T n(a,t)\cdot\Theta(a,t)\,da.$

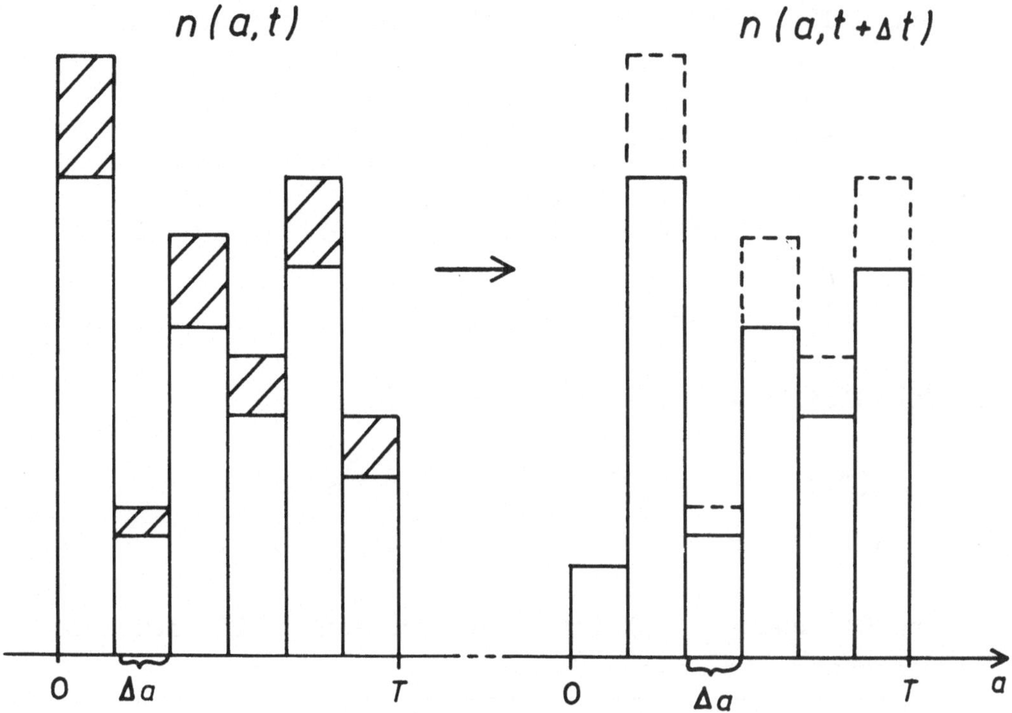

Abb. 1.2 Zeitliche Änderung der Altersverteilung
n(a,t). Beim Übergang von t nach t + Δ t rückt die
Altersverteilung um Δ a = Δ t nach rechts. Dabei gehen die schraffierten Flächen (Verlustrate) und die
rechte Säule (Abwanderungsrate) im linken Diagramm
verloren. Im rechten Diagramm kommt dafür die linke
Säule (Zuflußrate) hinzu.

Nun sollen einige Spezialfälle untersucht werden.

1.2.1 Spezialfall 1: Kein Zellverlust ($\Theta(a,t) = 0$)

Hierfür liefert die VON FOERSTER - Gleichung (1.6)

$$\dot{N}(t) = n(0,t) - n(T,t) = n_0(t) - n(T,t) \quad . \tag{1.7}$$

Aus Gleichung (1.2) folgt unmittelbar

$$n(T,t) = n(T-t,0) = f(T-t) \text{ für } t \leqslant T$$
$$n(T,t) = n(0,t-T) = n_0(t-T) \text{ für } t > T \quad ,$$

und Gleichung (1.7) nimmt die Form einer Differentialgleichung mit fester Zeitverzögerung T an:

$$\boxed{\dot{N}(t) = n_0(t) - \begin{cases} f(T-t) & t \leqslant T \\ n_0(t-T) & t > T \end{cases}} \quad . \tag{1.8}$$

1.2.2 Spezialfall 2: Altersunabhängiger Zellverlust ($\Theta(a,t) = 1 = \text{const.}$)

Gleichung (1.6) liefert unmittelbar

$$\dot{N}(t) = n(0,t) - n(T,t) - 1\,N(t) \quad . \tag{1.9}$$

Für hinreichend großes 1 ($1\,N(t) \gg n(T,t)$)
ergibt sich somit

$$\boxed{\dot{N}(t) = n_0(t) - 1\,N(t)} \quad , \tag{1.10}$$

also eine gewöhnliche Differentialgleichung ohne Verzögerung.

1.3 Altersverteilung, Altersfunktion, Verweilfunktion

Die VON FOERSTER - Gleichungen machen Aussagen über
die gesamte Altersverteilung $n(a,t)$. Wie wirkt sich
aber der Alterungsprozeß auf einzelne Subpopulationen
aus? Zur Untersuchung dieser Frage soll eine ausgewähl-
te Zellgruppe mit dem Alter zwischen a und $a+\Delta a$ auf
ihrem weiteren Weg beobachtet werden. Diese Kohorte ist
identisch mit derjenigen, die zur Zeit

$$t_0 : = t-a = const \qquad (1.11)$$

ein Alter zwischen 0 und Δa hatte. Der Hilfsparameter
t_0 eignet sich zur einfachen Chrakterisierung der betrachteten Kohorte, denn sein Wert ändert sich trivialerweise nicht mit wachsendem Alter.

Aus (1.11) und (1.5) folgt

$$\frac{\partial n(a,t_0+a)}{\partial(t_0+a)} + \frac{\partial n(a,t_0+a)}{\partial a} = -n(a,t_0+a)\cdot\Theta(a,t_0+a). \qquad (1.12)$$

Diese Beziehung ist aber identisch mit der totalen Ableitung

$$\frac{dn(a,t_0+a)}{da} = \frac{\partial n(a,t_0+a)}{\partial(t_0+a)}\cdot\frac{\partial(t_0+a)}{\partial a} + \frac{\partial n(a,t_0+a)}{\partial a}, \qquad (1.13)$$

und die Integration liefert

$$n(a,t_0+a) = n(a_0,t_0+a_0)\cdot e^{-\int_{a_0}^{a}\Theta(a',t_0+a')da'} \qquad (1.14)$$
.

Nach Ersetzen der Hilfsgröße t_0 folgt in der vertrauten Bezeichnungsweise

$$n(a,t)=n(a_0,t-a+a_0)\cdot e^{-\int_{a_0}^{a}\Theta(a',t-a+a')da'} \qquad (1.15)$$

$$0\leqslant a_0 \leqslant a \leqslant t \ .$$

Aus dieser Gleichung lassen sich zwei wichtige Größen ableiten.

(A) Für $\underline{a_0=0}$ folgt

$$\boxed{n(a,t)=n(0,t-a)\cdot\Psi(a,t)} \qquad (1.16)$$

mit

$$\boxed{\Psi(a,t)=\begin{cases} e^{-\int_{0}^{a}\Theta(a',t-a+a')\,da'} & 0\leqslant a\leqslant T \\ 0 & \text{sonst} \end{cases}} \ . \qquad (1.17)$$

$\underline{\Psi(a,t)}$ soll als $\underline{\text{Altersfunktion}}$ bezeichnet werden. Bei fehlender Zeitabhängigkeit ($\Psi(a) = \Psi(a,t)$) heißt $\underline{\Psi(a)}$ $\underline{\text{stationäre Altersfunktion.}}$ Die stationäre Altersfunktion läßt sich unmittelbar an der $\underline{\text{stationären Altersverteilung}}$ $\underline{n(a)}$, der Altersverteilung im Gleichgewicht, ablesen. Hierfür ist nämlich die Zuflußrate n_0 konstant und es gilt nach (1.16)

$$n(a) = n_0\cdot\Psi(a) \ . \qquad (1.18)$$

(B) Für $\underline{a_0=a=t}$ folgt

$$\boxed{n(a,t) = n(a-t,0)\,\chi(a,t)} \qquad (1.19)$$

mit

$$\chi(a,t) = \begin{cases} e^{-\int_{a-t}^{a} \Theta(a',t-a+a')\, da'} & t \leqslant a \leqslant T \\ 0 & \text{sonst} \end{cases} \qquad (1.20)$$

$\chi(a,t)$ heißt <u>Verweilfunktion</u>. Sie gibt an, wie sich die Kohorte, die zum Zeitpunkt t ein Alter zwischen a und a+ Δ a hat, im Laufe der Zeit weiterentwickelt.

Die anschauliche Bedeutung der Altersfunktion und der Verweilfunktion, die in ähnlicher Weise auch bei TRUCCO (1965) verwendet werden, soll an einigen Beispielen dargestellt werden.

1.3.1 Spezialfall 1: Kein Zellverlust (Θ (a,t) = 0)

Aus Gleichung (1.17) folgt

$$\Psi(a) = \Psi(a,t) = \begin{cases} 1 & 0 \leqslant a \leqslant T \\ 0 & \text{sonst} \end{cases} \qquad (1.21)$$

Die Altersfunktion ist also stationär und hat eine Kastenform (Abb. 1.3). Die zugehörige Altersverteilung ist

$$n(a,t) = n(0,t-a) \quad 0 \leqslant a \leqslant T \qquad (1.22)$$

und speziell im Gleichgewicht

$$n(a) = n_0 \;.$$

Gleichung (1.20) liefert für die Verweilfunktion

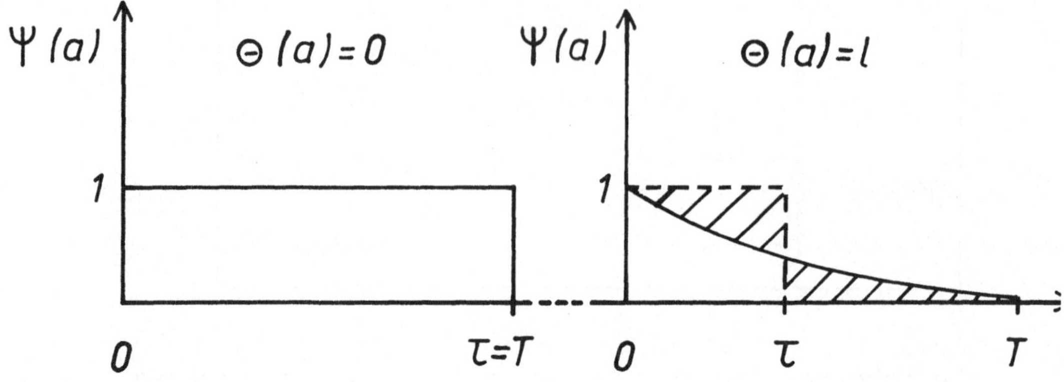

Abb. 1.3 Stationäre Altersfunktion Ψ (a). Links kein Zellverlust (Θ (a) = 0), rechts altersunabhängiger Zellverlust (Θ (a) = 1). T maximale, τ mittlere Aufenthaltsdauer im Zellcompartment. Die schraffierten Flächen sind gleich groß.

$$\chi(a,t) = \begin{cases} 1 & t \leqslant a \leqslant T \\ 0 & \text{sonst} \end{cases} . \qquad (1.23)$$

Eine Kohorte verändert also ihr Aussehen bis zum Verlassen des Compartments nicht:

$$n(a,t) = n(a-t,0) \quad t \leqslant a \leqslant T \qquad (1.24)$$

1.3.2 Spezialfall 2: Altersunabhängiger Zellverlust $(\Theta(a,t) = 1)$

Auch hier ist die Altersfunktion stationär. Sie hat
das Aussehen (Abb. 1.3)

$$\Psi(a) = \Psi(a,t) = \begin{cases} e^{-la} & 0 \leqslant a \leqslant T \\ 0 & \text{sonst} \end{cases} \qquad (1.25)$$

und liefert die exponentiell abfallende Altersverteilung

$$n(a,t) = n(0,t-a) \, e^{-la} \quad 0 \leqslant a \leqslant T . \qquad (1.26)$$

Speziell im Gleichgewicht gilt

$$n(a) = n_0 \, e^{-la} .$$

Für die Verweilfunktion folgt aus (1.20)

$$\chi(a,t) = \begin{cases} e^{-lt} & t \leqslant a \leqslant T \\ 0 & \text{sonst} \end{cases} . \qquad (1.27)$$

Die Zellzahl in einer Kohorte fällt somit exponentiell

ab:

$$n(a,t) = n(a-t,0)\, e^{-lt} \qquad t \leqslant a \leqslant T \quad .\qquad\qquad (1.28)$$

1.3.3 Zeitabhängiger Zellverlust ($\Theta(a,t) = l\exp(-a_1 t)$)

Zeitabhängige Zellverluste findet man bei äußeren Einwirkungen auf das Zellsystem. So tritt z.B. nach einem operativen Eingriff vorübergehend ein Verbrauch von Zellen auf, der nach einiger Zeit wieder verschwindet (Kapitel 9). Die explizite Herleitung der zugehörigen Altersverteilungen wird durch Verwendung der Altersfunktion Ψ wesentlich erleichtert.

Die Verlustfunktion habe das Aussehen

$$\Theta(a,t) = \begin{cases} 0 & t \leqslant 0 \\[2mm] 1 \cdot e^{-a_1 t} & 0 < t \end{cases} \qquad . \qquad\qquad (1.29)$$

Dies entspricht einem Zellverlust, der zur Zeit t=0 beginnt und exponentiell verschwindet. Zur Herleitung der Altersfunktion sei die Abkürzung

$$I_{x,y} := \int_{x}^{y} \Theta(a',t')\, da' \quad \text{mit} \quad t' := t-a+a'$$

eingeführt. Dann gilt nach (1.17)

$$\Psi(a,t) = \begin{cases} e^{-I_{0,a}} & 0 \leqslant a \leqslant T \\[2mm] 0 & \text{sonst} \end{cases} \qquad . \qquad (1.30)$$

Folgende Fallunterscheidung ist vorteilhaft:

(A) $\underline{t \leqq 0}$

Hierfür ist $t' < 0$, und es folgt unmittelbar

$$I_{o,a} = 0 \qquad . \tag{1.31A}$$

(B) $\underline{0 \leq t \leq a}$

Mit der Aufteilung

$$I_{0,a} = I_{0,a-t} + I_{a-t,a}$$

ergibt sich zunächst

$$I_{0,a-t} = 0 \qquad ,$$

da in diesem Integral $t' < 0$ ist. Für das zweite Integral ist $t' > 0$, und es folgt

$$I_{a-t,a} = \int_{a-t}^{a} 1 \, e^{-a_1(t-a+a')} \, da' = 1 \cdot (1 - e^{-a_1 t})/a_1 \tag{1.31B}$$

mit der Vereinfachung

$$I_{a-t,a} = 1 \cdot t \qquad \text{für } a_1 = 0 \quad .$$

(C) $\underline{0 \leq a \leqq t}$

Hier gilt wiederum $t' > 0$, und für das Integral ergibt sich

$$I_{0,a} = 1 \cdot e^{-a_1(t-a)} (1 - e^{-a_1 a})/a_1 \tag{1.31C}$$

mit der Vereinfachung

$$I_{0,a} = 1 \cdot a \quad \text{für } a_1 = 0 \quad .$$

Aus (A), (B) und (C) läßt sich die Altersfunktion $\Psi(a,t)$ zusammensetzen. Für den vereinfachten Fall $a_1 = 0$ ergibt sich dabei

$$\Psi(a,t) = \begin{cases} 1 & t \leqslant 0 \\ e^{-lt} & 0 < t \leqslant a \leqslant T \\ e^{-la} & a < t \leqslant T \\ 0 & \text{sonst} \end{cases} \qquad . \qquad (1.32)$$

Die Formel für den allgemeinen Fall $a_1 \neq 0$ folgt in entsprechender Weise aus (1.31A, B, C).

Weitere Anwendungsbeispiele für kompliziertere Formen eines alters- oder zeitabhängigen Zellverlustes **sind von** TRUCCO (1965) untersucht worden.

1.4 Mittlere Aufenthaltsdauer

Die maximale Aufenthaltsdauer T und die Verlustfunktion $\Theta(a,t)$ sind oftmals experimentell nicht zugänglich. Die mittlere Aufenthaltsdauer der Zellen in einem Compartment kann dagegen in der Regel gemessen werden. Daher ist es von Interesse, T oder $\Theta(a,t)$ durch diese zu ersetzen.

Die mittlere Aufenthaltsdauer τ im Zellcompartment soll als das Integral über die stationäre Altersfunktion,

$$\tau := \int_0^T \Psi(a)\, da \, , \qquad\qquad (1.33)$$

mit $\Psi(a) = \Psi(a,t)$ gemäß (1.17) definiert werden. Die Existenz einer stationären Altersfunktion setzt eine zeitunabhängige Verlustfunktion $\Theta(a) = \Theta(a,t)$ voraus, und es gilt

$$\Psi(a) = e^{-\int_0^a \Theta(a')\, da'} \, . \qquad\qquad (1.34)$$

Wie bereits ausgeführt, legt die stationäre Altersfunktion die Altersverteilung im Gleichgewicht

$$n(a) = n_0 \Psi(a) \qquad\qquad (1.35)$$

fest. Durch Integration ergibt sich hieraus die Gesamtzellzahl im Gleichgewicht

$$\boxed{N = n_0 \cdot \tau} \, . \qquad\qquad (1.36)$$

Diese fundamentale Beziehung zwischen Zellzahl N, Zuflußrate n_0 und mittlerer Aufenthaltsdauer τ wird in vielen Gleichgewichtsanalysen benötigt. Sie läßt sich ebenso aus der üblichen Mittelwertdefinition für τ herleiten, bei der über die Häufigkeitsverteilung der Aufenthaltsdauer integriert wird (COE 1968). Der Unterschied zur hier verwendeten Herleitung mittels Gleichung (1.33) besteht lediglich in einer Achsenvertauschung bei der Integration.

1.4.1 <u>Spezialfall 1: Kein Zellverlust ($\Theta(a,t) = 0$)</u>

Hierfür errechnet sich aus (1.33) und (1.21)

$$\boxed{\tau = T} \quad . \tag{1.37}$$

Damit enthält die Differentialgleichung (1.8) für die Gesamtzellzahl – abgesehen von der Anfangsverteilung f, die vorgegeben werden muß – nur noch die mittlere Aufenthaltsdauer τ und die Zuflußrate n_0:

$$\boxed{\dot{N}(t) = n_0(t) - \begin{cases} f(\tau-t) & t \leqslant \tau \\[2ex] n_0(t-\tau) & t > \tau \end{cases}} \quad . \tag{1.38}$$

Zellcompartments, die durch diese Gleichung adäquat beschrieben werden, bezeichnet man auch als <u>first in - first out - Compartments</u>, da die Zellen, die zur Zeit t – τ ins Compartment gelangt sind, dieses in gleicher Reihenfolge zur Zeit t wieder verlassen. Typische Beispiele sind die Erythrozyten und Thrombozyten, die physiologischerweise erst abgebaut werden, wenn sie ihr maximales Alter erreicht haben.

1.4.2 <u>Spezialfall 2: Altersunabhängiger Zellverlust</u>
<u>($\Theta(a,t) = 1$)</u>

Hier folgt aus (1.33) und (1.25)

$$\tau = \int_0^T e^{-la} \, da = (1 - e^{-lT}) / l \quad . \tag{1.39}$$

Für große $1(1\ T \gg 1)$ vereinfacht sich diese Gleichung
zu

$$\boxed{\tau = 1 / 1} \quad , \tag{1.40}$$

und die Differentialgleichung (1.10) der Gesamtzellzahl
wird zu

$$\boxed{\dot{N}(t) = n_0(t) - N(t)/\tau} \quad . \tag{1.41}$$

Auch hier genügt also die Kenntnis der Zuflußrate $n_0(t)$
und der mittleren Aufenthaltsdauer τ.

Gleichungen des Typs (1.41) charakterisieren random -
Compartments, bei denen die Zellen unabhängig vom Al-
ter proportinal zur Zellzahl im Compartment abwandern.
Ein typischer Vertreter hierfür sind die Granulozyten,
die proportional zu ihrer Anzahl aus der Blutbahn ins
Gewebe übertreten.

1.5 Verallgemeinerung der VON FOERSTER - Gleichung auf zustandsabhängige Aufenthaltszeiten

Im folgenden soll die maximale Aufenthaltsdauer T im
Compartment vom Zustand des Systems abhängen. Dieser
werde durch die Größe H(t) symbolisiert, die z.B. als
Konzentration des regulierenden Hormons (Abb. 1.1)
verstanden werden kann. Für T ergibt sich daraus die im-
plizite Zeitabhängigkeit

$$T(t) = T(H(t)) \quad . \tag{1.42}$$

Die differentielle VON FOERSTER - Gleichung (1.5) ändert sich hierdurch nicht, wohl aber die integrale

Form (1.6). Die Gesamtzellzahl N(t) wird nämlich zu

$$N(t) = \int_0^{T(t)} n(a,t)\, da \quad , \tag{1.43}$$

und die Differentiation liefert einen zusätzlichen Term, der von T abhängt (BRONSTEIN und SEMENDJAJEW 1971, S.349):

$$\dot{N}(t) = \int_0^{T(t)} \frac{\partial n(a,t)}{\partial t}\, da + \dot{T}(t)\, n(T(t),t) \quad . \tag{1.44}$$

Nach Einsetzen von (1.5) ergibt sich insgesamt

$$\dot{N}(t) = n(0,t) - (1-\dot{T}(t))n(T(t),t) - \int_0^{T(t)} n(a,t)\cdot\Theta(a,t)\, da \quad , \tag{1.45}$$

die verallgemeinerte VON FOERSTER - Gleichung für zeitabhängiges T(t).

Sie unterscheidet sich von (1.6) durch eine veränderte Abwanderungsrate aus dem Compartment. Für diese muß allerdings zusätzlich die Einschränkung

$$(1-\dot{T}(t))\, n(T(t),t) \geqslant 0 \tag{1.46}$$

gefordert werden, denn es ist biologisch unmöglich, bereits abgewanderte Zellen ins Compartment zurückzuholen. (1.46) ist wegen $n(T,t) \geqslant 0$ äquivalent zu $\dot{T}(t) \leqslant 1$.

Die obigen Betrachtungen des Gleichgewichtszustandes

lassen sich auf den verallgemeinerten Fall übertragen,
wenn mit

$$\tau = \tau(H) := \int_{0}^{T(H)} \Psi(a)\, da \qquad (1.47)$$

eine zustandsabhängige mittlere Aufenthaltsdauer definiert wird. Hierbei sind H und T(H) die entsprechenden
Gleichgewichtswerte des Hormons und der hormonabhängi-
gen Aufenthaltsdauer.

Die experimentelle Bestimmung von τ ist schwieriger als
im Fall einer festen Aufenthaltsdauer, denn streng genommen müßte jeder Gleichgewichtswert $\tau(H)$ einzeln gemessen werden. Ein praktikabler Ausweg ist hier die
Festlegung der Funktion $\tau(H)$ durch wenige charakteristi-
sche Werte (WICHMANN et al. 1979).

1.5.1 Spezialfall 1: Kein Zellverlust ($\Theta(a,t) = 0$)

Hierfür folgt in direkter Verallgemeinerung von Gleichung (1.37)

$$\boxed{\tau(t) = T(t)} \quad , \qquad (1.48)$$

und Gleichung (1.38) geht über in

$$\boxed{\dot{N}(t) = n_0(t) - (1 - \dot{\tau}(t)) \cdot \begin{cases} f(\tau(t)-t),\ t \leqslant \tau(t) \\[2ex] n_0(t-\tau(t)),\ t > \tau(t) \end{cases}} \qquad (1.49)$$

mit der Nebenbedingung

$$\dot{\tau}(t) \leqslant 1 \quad .$$

1.5.2 Spezialfall 2: Altersunabhängiger, aber zustandsabhängiger Zellverlust: $(\Theta\,(a,t) = l(t) = l(H(t)))$

Auch hier lassen sich die obigen Überlegungen für konstantes l übertragen,und es folgt

$$\tau(t) = \frac{1}{l(t)} \left(1 - e^{-l(t)\,\cdot\,T(t)}\right) \quad . \tag{1.50}$$

Gleichung (1.9) geht über in

$$\dot{N}(t) = n_0(t) - (1 - \dot{T}(t))\,n(T(t),t) - l(t)\cdot N(t) \quad . \tag{1.51}$$

Für hinreichend großes $l(t)$ $(l(t)\cdot T(t) \gg 1$ und

$$l(t)\cdot N(t) \gg (1 - \dot{T}(t)\,n(T,t)) \quad \text{gilt somit}$$

$$\boxed{\dot{N}(t) = n_0(t) - \frac{1}{\tau(t)}\,N(t)} \tag{1.52}$$

mit der mittleren Aufenthaltsdauer

$$\boxed{\tau(t) = \frac{1}{l(t)}} \quad . \tag{1.53}$$

Gleichung (1.49) ist die verallgemeinerte Form von Gleichung (1.38) und entspricht einer Differentialgleichung mit variabler Retardierung. Sie kann z.B. zur Beschreibung von Reifungscompartments im Knochenmark dienen, deren Transitzeit vom aktuellen Bedarf im Funktionscompartment abhängt (WICHMANN und THOMAS 1978, BOCK und SCHLOEDER 1980).

Gleichung (1.52) entspricht als Verallgemeinerung von Gleichung (1.41) einer gewöhnlichen, nichtlinearen Differentialgleichung. Sie eignet sich zur Charakterisierung eines altersunabhängigen Zellabbaus mit variabler Abbaurate. Hier wäre etwa der bedarfsabhängige Verbrauch von weißen Blutzellen bei der 'Abwehrschlacht' gegen Erreger zu nennen. In diesem Fall wäre $H(t)$ eine äußere Bedarfsfunktion, die vom Krankheitszustand bestimmt ist.

Die zweite wichtige Anwendung von Gleichung (1.52) ist ebenfalls die Beschreibung variabler Reifungszeiten im Knochenmark. In vielen Fällen leistet sie das gleiche wie Gleichung (1.49) und ist wegen ihrer einfacheren numerischen Lösbarkeit dieser gegenüber vorzuziehen (WICHMANN und THOMAS 1978).

1.6 Proliferierende Zellsysteme

In der bisherigen Ableitung wurden nur Zellsysteme untersucht, deren Zellen altern und irgendwann das Compartment verlassen. Hierzu zählen die Reifungscompartments und das Funktionscompartment in Abb. 1.1. Betrachtet man jedoch teilungsfähige Zellen, dann müssen die Herleitungen ergänzt werden.

Sei analog zur Verlustfunktion $\Theta(a,t)$ in Gleichung (1.3) eine Zuwachsfunktion $\varphi(a,t)$ definiert. Dann nimmt die VON FOERSTER - Gleichung (unter der Voraussetzung $\Theta(a,t) = 0$, die zur Vereinfachung der Darstellung im folgenden gemacht werden soll) die Form an

$$\frac{\partial n(a,t)}{\partial t} + \frac{\partial n(a,t)}{\partial a} = n(a,t) \cdot \varphi(a,t) \qquad (1.54)$$

oder

$$\dot{N}(t) = n(0,t) + \int_0^T n(a,t)\,\phi(a,t)\,da - n(T,t) \qquad . \ (1.55)$$

Wegen $\ominus(a,t) = 0$ gilt ferner für die mittlere Aufenthaltsdauer

$$\tau = T \quad .$$

Auch hierfür sollen zwei Spezialfälle untersucht werden.

1.6.1 Zellteilung jeweils nach Ablauf eines Generations-
zyklus

Nimmt man an, daß sich alle Zellen exakt nach Ablauf
der Generationszeit T_g teilen, dann kann man eine Zuwachsfunktion der Form

$$\phi(a) = \sum_{y=1}^{m} \delta(y \cdot T_g - a) \qquad (1.56)$$

aufstellen, wobei m Teilungen innerhalb der Aufenthaltsdauer T erfolgen. Die Funktion $\delta(y\,T_g - a)$ ist die um
$y\,T_g$ verschobene Dirac-sche Deltafunktion. Die VON FOER-
STER - Gleichung nimmt die Form an

$$\frac{\partial n(a,t)}{\partial t} + \frac{\partial n(a,t)}{\partial a} = n(a,t) \cdot \sum_{y=1}^{m} \delta(y \cdot T_g - a). \qquad (1.57)$$

Die Integration der rechten Seite liefert (für $\nu\, T_g < T$)

$$\int\limits_0^T n(a,t)\,\delta(\nu T_g - a)\ da = n(\nu \cdot T_g, t)\ , \qquad (1.58)$$

und damit folgt

$$\dot{N}(t) = n(0,t) + n(T_g,t) + n(2T_g,t) + \ldots + n(mT_g,t) - n(T,t). \quad (1.59)$$

Die gleiche Beziehung erhält man im übrigen, wenn das Compartment in Untercompartments der Länge T_g zerlegt wird und die Zellteilung an den Compartmentgrenzen stattfindet:

$$\dot{N}(t) = \dot{N}_1(t) + \dot{N}_2(t) + \ldots + \dot{N}_m(t) \qquad \text{mit}$$

$$\dot{N}_1(t) = n(0,t) - n(T_g,t)$$

$$N_2(t) = 2n(T_g,t) - n(2T_g,t) \qquad\qquad (1.60)$$

$$\ldots$$

$$N_m(t) = 2n(mT_g,t) - n(T,t) \quad .$$

1.6.2 Kontinuierlicher, altersunabhängiger Zuwachs ($\underline{\phi(a,t) = \mu}$)

Mit der gleichen Herleitung wie bei Gleichung (1.6) ergibt sich hier

$$\dot{N}(t) = n_0(t) + \mu\, N(t) - n(T,t) \quad . \qquad (1.61)$$

Gleichung (1.59) entspricht einer Differentialgleichung mit festen Retardierungen und eignet sich zur Beschreibung

von Zellteilungen, bei denen die Generationszeit T_g
wenig streut. Ist die Schwankung der Generationszeit
von Zelle zu Zelle dagegen groß, dann sollte Gleichung
(1.61) verwendet werden.

1.7 Stammzellen

Ein Stammzellcompartment zeichnet sich dadurch aus,
daß es sich selbst unterhält und gleichzeitig Zellen
nach außen abgibt. Es kann als Spezialfall eines proliferierenden Compartments angesehen werden, bei dem
ein Teil der Abwanderungsrate als Zuflußrate erneut ins
Compartment gelangt.

Bezieht man das Alter einer Zelle wie bisher auf die
Anwesenheitsdauer im Compartment, dann führt dies zu
Interprtationsschwierigkeiten, da diese für Stammzel-
len unendlich groß ist. Wird das Alter jedoch auf den
Zellzyklus bezogen, so läßt sich das Problem umgehen.
Deshalb soll im folgenden $0 \leqslant a \leqslant T_g$ gelten, wobei T_g die
maximal mögliche Generationszeit sein soll. Mit $a = 0$
wird dabei das Alter der Zelle unmittelbar nach der
Zellteilung bezeichnet.

Bei dieser Definition erhält die mittlere Verweildauer
(1.33) den Charakter einer mittleren Generationszeit τ_g:

$$\tau_g = \int_0^{T_g} \Psi_g (a) \, da \quad . \tag{1.62}$$

Die stationäre Altersfunktion $\Psi_g(a)$ läßt sich dabei
wie üblich aus der Altersverteilung im Gleichgewicht,

$$n(a) = n_0 \cdot \Psi_g(a) \quad , \tag{1.63}$$

ablesen.

Nun sollen für den vereinfachten Fall fehlenden Zellverlustes $(\Theta\,(a,t) = 0)$ die Spezialfälle des diskreten
und des kontinuierlichen Zellzuwachses untersucht werden.

1.7.1 Zellteilung jeweils nach Ablauf einer festen Generationszeit

Die VON FOERSTER - Gleichung (1.6) liefert für einen
einzelnen Zellzyklus mit der Generationszeit T_g die
Beziehung

$$\dot{N}(t) = n(0,t) - n(T_g,t) \quad . \tag{1.64}$$

Die Zellen mit dem Alter $n(T_g,t)$ teilen sich und bilden
$2n(T_g,t)$ neue Zellen. Wenn $p(t)$ den Anteil dieser Zellen
bezeichnet, der im Compartment bleiben soll, dann gilt

$$n(0,t) = 2\,p(t) \cdot n(T_g,t) \tag{1.65}$$

oder

$$\dot{N}(t) = (2\,p(t) - 1) \cdot n(T_g,t) \tag{1.66}$$

Mit der gleichen Fallunterscheidung wie bei (1.8) gilt
dann

$$\boxed{\dot{N}(t) = (2\,p(t)-1) \cdot \begin{cases} f(T_g-t) & t \leqslant T_g \\[2ex] n_0(t-T_g) & t > T_g \end{cases}} \tag{1.67}$$

mit der Anfangsfunktion $f(T_g-t)$. Ferner gilt

$$\boxed{\tau_g = T_g} \quad , \tag{1.68}$$

die mittlere Generationszeit fällt mit der maximalen zusammen.

Die Größe $p(t) = p(H(t))$ läßt sich als Wahrscheinlichkeit dafür interpretieren, daß die Zellen nach der Mitose Stammzellen bleiben. Sie hängt vom Zustand des Gesamtsystems ab und erfüllt im Gleichgewicht die Bedingung

$$p = p(t) = 0,5 \quad .$$

1.7.2 Kontinuierlicher Zellzuwachs

In diesem Fall gibt es keine feste Generationszeit, nach der sich alle Zellen teilen. Man betrachtet deshalb Zellgruppen (Kohorten) $N_{T_m}(t)$, $n_{T_m}(a,t)$ mit einer Generationszeit, die zwischen T_m und $T_m + \Delta T_m$ liegt. Dann gilt analog zu (1.64) und (1.66)

$$\dot{N}_{T_m}(t) = n_{T_m}(0,t) - n_{T_m}(T_m,t)$$

und

$$\dot{N}_{T_m}(t) = (2\,p(t) - 1) \cdot n_{T_m}(T_m,t) \tag{1.69}$$

mit $T_m \leqslant T_g < T$, wobei T_g die maximale Generationszeit ist (T wird nur aus rechentechnischen Gründen eingeführt).

Unter der vereinfachenden Annahme, daß sich von den

Zellen jeden Alters a ein fester Anteil l teile, gilt
$T_m = a$ und

$$n_{T_m}(T_m,t) = 1 \cdot n(a,t) \quad . \tag{1.70}$$

Für die Gesamtpopulation folgt dann

$$\dot{N}(t) = \int_0^T \dot{N}_{T_m}(t)dT_m = (2\,p(t)-1)\cdot 1 \int_0^T n(a,t)da \tag{1.71}$$

oder

$$\dot{N}(t) = (2\,p(t) - 1) \cdot 1 \cdot N(t) \quad . \tag{1.72}$$

Im Gleichgewicht ergibt sich, wie in (1.16),

$$n(a) = n_0 \cdot \Psi_g(a) = n_0\, e^{-la} \tag{1.73}$$

und

$$\tau_g = \int_0^T e^{-la}\, da = (1-e^{-lT})/1 \quad . $$

Für $T \to \infty$ ergibt sich somit

$$\boxed{\tau_g = 1/l} \tag{1.74}$$

und

$$\boxed{\dot{N}(t) = (2\,p(t) - 1) \cdot N(t)\,/\,\tau_g} \quad . \tag{1.75}$$

Diese Beziehung wird im Stammzellmodell von LOEFFLER

und WICHMANN (1980) verwendet. Hierbei wird von einer
großen Variationsbreite für die Generationszeit T_g
der Einzelzellen ausgegangen.

1.8 Numerische Lösung der Modellgleichungen

Die Differentialgleichungen, für Zellcompartments, die
aus dem VON FOERSTER - Formalismus hergeleitet wurden,
bilden, zusammen mit ähnlichen Gleichungen für die Rückkopplungshormone, im allgemeinen Fall ein autonomes,
nichtlineares Differentialgleichungssystem mit variabler
Retardierung, welches sich in der Form

$$\dot{Y}(t) = F(Y(t), Y(t-\tau_1(Y(t))),\ldots, Y(t-\tau_m(Y(t)))),t > 0$$

$$Y(t) = G(t) \qquad\qquad , \quad t < 0 \qquad (1.76)$$

$$Y(0) = Y_0$$

schreiben läßt. Dabei bezeichnen

$$Y(t) = (Y_1(t),\ldots., Y_n(t))^T$$

den Vektor der Zell- und Hormoncompartments und

$$\tau_i(Y(t)) \geqslant 0 \qquad i = 1,\ldots, m$$

die variablen Retardierungen, welche die Nebenbedingung
$\dot{\tau}_i \leqslant 1$ erfüllen müssen (vgl. Kapitel 1.5).

Die Lösung von (1.76) erfordert numerische Verfahren,
die erst zum Teil entwickelt sind. Deshalb konnte bisher lediglich der vereinfachte Fall _einer_ variablen Retardierung gelöst werden (THOMAS und WICHMANN 1978,
WICHMANN und THOMAS 1978, BOCK und SCHLOEDER 1980).

Für die praktische Modellarbeit wird versucht, (1.76)
entweder in ein System mit fester Retardierung

$$\dot{Y}(t) = F(Y(t), Y(t-\tau_1), \ldots, Y(t-\tau_m)) \quad t > 0$$

$$Y(t) = G(t) \qquad\qquad t < 0 \qquad (1.77)$$

$$Y(0) = Y_0$$

oder in ein gewöhnliches Differentialgleichungssystem
ohne Retardierung

$$\dot{Y}(t) = F(Y(t)) \qquad\qquad t > 0$$
$$\qquad\qquad\qquad (1.78)$$
$$Y(0) = Y_0$$

zu transformieren. Dabei konnte in Simulationsrechnungen
(WICHMANN und THOMAS 1978) gezeigt werden, daß die variable Retardierung, die aus einer variablen Marktransitzeit resultiert, sich ausreichend durch einen zu-
standsabhängigen Übergangskoeffizienten in einer gewöhnlichen Differentialgleichung approximieren läßt. Die
verbleibenden konstanten Retardierungen werden vor allem
zur Beschreibung des altersabhängigen Zellabbaus benötigt.

Zur numerischen Lösung des gewöhnlichen Differentialglei-
chungssystem (1.78) steht eine Fülle von Verfahren zur
Verfügung. Bei den eigenen Arbeiten wurde das Programm
DIFFSYS von BULIRSCH und STOER (1966) verwendet. Hier-
bei handelt es sich um ein Extrapolationsverfahren mit
Schrittweitensteuerung.

Für das Gleichungssystem (1.77) mit fester Retardierung
wird in der vorliegenden Arbeit das Programm RESYS ein-

gesetzt, welches von THOMAS (1973) entwickelt wurde und
auf dem Extrapolationsprogramm DIFFSYS basiert. Statt
bereits gerechnete retardierte Werte zu speichern, wird
bei RESYS das Gleichungssystem bei jedem Überschreiten
des Retardierungsintervalls vergrößert. Der erhöhte Rechenaufwand wird durch die Schrittweitensteuerung mehr
als kompensiert und bedeutet nur selten eine Limitierung.

Alle verwendeten Programme sind in FORTRAN geschrieben.
Die Rechnungen wurden auf der Anlage CDC CYBER 72/76
des Rechenzentrums der Universität Köln ausgeführt.

1.9 Stabilitätseigenschaften

Sei Y = const eine Lösung des retardierten Differential-
gleichungssystems (1.76). Sie erfüllt die Bedingung
$\dot{Y} = 0$ und soll als Gleichgewichtszustand bezeichnet
werden. Der Gleichgewichtszustand Y heißt stabil, wenn
es zu jedem $\varepsilon > 0$ ein $\delta > 0$ gibt, so daß jede Lösung Y(t)
von (1.76) mit

$$\| Y(t) - Y \| < \delta \qquad t < 0$$

die Bedingung

$$\| Y(t) - Y \| < \varepsilon \qquad t \geq 0 \qquad\qquad (1.79)$$

erfüllt. Y heißt lokal asymptotisch stabil, wenn zusätzlich ein $\delta_1 > 0$ existiert, so daß aus

$$\| Y(t) - Y \| < \delta_1 \qquad t < 0$$

die Eigenschaft

$$\lim_{t \to \infty} \| Y(t) - Y \| = 0 \qquad\qquad (1.80)$$

folgt. Schließlich heißt Y global asymptotisch stabil, wenn (1.80) für beliebige Anfangsfunktionen $Y(t < 0)$ gilt.

Anschaulich bedeuten diese Definitionen folgendes: Liegt Stabilität vor, so bleibt die Bewegung $Y(t)$ des Systems bei einer kleinen Auslenkung aus dem Gleichgewichtszustand Y auf Werte in der Nähe von Y beschränkt. Bei lokaler asymptotischer Stabilität kehrt das System nach kleinen Auslenkungen in den Gleichgewichtszustand zurück und bei globaler asymptotischer Stabilität wird der Gleichgewichtszustand auch nach großen Auslenkungen wieder erreicht.

Zur Analyse der Stabilitätseigenschaften von Systemen mit variabler Retardierung der Form (1.76) werden Methoden aus der Theorie der Funktionaldifferentialgleichungen benötigt (HALE 1977). Darauf soll hier nicht eingegangen werden. Bei festen Retardierungen (1.77) sind, ebenso wie bei gewöhnlichen nichtlinearen Gleichungssystemen (1.78), i.a. keine Aussagen über globale Stabilitätseigenschaften möglich. Die Frage, ob lokale Stabilität vorliegt, läßt sich jedoch mit Hilfe des Linearisierungsprinzips untersuchen. Hierzu wird F in der Nähe des Gleichgewichtszustandes Y entwickelt:

$$F(Y^{(1)},\ldots,Y^{(m)}) = F(Y,\ldots,Y) + A_0 Y^{(0)} + \ldots + A_m Y^{(m)} +$$
$$H(Y^{(0)},\ldots,Y^{(m)})$$

mit

$$Y^{(i)} := Y(t-\tau_i),\ i=1,\ldots,m,\ Y^{(0)} := Y(t)\ . \qquad (1.81)$$

Dies führt auf das retardierte lineare Differentialgleichungssystem

$$\dot{Y}(t)=A_0 Y(t)+A_1 Y(t-\tau_1)+\ldots+A_m Y(t-\tau_m), \qquad (1.82)$$

wobei $A_0,\ldots,A_m$ konstante Matrizen sind. Es läßt sich zeigen (BELLMAN und COOKE 1963), daß Y asymptotisch stabil ist,
wenn alle Eigenwerte λ der charakteristischen Gleichung

$$\det(A_0+A_1 e^{-\lambda\tau_1}+\ldots+A_m e^{-\lambda\tau_m}-\lambda I)=0 \qquad (1.83)$$

negative Realteile haben und ferner das Restglied die
Bedingung

$$\lim_{\sum_{i=0}^{m}\|Y^{(i)}\|\to 0} \frac{\|H(Y^{(0)},\ldots,Y^{(m)})\|}{\sum_{i=0}^{m}\|Y^{(i)}\|} = 0 \qquad (1.84)$$

erfüllt.

Für gewöhnliche nichtlineare Differentialgleichungen
lassen sich die Verfahren von LJAPUNOV (1949) anwenden.
Für das Linearisierungsverfahren von LJAPUNOV sind lediglich die Beziehungen (1.81) - (1.84) durch

$$A_i = 0, \quad Y^{(i)} = 0 \quad i = 1, \ldots, m \qquad (1.85)$$

zu vereinfachen. Hierbei erfüllen die Eigenwerte
λ_i die Gleichung

$$a_0 + a_1 \lambda + \ldots + a_n \lambda^n = 0, \qquad (1.86)$$

und die Vorzeichen ihrer Realteile lassen sich aus den

Unterdeterminanten der Hurwitzdeterminante ableiten
(CESARI 1959, WILLEMS 1973).

Bei der Anwendung der Stabilitätsanalyse auf Blutbil-
dungsmodelle sind mehrere Fälle zu unterscheiden. Werden im Modell die pluripotenten Stammzellen berücksichtigt, dann treten nebeneinander Bereiche mit asymptotisch stabilen Lösungen, periodisch oszillierenden Lösungen und komplexeren Oszillationen auf. Dies ist unabhängig davon, ob die Gleichungen explizit Retardierungen
enthalten oder nicht (MACKEY 1978, KAZARINOFF und VAN
DEN DRIESSCHE 1979, WICHMANN 1980b). Bei Hämopoesemodellen, in denen die Markreifungszeit durch konstante Retardierungen beschrieben wird, sind ebenfalls asymptotisch
stabile und periodische Lösungen möglich (AN DER HEIDEN
1979, MACKEY 1979). Werden hingegen die pluripotenten
Stammzellen nicht betrachtet und die unreifen Zellen
durch gewöhnliche Differentialgleichungen beschrieben,
dann treten zumindest in den eigenen Modellen der Erythropoese und Thrombopoese für biologisch sinnvolle Pa-
rameterbereiche nur asymptotisch stabile Lösungen auf.
Dies gilt auch,wenn die Funktionscompartments durch retardierte Gleichungen beschrieben werden (WICHMANN 1976,
WICHMANN und KOEPPEN 1978, WICHMANN und THOMAS 1978,
WICHMANN et al. 1979).

1.10 Parameteridentifizierung

Sind die Modellparameter nicht durch unabhängige Messungen zu erhalten, dann ergibt sich das Problem, sie
aus zeitlichen Verläufen oder Gleichgewichtszuständen
des Systems zu schätzen. Hierbei sollen die gemessenen
Daten möglichst gut reproduziert werden. Dies gelingt
durch Minimierung der quadratischen Form

46

$$\Omega(P) = \sum_{i=1}^{n} a_i (Y_i' - Y_{P,i})^2 \qquad (1.87)$$

für Gleichgewichtszustände oder

$$\Omega(P) = \sum_{j=0}^{m} b_j \left(\sum_{i=1}^{n} a_i (Y_i'(t_j) - Y_{P,i}(t_j))^2 \right) \qquad (1.88)$$

für Verlaufskurven. Dabei bezeichnet P den Parametersatz, der optimiert werden soll,

$$Y' = (Y_1', \dots, Y_n')^T \text{ bzw. } Y'(t_j) = (Y_1'(t_j), \dots, Y_n'(t_j))^T$$

die Meßwerte zu den Zeitpunkten t_j, $j=1,\dots,m$ und

$$Y_P = (Y_{P,1}, \dots, Y_{P,n})^T \text{ bzw. } Y_P(t_j) = (Y_{P,1}(t_j), \dots, Y_{P,n}(t_j))^T$$

die berechneten Gleichgewichtswerte oder Verlaufskurven,
die vom gewählten Parametersatz P abhängen. Die Koeffi-
zienten a_i und b_j sind Gewichtsfaktoren.

Aus der Fülle der Parameteroptimierungsverfahren seien
nur diejenigen erwähnt, die im Zusammenhang mit der Lösung von Differentialgleichungen am häufigsten verwendet
werden. Das Gradientenverfahren (z.B. FLETCHER und PO-
WELL 1963, DAVIDON 1966) benutzt die erste Ableitung
der quadratischen Form (1.87) oder (1.88). Mit einem
Startvektor $P^{(0)}$ beginnend, wird derjenige Parametersatz $P^{(1)}$ ermittelt, der Ω in Richtung des Gradienten
grad $(\Omega(P^{(0)}))$ minimiert. Im nächsten Iterationsschritt
wird das Minimum von Ω in Richtung von grad $(\Omega(P^{(1)}))$
aufgesucht usw. Das Verfahren bricht ab, sobald ein Minimum von $\Omega(P)$ erreicht ist.

Ein Verfahren mit vergleichbarem Rechenaufwand aber
besseren Konvergenzeigenschaften ist das Gauss-Newton-
Verfahren (z.B. DEUFLHARD und APOSTOLESCU 1978). Statt
des nichtlinearen Minimierungsproblems (1.87) oder
(1.88) wird hier bei jedem Iterationsschritt das zugehörige lineare least-squares-Problem gelöst. Das liefert den Lösungsvektor $\Delta P^{(k)}$, welcher dann zur verbes-
serten Schätzung $P^{(k+1)} = P^{(k)} + \Delta P^{(k)}$ führt. Da bei diesem Verfahren die Jacobimatrix berechnet wird, bekommt
man zusätzlich zum optimalen Parametersatz eine Abschätzung der Covarianzmatrix von P, die sich aus der Jacobimatrix des letzten Iterationsschrittes ergibt, so daß
eine Aussage über die Qualität der Parameterschätzung
möglich ist.

Andere Verfahren basieren auf Zufallssuchstrategien
(z.B. BREMERMANN 1970, MILSTEIN 1978). Hierbei wird die
Richtung der Optimierung bei jedem Iterationsschritt
erneut durch Zufallszahlen festgelegt. Dieses Verfahren
ist gut geeignet, wenn man schlechte Anfangsschätzungen
für P hat, also weit vom Minimum entfernt ist. Seine lokale Genauigkeit in der Nähe des Minimums ist hingegen
häufig unbefriedigend.

Ein Nachteil aller erwähnten Verfahren besteht darin,
daß man in jedem Iterationsschritt das Differentialgleichungssystem über das Zeitintervall $[t_0, t_m]$ integrie-
ren muß, um $\Omega(P)$ berechnen zu können. Deshalb wurde von
BOCK eine Methode entwickelt, welche dem Parameterschätz-
problem bei Differentialgleichungen besser angepaßt ist.
(BOCK 1978, 1981a,b). Hierbei werden die Datenpunkte
als Stützstellen gewählt, von denen aus über die entsprechend kleineren Teilintervalle $[t_j, t_{j+1}]$ integriert
wird. Dabei erhält man eine Lösungstrajektorie, die zwar
unstetig ist, dafür aber nahe bei den Daten verläuft.

Aus der Nebenbedingung der Stetigkeit für die endgültige Lösung läßt sich P iterativ verbessern, wobei die
gleichen numerischen Verfahren wie zur Lösung von Rand-
wertproblemen verwendet werden (BULIRSCH 1971). Diese
Methode zeichnet sich durch Robustheit und gute Konvergenzeigenschaften aus.

Die beschriebenen Verfahren sind für solche Parameter-
identifizierungsprobleme gut geeignet, bei denen einerseits die Parameter nicht auf anderem Wege gefunden werden können und andererseits simultane Meßwerte für möglichst viele Variablen vorliegen. Dies ist bei techni-
schen und pharmakologischen Fragestellungen häufig, beim
Regelkreis der Blutbildung hingegen selten der Fall.
Hier müssen oftmals Daten verschiedener Untersucher mit
möglicherweise unterschiedlichen Tierstämmen berücksichtigt werden. Die Praxis zeigt daher schon bald, daß der
Einsatz der Verfahren beschränkt ist.

Hinzu kommt, daß bei Hämopoesemodellen ein großer Teil
der Modellparameter aus unabhängigen Messungen zur Verfügung steht, so daß zumindest diese nicht aus Zeitverläufen geschätzt werden müssen. In den eigenen Arbeiten
wurden deshalb lediglich für monotone Verlaufskurven
(Kapitel 9.3) und für Hilfsfunktionen (WICHMANN 1976,
WULFF 1982) Parameterschätzungen nach dem Gauss-Newton-
Verfahren eingesetzt.

2 Theorie für spezielle Zellsysteme

Die allgemeinen Konstruktionsprinzipien des ersten
Kapitels sollen nun auf spezielle Fragestellungen angewandt werden, die für die Thrombopoese von Bedeutung
sind. Hierzu werden die benötigten Differentialgleichungen und die Gleichungen der Markierungskurven aus
dem VON FOERSTER - Formalismus abgeleitet.

Die Bedeutung dieser Herleitungen ist jedoch nicht auf
die Thrombopoese beschränkt. Insbesondere lassen sich
die Aussagen über Zellmarkierung auch auf andere Zellsysteme anwenden.

2.1 Zwei parallelgeschaltete Compartments mit konstanter Übergangsrate

2.1.1 Kein Zellverlust des Gesamtsystems ($\Theta(a,t) = 0$)

Seien $N_1(t)$ und $N_2(t)$ die Zellzahlen in zwei parallelgeschalteten Compartments. Das Gesamtsystem $N(t)=N_1(t)$
$+N_2(t)$ erfahre keinen Zellverlust und habe die maximale
Aufenthaltsdauer T. Mit $l_{12} > 0$ sei der Übergang von N_1
nach N_2 bezeichnet. Die Verhältnisse sind in Abb. 2.1a
wiedergegeben.

Aus der VON FOERSTER - Gleichung (1.5) folgt für die
Altersverteilung unmittelbar

$$\frac{\partial n(a,t)}{\partial t} + \frac{\partial n(a,t)}{\partial a} = 0$$

$$\frac{\partial n_1(a,t)}{\partial t} + \frac{\partial n_1(a,t)}{\partial a} = -l_{12}\, n_1(a,t)$$

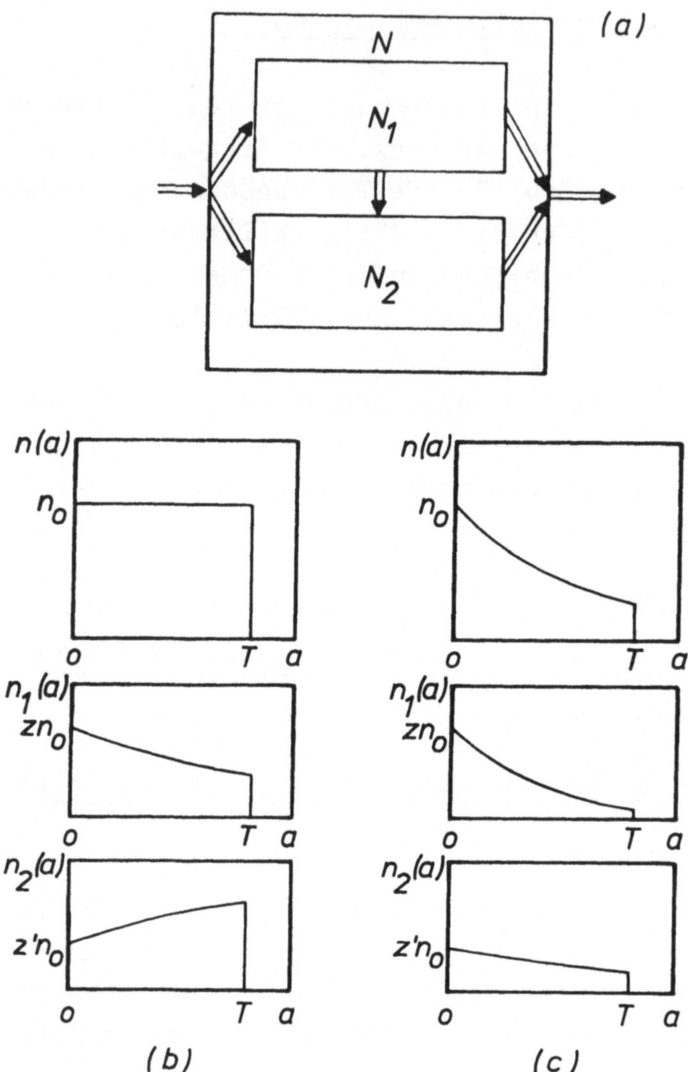

<u>Abb. 2.1</u> Zwei parallelgeschaltete Compartments (N_1 und N_2) mit konstanter Übergangsrate im Gleichgewicht. (a): Schema. Altersverteilung bei fehlendem (b) und altersunabhängigem (c) Zellverlust des Gesamtsystems $N=N_1+N_2$.

$$\frac{\partial n_2(a,t)}{\partial t} + \frac{\partial n_2(a,t)}{\partial a} = l_{12}\, n_1(a,t) \; . \qquad\qquad (2.1)$$

Aus dem Gesamtsystem wandern für $a < T$ keine Zellen ab, während die Rate $l_{12}\, n_1(a,t)$ in Compartment N_1 als Verlust und in Compartment N_2 als Zuwachs auftritt. Auf das Gesamtsystem N lassen sich somit die bisherigen Betrachtungen für Spezialfall 1 (kein Zellverlust) übertragen, während für Compartment N_1 Spezialfall 2 (altersunabhängiger Zellverlust) anwendbar ist. Die Gleichungen für Compartment N_2 folgen dann aus der Differenz dieser beiden.

Nach Integration folgen gemäß (1.6) und (1.9) die Differentialgleichungen

$$\dot{N}(t) = n(0,t) - n(T,t)$$
$$\dot{N}_1(t) = n_1(0,t) - n_1(T,t) - l_{12}\, N_1(t) \qquad\qquad (2.2)$$
$$\dot{N}_2(t) = n_2(0,t) - n_2(T,t) + l_{12}\, N_1(t) \qquad .$$

Für die Altersverteilungen gilt gemäß (1.22) und (1.26)

$$n(a,t) = n(0,t-a)$$
$$n_1(a,t) = n_1(0,t)\, e^{-l_{12}a} \qquad\qquad (2.3)$$
$$n_2(a,t) = n(a,t) - n_1(a,t) \qquad .$$

Nimmt man ferner an, daß vom Zufluß

$$n_0(t) = n(0,t)$$

stets der Anteil

$$n_1(0,t) = z_1 \cdot n_0(t) \qquad\qquad (2.4)$$

ins Compartment N_1 und der Anteil

$$n_2(0,t) = z_2 \cdot n_0 (t) = (1-z_1) \cdot n_0(t)$$

ins Compartment N_2 übergeht, dann folgt aus (2.2) und (2.4)

$$\boxed{\begin{aligned}
\dot{N}(t) &= n_0(t) - n_0 (t-T) \\[2ex]
\dot{N}_1(t) &= z_1 \cdot n_0(t) - z_1 \cdot n_0(t-T)\, e^{-l_{12}T} - l_{12}N_1(t) \\[2ex]
\dot{N}_2(t) &= (1-z_1) \cdot n_0(t) - (1-z_1 e^{-l_{12}T}) n_0(t-T) + l_{12}N_1(t)
\end{aligned}} \qquad (2.5)$$

Im Gleichgewicht schließlich gilt für die Zellzahlen

$$N = n_0\, T$$

$$N_1 = (1-e^{-l_{12}T}) \cdot z_1 \cdot n_0 \,/\, l_{12} \qquad (2.6)$$

$$N_2 = n_0\, T - N_1$$

und für die Altersverteilungen

$$n(a) = n_0$$

$$n_1(a) = z_1\, n_0\, e^{-l_{12}a} \qquad (2.7)$$

$$n_2(a) = n_0\, (1 - z_1\, e^{-l_{12}a})$$

Abb. 2.1b zeigt die stationären Altersverteilungen. Während das Gesamtsystem keinen Verlust erleidet, kommt der exponentielle Abfall im 1. Compartment entsprechend dem 2. Compartment zugute.

Als Anwendungsbeispiel für diesen Compartmenttyp wird in Kapitel 6.3 die Speicherung von Plättchen in der Milz (N_1) und

in der Blutbahn (N_2) behandelt. Mit zunehmendem Alter gehen
Plättchen ($l_{12} \cdot N_1$) von der Milz in die Blutbahn, so daß
sich in der Milz bevorzugt junge, in der Blutbahn dagegen
überwiegend ältere Plättchen befinden.

2.1.2 Altersunabhängiger Zellverlust des Gesamtsystems
($\Theta\,(a,t) = 1$)

Die Herleitung der Modellgleichungen läßt sich analog zum
vorigen Kapitel durchführen. Für die VON FOERSTER - Gleichung
gilt:

$$\frac{\partial n(a,t)}{\partial t} + \frac{\partial n(a,t)}{\partial a} = -\,l\,n(a,t)$$

$$\frac{\partial n_1(a,t)}{\partial t} + \frac{\partial n_1(a,t)}{\partial a} = -\,l_{12}\,n_1(a,t) - l\,n_1(a,t) \qquad (2.8)$$

$$\frac{\partial n_2(a,t)}{\partial t} + \frac{\partial n_2(a,t)}{\partial a} = l_{12}\,n_1(a,t) - l\,n_2(a,t) \quad .$$

Die Integration liefert

$$\dot{N}(t) = n(0,t) - n(T,t) - lN(t)$$

$$\dot{N}_1(t) = n_1(a,t) - n_1(T,t) - l_{12}N_1(t) - lN_1(t) \qquad (2.9)$$

$$\dot{N}_2(t) = n_2(a,t) - n_2(T,t) + l_{12}N_1(t) - lN_2(t) \quad .$$

Für die Altersverteilungen folgt entsprechend

$$n(a,t) = n(0,t-a)\,e^{-la}$$

$$n_1(a,t) = n_1(0,t-a)\, e^{-(l_{12}+l)a} \tag{2.10}$$

$$n_2(a,t) = n(a,t) - n_1(a,t) \quad .$$

Mit $n_1(0,t) = z_1\, n_0(t)$ liefert dies unmittelbar die System-gleichungen

$$\dot{N}(t) = n_0(t) - n_0\,(t-T)\, e^{-lT} - lN(t)$$

$$\dot{N}_1(t) = z_1 n_0(t) - z_1 n_0(t-T)e^{-(l_{12}+l)T} - (l_{12}+l)N_1(t) \tag{2.11}$$

$$\dot{N}_2(t) = (1-z_1)n_0(t) - (1-z_1 e^{-l_{12}T})e^{-lT}n_0(t-T) + l_{12}N_1(t) - lN_2(t)$$

Im Gleichgewicht folgt

$$N = n_0(1-e^{-lT})\,/\,l$$

$$N_1 = z_1\, n_0(1-e^{-(l_{12}+l)T})\,/\,(l_{12}+l) \tag{2.12}$$

$$N_2 = N - N_1 \quad ,$$

und die stationären Altersverteilungen haben das Aussehen

$$n(a) = n_0\, e^{-la}$$

$$n_1(a) = z_1 \cdot n_0\, e^{-(l_{12}+l)a} \tag{2.13}$$

$$n_2(a) = n_0\,(1-z_1\, e^{-l_{12}a})\, e^{-la} \quad .$$

Abb. 2.1c zeigt die Altersverteilungen. Der exponentielle

Abfall im Gesamtsystem verteilt sich unterschiedlich auf die einzelnen Compartments. Während $n_1(a)$ noch schneller als $n(a)$ verkleinert wird, sinkt die Altersverteilung im 2. Compartment langsamer. Sie kann für hinreichend kleine l sogar weiterhin ansteigen.

2.2 Zwei parallelgeschaltete Compartments mit konstanter Übergangsrate und zusätzlicher Teilung

2.2.1 Kein Zellverlust des Gesamtsystems ($\ominus(a,t) = 0$)

Es wird die gleiche Situation wie im Kapitel 2.1 angenommen, nur daß zusätzlich nach der Zeit T' eine Teilung erfolgen soll (Abb. 2.2a). Unterteilt man die bisherigen Compartments N, N_1 und N_2 in

$$N = N' + N''; \quad N_1 = N_1' + N_1''; \quad N_2 = N_2' + N_2'' \quad , \tag{2.14}$$

dann folgt unmittelbar aus (2.5)

$$\dot{N}'(t) = n_0(t) - n_0(t-T')$$

$$\dot{N}_1'(t) = z_1 \cdot n_0(t) - z_1 \cdot n_0(t-T')e^{-l_{12}T'} - l_{12}N_1'(t) \tag{2.15}$$

$$\dot{N}_2'(t) = N'(t) - N_1'(t) \quad .$$

Nach der Teilung gilt entsprechend

$$\dot{N}''(t) = 2 \cdot n_0(t-T') - 2 \cdot n_0(t-T)$$

$$\dot{N}_1''(t) = 2 \cdot z_1 \cdot n_0(t-T')e^{-l_{12}T'} - 2 \cdot z_1 \cdot n_0(t-T)e^{-l_{12}T} - l_{12}N_1''(t)$$

$$\dot{N}_2''(t) = N''(t) - N_1''(t) \quad . \tag{2.16}$$

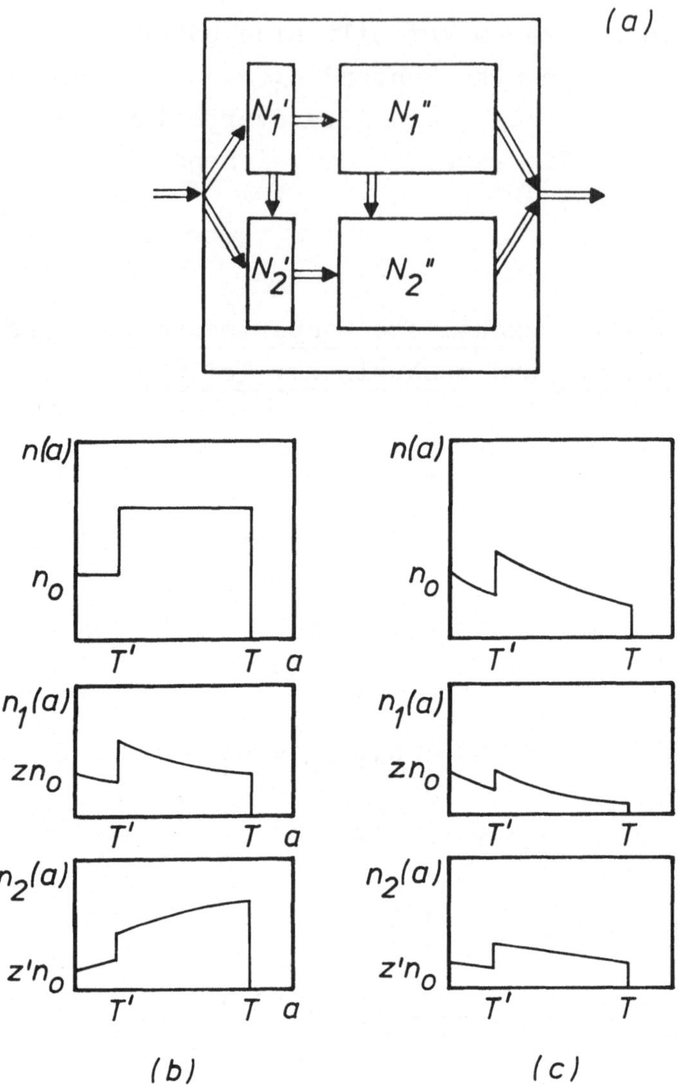

Abb. 2.2 Zwei parallelgeschaltete Compartments ($N_1 = N_1'$ $+N_1"$ und $N_2 = N_2' + N_2"$) mit konstanter Übergangsrate und zusätzlicher Teilung bei T' im Gleichgewicht. (a): Schema. Altersverteilung bei fehlendem (b) und altersunabhängigem (c) Zellverlust des Gesamtsystems $N = N_1 + N_2$.

Die Addition liefert dann

$$\dot{N}(t) = n_0(t) + n_0(t-T') - 2\,n_0(t-T) \tag{2.17}$$

$$\dot{N}_1(t) = z_1 n_0(t) + z_1 n_0(t-T')e^{-l_{12}T'} - 2z_1 n_0(t-T)e^{-l_{12}T} - l_{12}N_1(t)$$

$$\dot{N}_2(t) = (1-z_1)n_0(t) + (1-z_1 e^{-l_{12}T'})n_0(t-T') - 2(1-z_1 e^{-l_{12}T})\cdot$$

$$\cdot n_0(t-T) + l_{12}N_1(t) \quad .$$

Als Gleichgewichtswerte ergeben sich für die Zellzahlen

$$N = n_0 T' + 2\,n_0 \cdot (T-T') = (2\,T-T')\,n_0$$

$$N_1 = (1 + e^{-l_{12}T'} - 2\,e^{-l_{12}T})\,z_1\,n_0 \,/\, l_{12} \tag{2.18}$$

$$N_2 = N - N_1 \quad .$$

Für die stationäre Altersverteilungen ergibt sich mit der
Abkürzung

$$K(a) = \begin{cases} 1 & 0 \leqslant a \leqslant T' \\[2ex] 2 & T' < a \leqslant T \end{cases} \tag{2.19}$$

$$n(a) = n_0 \cdot K(a)$$

$$n_1(a) = z_1\,n_0\,e^{-l_{12}a} \cdot K(a) \tag{2.20}$$

$$n_2(a) = n_0(1 - z_1\,e^{-l_{12}a}) \cdot K(a) \quad .$$

Sie sind in Abb. 2.2b dargestellt. Die Zellteilung
bei T' führt zu einem Sprung in den Altersverteilungen,
die ansonsten die gleichen Eigenschaften zeigen wie in
Abb. 2.1b.

Als Anwendungsbeispiel sei hier ebenfalls die Plättchenzahl in der Milz (N_1) und der Zirkulation (N_2) aufge-
führt, wobei die Hypothese untersucht wird, daß sich
die jungen Plättchen in der Milz (N_1') und im Blut (N_2')
nach der Zeit T' teilen (Kapitel 6.4).

2.2.2 <u>Altersunabhängiger Zellverlust des Gesamtsystems (Θ (a,t) = 1)</u>

Betrachtet man die Herleitungen der Kapitel 2.1.2 und
2.2.1 zusammen, dann folgt unmittelbar

$$
\begin{aligned}
\dot{N}(t) &= n_0(t) + n_0(t-T')e^{-1T'} - 2n_0(t-T)e^{-1T} - 1N(t) \\[2ex]
\dot{N}_1(t) &= z_1 n_0(t) + z_1 n_0(t-T')e^{-(1_{12}+1)T'} - \\[1ex]
&\quad -2z_1 n_0(t-T)e^{-(1_{12}+1)T} - (1_{12}+1)N_1(t) \\[2ex]
\dot{N}_2(t) &= (1-z_1)n_0(t) + (1-z_1 e^{-1_{12}T'})e^{-1T'}n_0(t-T') - \\[1ex]
&\quad -2(1-z_1 e^{-1_{12}T})e^{-1T}n_0(t-T) + 1_{12}N_1(t) - 1N_2(t)
\end{aligned}
\tag{2.21}
$$

mit den Gleichgewichtswerten

$$
N = n_0(1 + e^{-1T'} - e^{-1T}) / 1
$$

$$N_1 = z_1 n_0 (1 + e^{-(l_{12}+1)T'} - 2\, e^{-(l_{12}+1)T}) / (l_{12}+1) \qquad (2.22)$$

$$N_2 = N - N_1$$

und den stationären Altersverteilungen (mit $K(a)$ nach Gleichung (2.19))

$$n(a) = n_0\, e^{-la} \cdot K(a)$$

$$n_1(a) = z_1\, n_0\, e^{-(l_{12}+1)a}\, K(a) \qquad (2.23)$$

$$n_2(a) = n_0\, (1 - z_1\, e^{-l_{12}a})\, e^{-la}\, K(a) \quad .$$

Wie Abb. 2.2c zeigt, erfolgt bei T' ein Sprung in der Altersverteilung auf den doppelten Wert, ansonsten setzt sich der exponentielle Abfall fort, der am stärksten in $n_1(a)$ und am schwächsten in $n_2(a)$ spürbar wird.

3 Markierungskurven (im Gleichgewicht)

Unter Zellmarkierung soll ganz allgemein die vorübergehende oder dauerhafte Kennzeichnung einer Zellpopulation mit einem 'Marker' verstanden werden. Wenn man
die Altersverteilung der Population und die Eigenschaften des 'Markers' kennt, läßt sich aus dem VON
FOERSTER - Ansatz die zeitliche Veränderung der Gesamt-
markierung berechnen. Diese wird als Markierungskurve
bezeichnet.

Folgende Voraussetzungen sollen erfüllt sein:

- Die Markierung geht weder verloren noch wird sie nach
  dem Zellabbau erneut eingebaut

- Die Markierung ist homogen verteilt, d.h. in jeder
  Altersgruppe ist der gleiche Anteil der Zellen markiert

- Die Markierung erfolgt im Gleichgewicht zur Zeit $t = 0$
  und ist somit spätestens zum Zeitpunkt $t = T$ verschwun-
  den.

Zwei spezielle Markierungsformen werden im folgenden
unterschieden. Wird von den Zellen im Compartment ein
Anteil α markiert, so entspricht dies einer autologen
Markierung. Wird dagegen von Zellen eines äquivalenten
Compartments mit anderer stationärer Altersverteilung
der Anteil β markiert und in das zu untersuchende Compartment eingegeben, dann liegt eine homologe Markierung
vor. Hierbei soll allerdings nur der Fall untersucht
werden, daß im Compartment der Fremdzellen, die zur
Markierung verwendet werden, keine Verlustfunktion wirksam ist.

Das biologische Äquivalent zur autologen Markierung ist

die Entnahme, Kennzeichnung und Rückinfusion körpereigener Zellen. Bei der homologen Markierung dagegen werden körperfremde Zellen eines gesunden Spenders der zu untersuchenden Person infundiert.

3.1 Allgemeine Beziehungen bei Markierung im Gleichgewicht

In Hinblick auf die spätere Anwendung (^{51}Cr-Markierung der Thrombozyten) sei die Altersverteilung der markierten Zellen im Compartment N mit cr(a,t) bezeichnet. Dann ergibt sich für die Gesamtzahl markierter Zellen

$$Cr\ (t) = \int_0^T cr\ (a,t)\ da \ , \qquad (3.1)$$

und es gilt analog zu (1.6) die VON FOERSTER - Gleichung

$$\dot{Cr}(t) = cr(0,t) - cr(T,t) - \int_0^T cr(a,t) \cdot \Theta(a,t) da \ . \quad (3.2)$$

Da kein Markierungsverlust angenommen werden soll, gibt die Verlustfunktion $\Theta(a,t)$ wie bisher den Zellverlust (durch Absterben oder Abwanderung) an.

Die Markierung der Zellen erfolgt nur zum Zeitpunkt t = 0 und es gilt

$$cr(0,t) = 0 \quad t > 0 \ .$$

Damit kann Gleichung (3.2) vereinfacht werden zu

$$\dot{Cr}(t) = -cr(T,t) - \int_0^T cr(a,t) \cdot \Theta(a,t)\, da \qquad 0 < t \leqslant T \qquad (3.3)$$

mit dem Anfangswert Cr(0). Normiert man auf die Anfangsmarkierung:

$$Cr^*(t) := Cr(t) / Cr(0) \quad , \qquad\qquad (3.4)$$

dann gilt die entsprechende Gleichung mit dem Anfangswert

$$Cr^*(0) = 1 \quad .$$

Die Altersverteilung der markierten Zellen läßt sich nach (1.19) schreiben als

$$cr(a,t) = cr(a-t,0) \cdot \chi(a,t) \quad , \qquad\qquad (3.5)$$

wobei die Verweilfunktion $\chi(a,t)$ nach (1.20) durch die Verlustfunktion $\Theta(a,t)$ festgelegt ist. Für die Anfangsmarkierung $cr(a,0)$ müssen zwei Fälle unterschieden werden:

Bei <u>autologer Markierung</u> wird der Anteil α der Zellen jeder Altersstufe (im Gleichgewicht) gekennzeichnet. Es gilt also

$$cr(a,0) = \alpha \cdot n(a) = \alpha \cdot n_0\, \Psi(a) \quad . \qquad\qquad (3.6)$$

Bei <u>homologer Markierung</u> dagegen soll der Anteil β einer entsprechenden verlustfreien Zellpopulation gekennzeichnet werden. Hierfür folgt somit

$$cr(a,0) = \beta \cdot n_0 \qquad\qquad\qquad (3.7)$$

Damit sind alle Terme der Differentialgleichung (3.3)
auf bekannte Größen zurückgeführt.

Zur Vereinfachung der Rechnung bei altersunabhängigem
Zellverlust (Θ (a,t) = 1) soll noch ein spezielles
Lösungsverfahren angegeben werden. In diesem Fall gilt
nämlich

$$\dot{C}r(t) = -cr(T,t) - 1 \int_0^T cr(a,t)da = -cr(T,t) - 1Cr(t) \quad (3.8)$$

mit dem Anfangswert Cr(O). Dies ist eine inhomogene
Differentialgleichung der Form

$$\dot{y}(t) = -1y(t) + g(t), \quad y(0) = y_0 \quad . \quad (3.9)$$

Ihre allgemeine Lösung lautet: (BRONSTEIN und SEMEND-
JAJEW 1971, S. 378):

$$y(t) = e^{-1t} \cdot (\int_0^t g(t') e^{1t'} dt' + y_0) \quad . \quad (3.10)$$

Mit $y(t) = Cr(t)$, $g(t) = -cr(T,t)$, $y_0 = Cr(0)$ folgt

$$Cr(t) = e^{-1t} \cdot (- \int_0^t cr(T,t') e^{1t'} dt' + Cr(0)) \quad . \quad (3.11)$$

3.2 Spezialfall 1: Kein Zellverlust (Θ (a,t) = 0)

Aus der Altersverteilung $n(a) = n_0$ im Gleichgewicht
folgt

$$cr(a,0) = \alpha \cdot n_0 \quad , \quad Cr(0) = \alpha \cdot n_0 \cdot T \quad . \qquad (3.12)$$

Ferner gilt nach (1.24)

$$cr(a,t) = \begin{cases} cr(a-t,0) & t \leqslant a \leqslant T \\[2mm] 0 & \text{sonst} \end{cases} \qquad (3.12)$$

und damit

$$cr(T,t) = cr(T-t,0) = \alpha \cdot n_0 \quad .$$

Gleichung (2.26) hat somit das Aussehen

$$\dot{Cr}(t) = -\alpha\, n_0 = -\,Cr(0)\,/\,T$$

mit dem Anfangswert $Cr(0)$. Die Integration ergibt

$$Cr(t) = \alpha\, n_0\, T\,(1-t\,/\,T) \qquad (3.14)$$

oder

$$\boxed{Cr^*(t) = (1-t\,/\,T)} \quad . \qquad (3.15)$$

Die normierte Markierungskurve zeigt also einen linearen Abfall von 1 bei $t = 0$ auf 0 bei $t = T$ (Abb. 3.1).

3.3 Spezialfall 2: Altersunabhängiger Zellverlust ($\Theta\,(a,t) = 1$)

3.3.1 Autologe Markierung

Im Gleichgewicht gilt wegen (1.26)

$$cr(a,0) = \alpha \cdot n(a) = \alpha\, n_0\, e^{-la} \qquad (3.16)$$

Daraus folgt durch Integration

$$Cr(0) = \int_0^T cr(a,0)\,da = \alpha \cdot n_0(1-e^{-lT})/l \quad . \quad (3.17)$$

Für die Altersverteilung der markierten Zellen gilt
dann

$$cr(a,t) = cr(a-t,0)\cdot\chi(a,t) = \alpha n_0\, e^{-l(a-t)}\cdot\chi(a,t)$$

mit

$$\chi(a,t) = \begin{cases} e^{-lt} & t \leqslant a \leqslant T \\ 0 & \text{sonst} \end{cases} \quad ,$$

also nach Einsetzen

$$cr(a,t) = \begin{cases} n_0\, e^{-la} & t \leqslant a \leqslant T \\ 0 & \text{sonst} \end{cases} \quad . \quad (3.18)$$

Für die Differentialgleichung (3.3) ergibt sich somit

$$\dot{Cr}(t) = -\,cr(T,t) - l\int_0^T cr(a,t)\,da$$

oder

$$\dot{Cr}(t) = -\alpha n_0\, e^{-lT} - l\alpha n_0\int_0^T e^{-la}\,da = -\alpha n_0 e^{-lt} \quad . \quad (3.19)$$

Die Integration liefert

$$Cr(t) - Cr(0) = \alpha\, n_0\, (e^{-1t} - 1) / 1 \quad .$$

Nach Einsetzen von (3.17) folgt

$$Cr(t) = \alpha\, n_0 (e^{-1t} - e^{1T}) / 1 \qquad (3.20)$$

oder

$$\boxed{Cr^*(t) = \frac{e^{-1t} - e^{-1T}}{1 - e^{-1T}}} \qquad (3.21)$$

mit dem Grenzfall $(1T \gg 1)$

$$\boxed{Cr^*(t) = e^{-1t}} \quad . \qquad (3.22)$$

Diese beiden Beziehungen wurden bereits
von DORNHORST (1951) angegeben. Kleine Werte von 1
führen zu durchhängenden Markierungskurven, für große
1 dagegen fallen die Kurven exponentiell ab. (Abb. 3.1)

3.3.2 <u>Homologe Markierung</u>

Definitionsgemäß sollen die markierten Zellen aus der
entsprechenden Population ohne Zellverlust stammen.
Diese hat die stationäre Altersverteilung $n(a) = n_0$.
Für die markierte Zellfraktion β folgt dann

$$cr(a,0) = \beta\, n_0 \;,\; Cr(0) = \beta\, n_0\, T \quad . \qquad (3.23)$$

Daraus ergibt sich die Altersverteilung

$$cr(a,t) = cr(a-t,0) \, \chi(a,t) = \beta \, n_0 \, \chi(a,t) \; . \qquad (3.24)$$

Da die markierten Zellen jetzt mit der Verlustfunktion
1 abgebaut werden, gilt wie bei der autologen Markierung

$$\chi(a,t) = \begin{cases} e^{-1t} & t \leqslant a \leqslant T \\ 0 & \text{sonst} \end{cases} \; .$$

Für die Differentialgleichung

$$\dot{Cr}(t) = -cr(T,t) - 1 \int_0^T cr(a,t) \, da$$

folgt somit

$$\dot{Cr}(t) = -\beta \, n_0 \, e^{-1t} - 1 \, Cr(t) \qquad . \qquad (3.25)$$

Nach Gleichung (3.11) findet man die Lösung

$$Cr(t) = e^{-1t} \left(- \int_0^t \beta \, n_0 \, dt' + Cr(0) \right)$$

oder

$$Cr(t) = \beta \, n_0 \, e^{-1t} \, (T-t) \qquad\qquad (3.26)$$

und

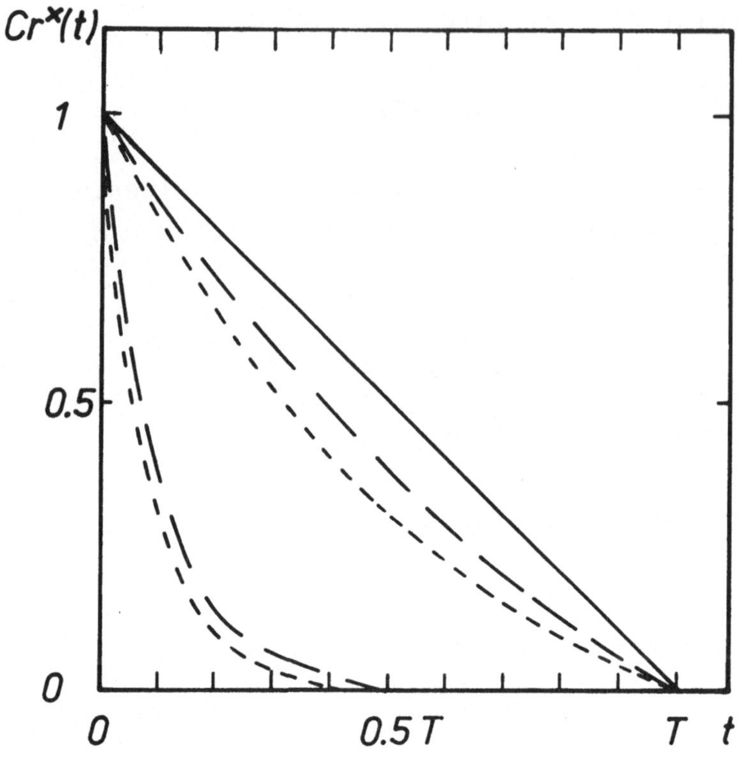

Abb. 3.1 Autologe und homologe Markierungskurven in N.
———: Kein Zellverlust (1 =0, die autologe und die
homologe Kurve fallen zusammen); —— ——: autologe
– – –: homologe Markierung bei altersunabhängigem
Zellverlust (oberes Kurvenpaar: 1 =1, unteres Kurvenpaar: 1 =10). Die homologen Markierungskurven fallen
systematisch schneller ab als die autologen Kurven.
Die Kurven entsprechen den Formeln (3.15), (3.21),
(3.22) und (3.27) mit T = 1 .

$$\boxed{Cr^*(t) = e^{-lt}\ (1 - t / T)}\ .\qquad\qquad (3.27)$$

Auch diese Beziehung wurde von DORNHORST (1951) hergeleitet. Ebenso wie bei der autologen Markierung
hängen die Kurven bei kleinen l etwas durch, während
sie bei großen l exponentiell abfallen (Abb. 3.1). Zusätzlich zeigt sich aber, daß die homologen Markierungskurven systematisch schneller abfallen als die
entsprechenden autologen Kurven. Dieser Unterschied
ist für kleine und für große l nicht so stark wie im
mittleren Bereich.

Eine genauere Untersuchung dieser Problematik erfolgt
am Beispiel der Thrombozytenmarkierung in Kapitel
9.2.1 .

3.4 Markierungskurven bei kontinuierlichem Zufluß unmarkierter Zellen

Hier sei speziell der Fall zweier parallelgeschalteter
Compartments N_1 und N_2 mit konstanter Übergangsrate
l_{12} von N_1 nach N_2 betrachtet, der in Kapitel 2.1 beschrieben ist (Abb. 2.1). Die Zellen werden im Compartment N_2 markiert.

3.4.1 Kein Zellverlust des Gesamtsystems (Θ (a,t) = 0)

Da kein Zellverlust auftritt, braucht nicht zwischen
autologer und homologer Markierung unterschieden wer-

den. Damit folgt im Gleichgewicht aus Altersverteilung
(2.7) für die markierten Zellen

$$cr(a,0) = \propto n_0 \cdot (1 - z_1 \, e^{-l_{12}a}) \; . \tag{3.28}$$

Die Gesamtzahl markierter Zellen beträgt dann bei Beob-
achtungsbeginn

$$Cr(0) = \int\limits_0^T cr(a,0)\,da = \propto n_0 \cdot (T + z_1 \, (e^{-l_{12}T} - 1)/l_{12}). \tag{3.29}$$

Für die Altersverteilung

$$cr(a,t) = cr(a-t,0) \cdot \mathcal{X}(a,t) \; = \propto n_0 (1 - z_1 e^{-l_{12}(a-t)}) \cdot \mathcal{X}(a,t)$$

folgt wegen $\Theta\,(a,t) = 0$ die Verweilfunktion

$$\mathcal{X}(a,t) = \begin{cases} 1 & t \leqslant a \leqslant T \\[2ex] 0 & \text{sonst} \end{cases} \; .$$

Das führt zur Differentialgleichung

$$\dot{C}r(t) = -\propto n_0 \cdot (1 - z_1 \, e^{-l_{12}(T-t)}) \tag{3.30}$$

mit der Lösung

$$Cr(t) = Cr(0) - \propto n_0 (t - z_1 \, (e^{-l_{12}(T-t)} - e^{-l_{12}T})/l_{12}) \; .$$

Einsetzen von $Cr(0)$ liefert schließlich

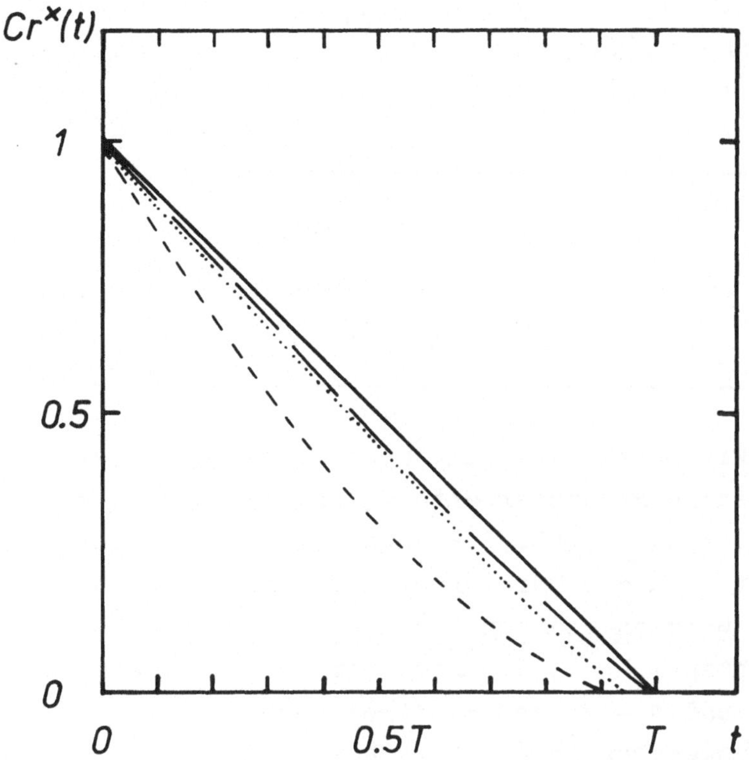

Abb. 3.2 Markierungskurven in N_2 bei Zufluß unmarkierter Zellen aus N_1 (kein Zellverlust, autologe und homologe Kurven fallen zusammen). Die Kurven entsprechen verschiedenen Kombinationen der Parameter z_1 (Einstrom nach N_1) und l_{12} (Übergang von N_1 nach N_2) in Formel (3.32) mit T = 1. Erläuterungen siehe im Text. ————: $l_{12} = 0$ und z_1 beliebig oder $z_1 = 0$ und l_{12} beliebig oder $l_{12} \to \infty$ und z_1 beliebig; — —: $l_{12} = 1$ und $z_1 = 0,5$; – – –: $l_{12} = 1$ und $z_1 = 1$; ....: $l_{12} = 10$ und $z_1 = 1$.

$$Cr(t) = \alpha\, n_0^{\cdot}(T-t) - z_1 \alpha\, n_0 (1-e^{-l_{12}(T-t)})/l_{12} \qquad (3.31)$$

und

$$Cr^*(t) = \frac{l_{12}(T-t) - z_1(1-e^{-l_{12}(T-t)})}{l_{12}T - z_1(1-e^{-l_{12}T})} \qquad . \qquad (3.32)$$

Die Markierungskurven im Compartment N_2, die sich für verschiedene Parameterwerte z_1 und l_{12} aus Formel (3.32) ergeben, sind in Abb. 3.2 dargestellt. Bei festem l_{12} entfernt sich die Markierungskurve mit wachsendem Wert z_1 von der Geraden und hängt bei $z_1 = 1$ am stärksten durch. Dabei entspricht z_1 dem Einstrom neu gebildeter Zellen nach N_1 und $1 - z_1$ dem Einstrom nach N_2. Die Markierungskurve in N_2 fällt also linear ab, wenn alle Zellen direkt nach N_2 einströmen und sie hängt desto stärker durch je größer der Einstrom neu gebildeter Zellen nach N_1 ist.

Hält man z_1 fest und variiert den Parameter l_{12}, der die 'Übertrittsgeschwindigkeit' von N_1 nach N_2 repräsentiert, dann zeigt sich ein anderes Bild. Mit wachsendem Wert von l_{12} entfernt sich die Markierungskurve zwar zunächst ebenfalls vom linearen Abfall, kehrt dann aber um und nähert sich bei großen Werten wieder der Geraden. Das liegt daran, daß bei großer 'Übertrittsgeschwindigkeit' l_{12} die Zellen aus N_1 sehr schnell nach N_2 gelangen und somit die gleiche Situation vorliegt, als wenn sie direkt nach N_2 eingeströmt wären. Insgesamt ist die Abweichung der Markierungskurve von der Geraden für einen hohen Einstrom nach N_1 und eine mittlere Übergangsrate von N_1 nach N_2 am stärksten ausgeprägt.

3.4.2 <u>Altersunabhängiger Zellverlust des Gesamtsystems</u>
(Θ (a,t) = 1)

3.4.2.1 <u>Autologe Markierung</u>

Hierfür folgt aus der stationären Altersverteilung (2.13)

$$cr(a,0) = \propto n_0 \ (1-z_1 \ e^{-1_{12}a} \ ) \ e^{-1a} \ . \qquad (3.33)$$

Die Integration liefert

$$Cr(0) = \propto n_0(1-e^{-1T})/1 - \propto n_0 z_1 (1-e^{-(1_{12}+1)T})/(1_{12}+1), \ (3.34)$$

Für die Altersverteilung der markierten Zellen gilt

$$cr(a,t) = \propto n_0(1-z_1 e^{-1_{12}(a-t)}) \cdot e^{-1(a-t)} \ \chi \ (a,t)$$

mit

$$\chi(a,t) = \begin{cases} e^{-1t} & t \leqslant a \leqslant T \\ \\ 0 & \text{sonst} \end{cases}$$

oder

$$cr(a,t) = \begin{cases} \propto n_0(1-z_1 \ e^{-1_{12}(a-t)})e^{-1a} & t \leqslant a \leqslant T \\ \\ 0 & \text{sonst} \end{cases} \qquad . \quad (3.35)$$

Für die Differentialgleichung

$$\dot{Cr}(t) = - \ cr(T,t) - 1 \ Cr(t)$$

ergibt sich somit nach (3.11) die Lösung

$$Cr(t) = e^{-1t}(- \int_0^T \propto n_0(1-z_1 e^{-1_{12}(T-t')})e^{-1(T-t')} \ dt' + Cr(0))$$

oder

$$Cr(t)=e^{-lt}(-\alpha\, n_0 e^{-lT}(e^{lt}-1)\lambda+z_1\alpha\, n_0 e^{-(l_{12}+1)T}\cdot$$

$$\cdot(e^{(l_{12}+1)t}-1)/(l_{12}+1)+Cr(0)) \quad . \tag{3.36}$$

Nach Einsetzen von Cr(0) und Umformung folgt

$$Cr^*(t)=\frac{(l_{12}+1)(e^{-lt}-e^{-lT})-z_1 l(e^{-lt}-e^{-(l_{12}+1)T+l_{12}t})}{(l_{12}+1)(1-e^{-lT})-z_1 l(1-e^{-(l_{12}+1)T})}\quad . \tag{3.37}$$

Diese Beziehung fällt für $l = 0$ (fehlender Abbau) mit
Gleichung (3.32) zusammen, wie man mit Hilfe der l'
Hospital-Regel (BRONSTEIN und SEMENDJAJEW, 1971, S.237)
zeigen kann. Für $l_{12} = 0$ ist die Situation eines einzelnen Compartments mit altersunabhängigem Abbau gegeben
und (3.37) geht in (3.21) über, wie man unmittelbar
sieht. Für große l mit $lT \gg 1$ folgt schließlich

$$Cr^*(t)=\frac{(l_{12}+1)e^{-lt}-z_1 le^{-lt}}{l_{12}+1-z_1 l}= e^{-lt} \quad . \tag{3.38}$$

Die Markierungskurven hängen mit wachsendem l stärker
durch und fallen schließlich exponentiell ab. Bei
schwachem Zellverlust (kleines l und $l_{12} = 0$) ergeben
sich hierbei ähnliche Kurven wie bei fehlendem Zellverlust und Zufluß unmarkierter Zellen ($l = 0$ und $l_{12} > 0$),
wie Abb. 3.3 zeigt. Wegen dieser gleichsinnigen Wirkung
des Zuflusses unmarkierter Zellen und des Zellverlustes

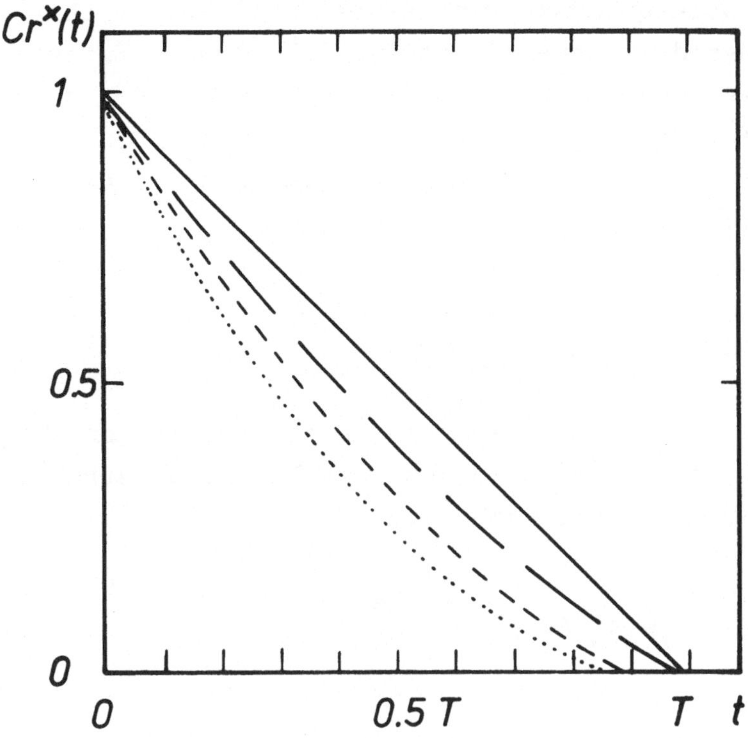

Abb. 3.3 Autologe Markierungskurven in N_2 bei Zufluß unmarkierter Zellen aus N_1 und Zellverlust. Die Kurven entsprechen verschiedenen Kombinationen der Parameter l_{12} (Übergang von N_1 nach N_2) und l (Zellverlust) in Formel (3.37) mit z_1 = 1 und T = 1 . ———: $(l+l_{12})$ = 0; — —: l = 1 und l_{12} = 0; - - -: l = 0 und l_{12} = 1; ••••••: l = 1 und l_{12} = 1. Zufluß unmarkierter Zellen und Zellverlust wirken gleichsinnig auf die Markierungskurven. Daher läßt sich bei leicht durchhängenden Kurven nicht entscheiden, welcher der beiden Effekte wirksam ist.

auf die Markierungskurven ist es daher bei leicht durchhängenden Kurven nicht möglich, diesen Effekt eindeutig l oder l_{12} zuzuordnen. Bei stark durchhängenden Kurven dagegen ist immer l der entscheidende Parameter und die Bedeutung von l_{12} geht zurück (Abb. 3.4 , unteres Kurvenpaar).

3.4.2.2 Homologe Markierung

Die markierten Zellen sind aus einer Population ohne Zellverlust entnommen worden. Die Markierungsfraktion sei β . Dann gelten nach (2.7)

$$cr(a,0) = \beta\, n_0\, (1-z_1\, e^{-l_{12}a}) \tag{3.39}$$

und

$$Cr(0) = \beta\, n_0(T+z_1\, (e^{-l_{12}T} -1) / l_{12}) \quad . \tag{3.40}$$

Für die Altersverteilung ergibt sich analog zu (3.24)

$$cr(a,t)=cr(a-t,0)\cdot\chi(a,t)=n_0(1-z_1 e^{-l_{12}(a-t)})\chi(a,t)$$

mit der Verweilfunktion

$$\chi(a,t) = \begin{cases} e^{-lt} & t\leqslant a\leqslant T \\ \\ 0 & \text{sonst} \end{cases} \quad ,$$

also

$$cr(a,t)= \begin{cases} \beta n_0 e^{-lt}(1-z_1 e^{-l_{12}(a-t)}), & t\leqslant a\leqslant T \\ \\ 0 & \text{sonst} \end{cases} \quad . \tag{3.41}$$

Damit ergibt sich für

$$\dot{Cr}(t) = - cr(T,t) - 1\,Cr(t)$$

nach (3.11) die Lösung

$$Cr(t) = e^{-1t}\left(- \int_0^t \beta n_0 (1 - z_1 e^{-1_{12}(T-t')}) \, dt' + Cr(0)\right) .$$

Der Integrand stimmt mit (3.30) überein. Daher folgt unmittelbar nach (3.31)

$$Cr(t) = \beta\, n_0 e^{-1t}(T-t-z_1(1-e^{-1_{12}(T-t)})/1_{12}) \qquad (3.42)$$

und

$$\boxed{Cr^*(t) = e^{-1t}\; \frac{1_{12}(T-t) - z_1(1 - e^{-1_{12}(T-t)})}{1_{12}T - z_1(1 - e^{-1_{12}T})}} \qquad (3.43)$$

Trivialerweise wird für $1 = 0$ Gleichung (3.32) angenommen.

Abb. 3.4 zeigt, daß auch hier die homologen Markierungskurven systematisch früher abfallen als die entsprechenden autologen Kurven. Dieser Effekt, der nur von 1 und nicht von 1_{12} abhängt, ist für mittlere Werte von 1 am stärksten und verschwindet für große und kleine 1.

Daneben zeigt der Vergleich von Abb. 3.4 und Abb. 3.1 den Einfluß von 1_{12} bei vorgegebener Verlustfunktion 1. Während der Zufluß unmarkierter Zellen die Markierungs-

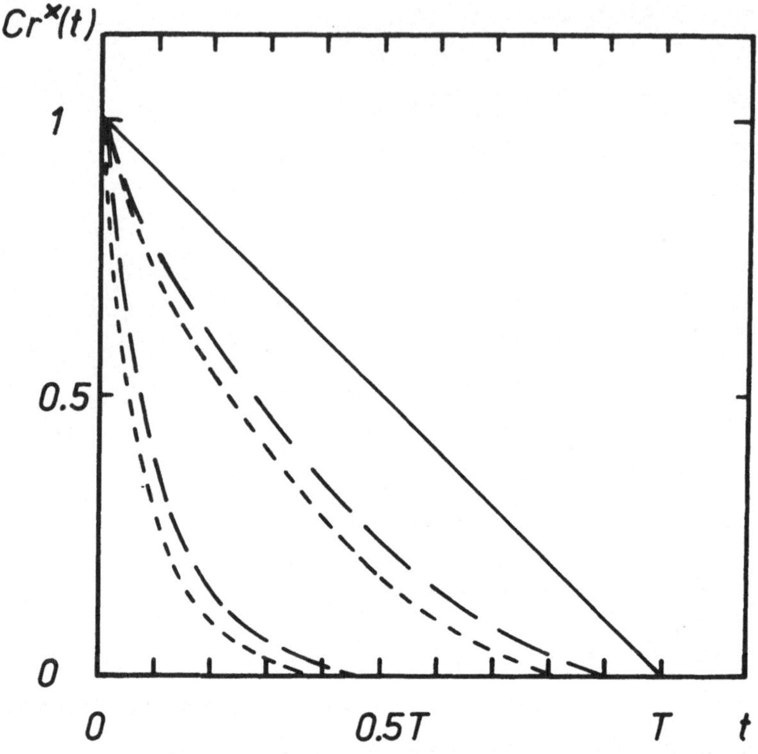

Abb. 3.4 Autologe und homologe Markierungskurven in N_2 bei Zufluß l_{12} unmarkierter Zellen aus N_1 und Zellverlust l. ——: $l+l_{12} = 0$; — —: autologe, - - -: homologe Markierung (jeweils $l_{12} = 1$). Bei leichtem Zellverlust ($l = 1$, oberes Kurvenpaar) macht sich der Zufluß deutlich bemerkbar (vgl. Abb. 3.1, oberes Kurvenpaar). Bei starkem Zellverlust ($l = 10$, unteres Kurvenpaar) spielt er keine Rolle (vgl. Abb. 3.1, unteres Kurvenpaar). Auch hier fallen die homologen Markierungskurven systematisch schneller ab als die autologen Kurven. Die Kurven entsprechen den Formeln (3.37), (3.38) und (3.43) mit $z_1 = 1$ und $T = 1$.

kurven für kleine l deutlich stärker abfallen läßt,
wird der Einfluß von l_{12} bei starkem Zellverlust zunehmend geringer und kann schließlich vernachlässigt
werden.

3.5 Beziehung zwischen der Verlustfunktion und der Halbwertzeit der Markierungskurven

Unter der Halbwertzeit $\tau_{1/2}$ einer Markierungskurve
soll die Zeit verstanden werden, nach der die Anfangsmarkierung halbiert ist:

$$Cr^*(\tau_{1/2}) = 0,5 \quad . \tag{3.44}$$

Da die Zellen ihre Markierung voraussetzungsgemäß nicht
verlieren sollen, ist $\tau_{1/2}$ identisch mit der Zeit, nach
der die Hälfte der markierten Zellen das Compartment
verlassen hat.

Für die Markierung im Compartment N ohne Zellverlust
folgt aus (3.15)

$$Cr^*(\tau_{1/2}) = 0,5 = 1 - \tau_{1/2} / T \tag{3.45}$$

oder

$$\tau_{1/2} = T / 2 \quad . \tag{3.46}$$

Bei altersabhängigem Zellverlust liefert (3.21)

$$Cr^*(\tau_{1/2}) = 0,5 = \frac{e^{-l\tau_{1/2}} - e^{-lT}}{1 - e^{-lT}} \quad . \tag{3.47}$$

Ist T bekannt, so folgt

$$\tau_{1/2}\,(1) = (\ln 2 - \ln (1 + e^{-1T}\,)) / 1 \; . \qquad (3.48)$$

Hiermit kann für jedes 1 die zugehörige Halbwertzeit berechnet werden.

Im allgemeinen ist die Situation jedoch umgekehrt: T und $\tau_{1/2}$ sind bekannt und 1 soll bestimmt werden. Dies ist jedoch nur für den Spezialfall großer 1 $(1T \gg 1)$ geschlossen möglich. Hierfür folgt

$$Cr^*(\tau_{1/2}) = 0,5 = e^{-1 \cdot \tau_{1/2}} \qquad (3.49)$$

und

$$1(\tau_{1/2}) = \ln 2 / \tau_{1/2} \qquad . \qquad (3.50)$$

In allen anderen Fällen muß 1 iterativ aus (3.47) berechnet werden.

Analog ist die Ausgangslage für die Bestimmung von 1 aus autologen oder homologen Markierungskurven für den Fall der parallelgeschalteten Compartments N_1 und N_2. Dies wird in Kapitel 9.2.2 am Beispiel der Thrombozytenmarkierung gezeigt.

II Normale Thrombopoese

Die Ergebnisse der theoretischen Herleitungen werden
nun auf die Thrombopoese angewandt. Zunächst wird der
Regelkreis bei der Ratte untersucht, da für dieses
Versuchstier die meisten experimentellen Daten vorliegen. Die gewonnenen Erkenntnisse werden dann auf
die normale Thrombopoese des Menschen übertragen, wobei mehrere Modifikationen und Ergänzungen erforderlich werden.

4 Modell der Thrombopoese bei Ratten

4.1 Medizinischer Wissensstand

Zusammengefaßt stellt sich die Thrombopoese bei Ratten
wiefolgt dar (Abb. 4.1 und 4.2): Die thrombopoetischen
Zellen entwickeln sich, ebenso wie diejenigen der
Erythropoese und der Granulopoese, aus pluripotenten
Stammzellen. Diese selbstregenerierenden Zellen ver-
sorgen einen determinierten, megakaryozytären Stammzellspeicher, aus dem die unreifen Megakaryozyten her-
vorgehen. ODELL (1974a) nimmt an, daß die megakaryozytären Stammzellen diploid sind. Bei der weiteren Entwicklung teilen sich nur noch die Zellkerne. Die Zahl
der Chromosomensätze, die bei diesen Endomitosen entstehen, bezeichnet man als Ploidy-Wert. Die morphologisch erkennbaren, unreifen Megakaryozyten haben
Ploidy-Werte von 8, 16 und 32N (ODELL 1974a, PENING-
TON et al. 1974). Bei ihnen verläuft die DNA-Synthese
parallel zur zytoplasmatischen Reifung, während in
den reiferen Zellen keine DNA-Synthese mehr stattfindet. Die ausgereiften Megakaryozyten schließlich zer-
fallen in Plättchen und gelangen ins Blut. Die Rück-

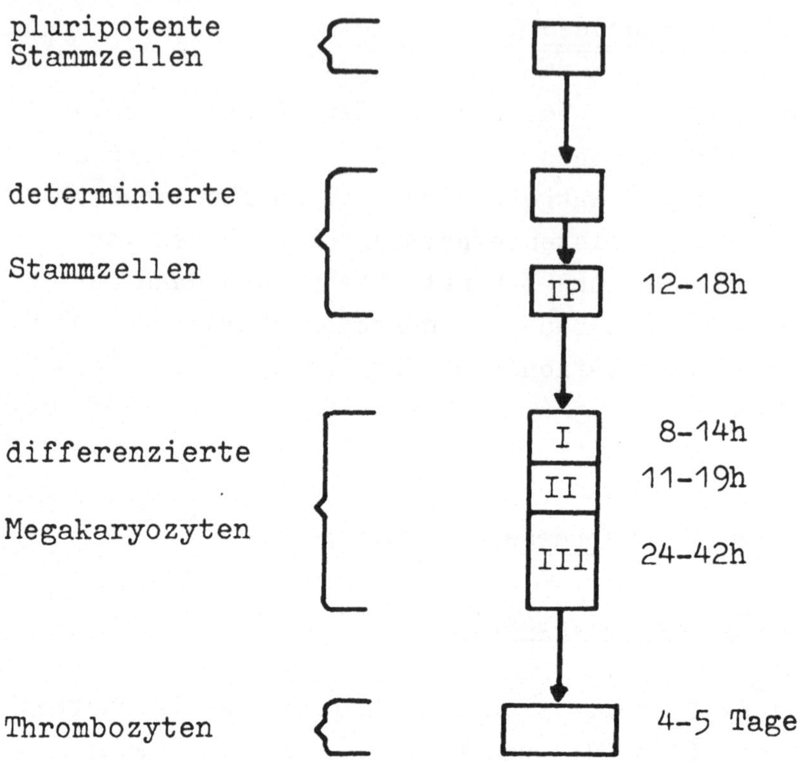

<u>Abb. 4.1</u> Schema der normalen Thrombopoese der Ratte.
(aus EBBE 1971) (IP = unreife Vorstufen, I, II, III:
verschiedene Altersstufen der Megakaryozyten)

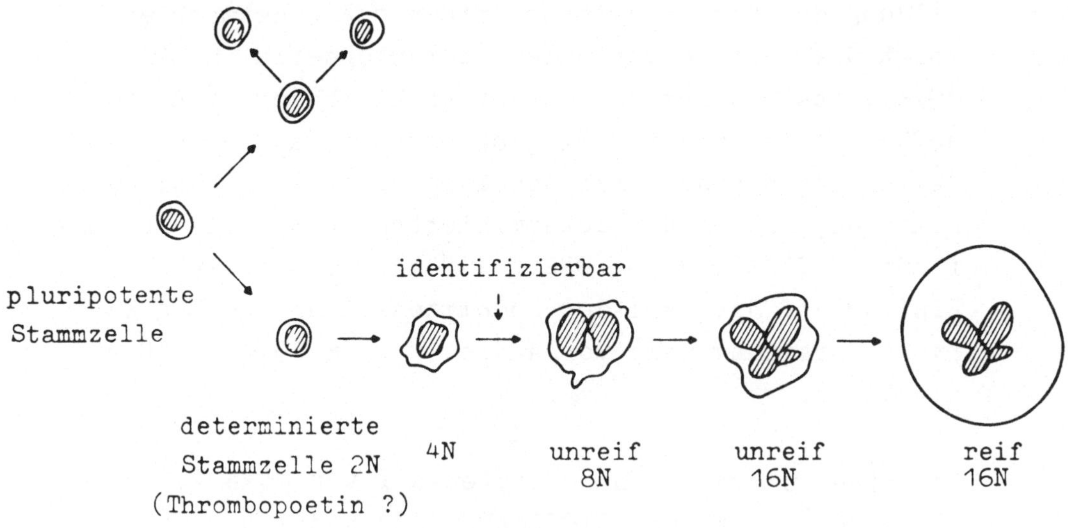

<u>Abb. 4.2</u> Entwicklung der Megakaryozyten bei der
Thrombopoese der Ratte. Die determinierten Stammzellen sind diploid. Bei jeder Endomitose verdoppelt
sich der DNA-Gehalt, im letzten Schritt reifen die
Zellen nur noch. (aus ODELL 1974a)

meldung des Thrombozytenbedarfs ans Knochenmark erfolgt über ein Hormon namens Thrombopoetin (MCDONALD 1973), das von der Thrombozytenzahl abhängt (HARKER 1970). Es ist nicht völlig aufgeklärt, auf welche Zellen des Knochenmarks das Thrombopoetin wirkt; man nimmt an, daß es die determinierten Stammzellen beeinflußt (MCDONALD 1973, ODELL 1974a). Ferner ist ein Einfluß auf die Zahl der Endomitosen und die Megakaryozytenreifungszeit vorhanden (HARKER 1970, EBBE et al. 1970).

Bei einer normalen Thrombozytenzahl von etwa 1,1 Millionen/mm^3 (EBBE und STOHLMAN 1965) und einer Thrombozytenlebensdauer von 4 bis 5 Tagen (EBBE 1971) beträgt die täglich gebildete Plättchenzahl ca. 250.000 Zellen/mm^3. Diese Zahl kann bei lang anhaltender Stimulation auf das 6 - 10fache ansteigen und sinkt auch bei längerem Fehlen eines Stimulus nicht unter 20% des Normalwertes ab (HARKER 1974).

Die normale Entwicklungszeit der Megakaryozyten von der diploiden Vorstufe bis zur ausgereiften Zelle beträgt etwa 3 Tage (55 - 93 h bei EBBE 1971, 71 h bei ODELL 1974a). Sie kann bei Stimulation um ca. einen halben Tag verkürzt werden (ODELL 1974a), während sie bei fehlender Anregung in etwa normal bleibt (EBBE et al. 1970).

Ein mathematisches Modell für das Regelsystem der Thrombopoese muß sich auf die Berücksichtigung der wichtigsten Tatsachen beschränken, und über unbekannte Zusammenhänge Annahmen machen. Mit den gesicherten Kenntnissen und den Annahmen wird ein Standardmodell formuliert und an experimentellen Daten geprüft. Anschließend werden zahlreiche Alternativhypothesen untersucht, um zu sehen, wie kritisch die Modellannahmen sich auswirken.

4.2 Standardmodell der Thrombopoese bei Ratten

4.2.1 Mathematische Vorbemerkung

Das Standardmodell der Thrombopoese bei Ratten wird durch ein System von 5 gewöhnlichen Differentialgleichungen charakterisiert. Diese sind nichtlinear und enthalten eine feste Zeitverzögerung, welche sich aus dem altersabhängigen Plättchenabbau ergibt. Ferner enthalten sie variable Übergangskoeffizienten, welche den Proliferationsraten, den variablen Teilungs- und Reifungszeiten entsprechen. Die numerische Lösung des Differentialgleichungssystem erfolgt mit dem Programm RESYS, wie in Kapitel 1.8 beschrieben.

4.2.2 Annahmen über die Rückkopplungsfunktionen

Die Proliferation im Knochenmark und die Reifungszeit der Megakaryozyten hängen vom Anregungszustand der Thrombopoese ab. Dieser soll durch das Thrombopoetin (TP) charakterisiert sein, dessen Konzentration wiederum direkt oder indirekt durch die Plättchenzahl (P) festgelegt wird.

Seien mit $Z(TP)$ und $\tau(TP)$ die Rückkopplungsfunktionen bezeichnet, welche die Abhängigkeit der Proliferationsrate Z und der Reifungszeit τ vom Thrombopoetin TP angeben sollen. Um ihre Größe für einen bestimmten Anregungszustand experimentell bestimmen zu können, müßte dieser über einen längeren Zeitraum konstant gehalten werden. Das ist nur für drei Zustände durchführbar, nämlich für maximale, normale und fehlende Stimulation. Um dennoch bei der Festlegung der Rückkopplungsfunktionen keine willkürlichen Parameter verwenden zu müssen, werden folgende Annahmen gemacht:

- Die Proliferationsrate $Z(TP)$ wächst monoton mit dem Thrombopoetinspiegel TP

- Bei fehlender Stimulation ist die Proliferationsrate minimal: $Z(O)=Z^{min}$

- Bei normalem Stimulus ist die Proliferationsrate normal: $Z(TP^{norm})=Z^{norm}$

- Bei starkem Stimulus nähert sich die Proliferationsrate einem Maximalwert, der nicht überschritten werden kann: $Z(TP^{max})=Z^{max}$

Eine einfache mathematische Form, die diese Bedingungen erfüllt, ist

$$Z(TP) = A - Be^{-CTP/TP^{norm}} \, . \qquad (4.1)$$

Sie ist in Abb. 4.3 wiedergegeben. Die 3 Parameter A, B, C lassen sich dabei eindeutig durch die experimentell bestimmbaren Proliferationsraten Z^{min}, Z^{norm}, Z^{max} festlegen. Für den Fall einer großen maximalen Thrombopoetinkonzentration ($C \cdot TP^{max}/TP^{norm} \gg 1$) gilt

$$A = Z^{max}, B = Z^{max} - Z^{min}, C = \ln \frac{Z^{max} - Z^{min}}{Z^{max} - Z^{norm}} \, . \qquad (4.2)$$

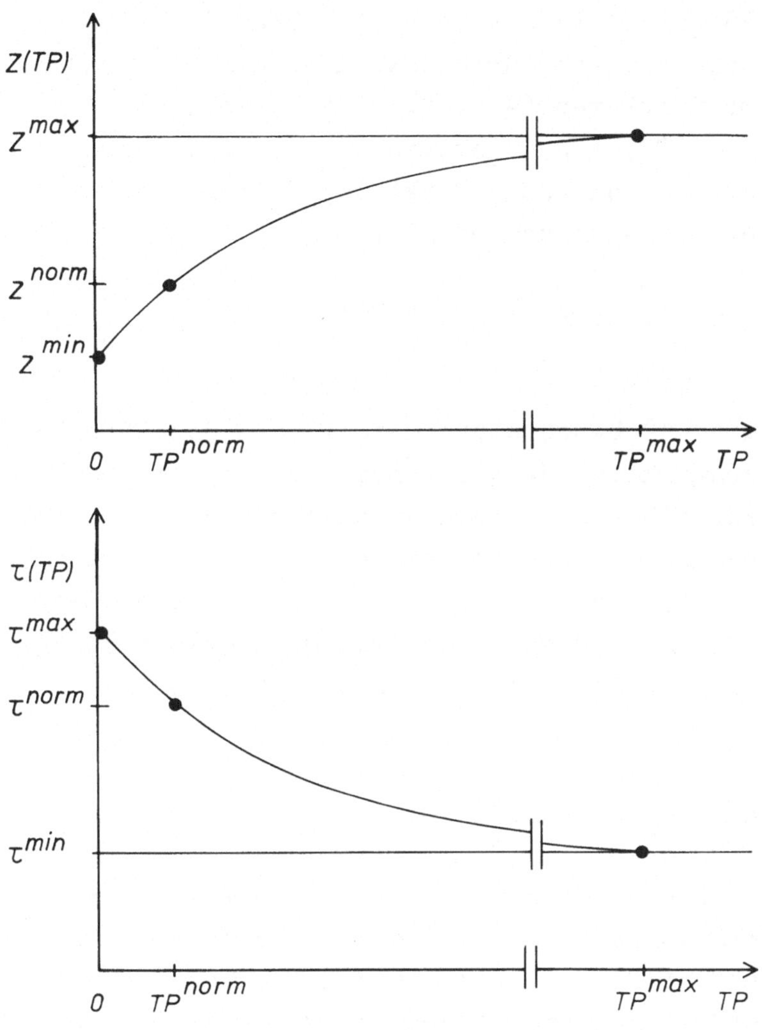

Abb. 4.3 Standardmodell der Thrombopoese bei <u>Ratten</u>: <u>Modellannahmen</u>. Abhängigkeit der <u>Rückkopplungsfunktionen</u> $Z(TP)$ und $\tau(TP)$ vom Thrombopoetin TP. Die Proliferationsrate $Z(TP)$ wird eindeutig durch die meßbaren Werte Z^{max}, Z^{norm} und Z^{min} festgelegt. Desgleichen wird die Reifungszeit $\tau(TP)$ durch die Werte τ^{max}, τ^{norm} und τ^{min} bestimmt.

Analog läßt sich die Thrombopoetinabhängigkeit einer Reifungszeit τ durch ihren Maximal-, Minimal- und Normalwert festlegen (Abb. 4.3). Nimmt man für den Kehrwert $1/\tau(TP)$ eine Funktion der Art $Z(TP)$ in Gleichung (4.1) an, dann sinkt die Reifungszeit mit wachsendem Stimulus, und es gilt

$$\tau(0) = \tau^{max}, \quad \tau(TP^{norm}) = \tau^{norm}, \quad \tau(TP^{max}) = \tau^{min}. \quad (4.3)$$

Gleichung (4.1) beschreibt im folgenden die Thrombopoetinabhängigkeit für die Stammzellproliferation, $Z_S(TP)$, für die Anzahl megakaryozytärer Endomitosen, $Z_M(TP)$, und für die reziproke Megakaryozytenreifungszeit, $1/\tau_M(TP)$. Ferner wird formal die gleiche Beziehung für die Abhängigkeit der Thrombopoetinbildung $Z_{TP}(P)$ von der Plättchenzahl verwendet.

4.2.3 Die Modellcompartments

Das Modell besteht aus vier Zellcompartments und einem Hormoncompartment, welche zusammen den bereits erwähnten fünf Differentialgleichungen entsprechen. Der Begriff 'Compartment' bezeichnet dabei ganz allgemein eine funktionelle Einheit. Die Zellcompartments charakterisieren die gesamte Zellmasse der determinierten Stammzellen, Megakaryozyten und Thrombozyten. Da das Einzelvolumen der determinierten Stammzellen und der Thrombozyten nicht der Regulation unterliegt und in erster Näherung als konstant angesehen werden kann, ist die Zellmasse proportional zur Gesamtzellzahl. Ferner ist die Gesamtzellzahl proportional zur Konzentration (Zellzahl/mm^3), da das Plasmavolumen ebenfalls angenähert konstant bleibt.

Im Modell werden nur die Änderungen von Compart-
mentinhalten relativ zum Normalwert betrachtet. Daher
kürzen sich die Proportionalitätsfaktoren heraus und
die Begriffe Zellmasse, Gesamtzellzahl und Zellkonzentration können für die determinierten Stammzellen
und die Blutplättchen synonym verwendet werden. Lediglich bei den Megakaryozyten ist zusätzlich zu berücksichtigen, daß das Zellvolumen über die Endomito-
senzahl der direkten Regulation unterliegt. Deshalb
wird hier in Megakaryozytenmasse (Gesamtmasse), -zahl
(Gesamtzahl) und -volumen (mittleres Einzelzellvolumen)
unterschieden.

Das Hormoncompartment enthält die Gesamtmenge des
Rückkopplungshormons Thrombopoetin. Dieses kann als
proportional zur Plasmakonzentration und zur Konzentration am Wirkort angesehen werden, so daß diese Begriffe in der Sprache des Modells ebenfalls als Sy-
nonyme anzusehen sind.

4.2.3.1 Compartment S: Determinierte Stammzellen

Mit ODELL (1974a) wird im Modell angenommen, daß die
thrombopoetische Rückkopplung auf die determinierten
Stammzellen wirkt, welche in einem Compartment S zusammengefaßt werden. Auf eine zusätzliche Berücksichtigung der pluripotenten Stammzellen wird verzichtet.
Die Proliferationsrate $Z_S(TP)$ sei dabei in der in Abb.
4.3 dargestellten Weise allein vom Thrombopoetin TP
abhängig und die Proliferation erlösche auch bei fehlendem Stimulus nicht völlig sondern sinke auf 40%
des Normalwertes ab (HARKER 1974). Die maximale Steigerung soll 400% des Normalwertes nicht überschreiten
(HARKER 1974). Da keine absoluten Zellzahlen betrach-

tet werden und nur die Zellzahlen relativ zum Normalwert interessieren, wird die normale Proliferationsrate willkürlich gleich 1 gesetzt. Dann ergeben sich
die Parameter

$$Z_S^{min} = 0,4 \; , \; Z_S^{norm} = 1 \; , \; Z_S^{max} = 4 \; . \tag{4.4}$$

Die Zahl der Zellen, die das Compartment pro Zeiteinheit verlassen, sei proportional zur Zellzahl im Compartment. Dann folgt die Modellgleichung

$$\dot{S}(t) = Z_S(TP(t)) - \frac{1}{\tau_S} \; S(t) \; . \tag{4.5}$$

Hierbei gibt τ_S die mittlere Durchlaufzeit durch den
determinierten Stammzellspeicher an. Sie wird grob mit
150 h abgeschätzt.

4.2.3.2 Compartment M: Megakaryozyten

Die entscheidende Größe für die Zahl neu gebildeter
Thrombozyten ist die Megakaryozytenmasse M, die übli-
cherweise als Produkt von Megakaryozytenzahl MN und
Megakaryozytenvolumen MV definiert wird. Im Modell
wird angenommen, daß die Megakaryozytenzahl durch
den Ausstrom S/τ_S des Stammzellcompartments festgelegt ist, während das Megakaryozytenvolumen proportional zur Zahl der Endomitosen und damit zum Ploidy-
Wert ist. Die Anzahl endomitotischer Teilungen pro
Zeiteinheit hängt vom Thrombopoetin ab und wird mit
$Z_M(TP)$ bezeichnet. Hierfür wird ebenfalls ein Ansatz
wie in Abb. 4.3 gemacht. Dabei wird angenommen, bei
fehlendem Stimulus finde im Mittel eine Endomitose
weniger, bei maximalem Stimulus eine Endomitose mehr

als im Normalzustand statt (PENINGTON et al. 1974).
Setzt man wiederum den Normalwert auf 1, so folgt

$$Z_M^{min} = 0,5 \ , \ Z_M^{norm} = 1 \ , \ Z_M^{max} = 2 \ . \tag{4.6}$$

Die Abwanderungsrate aus dem Compartment sei proportional zur Megakaryozytenmasse. Der Proportionalitätsfaktor ist durch die mittlere Aufenthaltsdauer $\tau_M(TP)$ gegeben, die thrombopoetinabhängig ist. Sie beträgt in Anlehnung an die Daten von EBBE et al. (1968b) und ODELL (1974a)

$$\tau_M^{min} = 60 \ h, \ \tau_M^{norm} = 72 \ h, \ \tau_M^{max} = 75 \ h \ . \tag{4.7}$$

Die verkürzte Verweildauer von 60 h entspricht dem erhöhten Thrombopoetinstimulus, und bei fehlender Anregung wird die Aufenthaltsdauer geringfügig auf 75 h verlängert. Die Abhängigkeit $\tau_M(TP)$, die sich hieraus ergibt, wird gemäß den Gleichungen (4.1) und (4.3) beschrieben. Insgesamt folgt somit für die Megakaryozytenmasse

$$\dot{M}(t) = Z_M(TP(t)) \ \frac{1}{\tau_S} \ (S(t) - \frac{1}{\tau_M(TP(t))} \ M(t). \tag{4.8}$$

Für die Megakaryozytenzahl ergibt sich entsprechend

$$\dot{MN}(t) = \frac{1}{\tau_S} \ S(t) - \frac{1}{\tau_M(TP(t))} \ MN(t) \ , \tag{4.9}$$

und wegen $M=MN\cdot MV$ ist das Megakaryozytenvolumen festgelegt:

$$MV(t) = \frac{M(t)}{MN(t)} \ . \tag{4.10}$$

4.2.3.3 Compartment P: Plättchen

Wenn man annimmt, daß die Zahl der Plättchen, in die
ein Megakaryozyt zerfällt, proportional zu seinem Volumen ist, dann ist die Gesamtzahl gebildeter Thrombozyten proportional zur zerfallenden Megakaryozytenmasse M. Der Proportionalitätsfaktor braucht wegen
der Betrachtung relativer Zellzahlen nicht spezifi-
ziert zu werden und wird deshalb willkürlich gleich
1 gesetzt. Im Modell wird angenommen, daß die Thrombozyten altersabhängig abgebaut werden (GINSBURG
und ASTER 1969). Das bedeutet, daß Zellen, die zur
Zeit $t - \tau_P$ gebildet worden sind, zur Zeit t abgebaut
werden, wobei τ_P die Thrombozytenlebensdauer ist. Somit ergibt sich die retardierte Differentialgleichung

$$\dot{P}(t) = \frac{1}{\tau_M(TP(t))} M(t) - \frac{1}{\tau_M(TP(t-\tau_P))} M(t-\tau_P). \quad (4.11)$$

Die Thrombozytenlebensdauer wird als konstant angesehen mit τ_P = 108 h = 4,5 d (EBBE et al. 1970, ODELL
1974a).

4.2.3.4 Compartment TP: Thrombopoetin

Es wird angenommen, daß die Thrombopoetinproduktion
über die Plättchenzahl P geregelt wird (HARKER
1974). Analog zur Erythropoetinproduktion bei der
Erythropoese (ALEXANIAN 1973, WICHMANN et al. 1976)
wird auch hier eine exponentielle Abhängigkeit $Z_{TP}(P)$
von der Plättchenzahl gewählt. Für große Thrombozytenzahlen erfolgt keine Thrombopoetinproduktion,
während diese bei sehr kleinem P maximal auf den
100fachen Normalwert ansteigen kann. Daraus ergeben
sich die Proliferationsparameter

$$Z_{TP}^{min} = 0, \; Z_{TP}^{norm} = 1, \; Z_{TP}^{max} = 100 \; . \tag{4.12}$$

Das Thrombopoetin soll proportional zur vorhandenen
Hormonmenge abgebaut bzw. inaktiviert werden, so daß
sich insgesamt die Gleichung

$$\dot{TP}(t) = Z_{TP} \, (P(t)) - \frac{1}{\tau_{TP}} \; TP(t) \tag{4.13}$$

ergibt. Die Umsatzzeit des Thrombopoetins wird dabei
auf $\tau_{TP} = 6$ h festgesetzt.

4.2.4 Modellgleichungen und Parameter

Das Standardmodell der Thrombopoese bei Ratten ist
schematisch in Abb. 4.4 dargestellt. Es wird durch
die 5 gekoppelten Differentialgleichungen und die zugehörigen Parameter beschrieben, die in (4.4) bis
(4.13) angegeben sind. Sie sind nochmals in Tabelle
4.1 zusammengestellt.

Im Gleichgewicht gilt für die Ableitungen

$$\dot{S} = \dot{M} = \dot{MN} = \dot{P} = \dot{TP} = 0 \; . \tag{4.14}$$

Hieraus lassen sich die zugehörigen Normalwerte berechnen. Sie haben jedoch nur eine formale Bedeutung,
da bei den Rückkopplungsfunktionen willkürlich $Z^{norm} = 1$
gesetzt wurde.

Die Werte der Rückkopplungsfunktionen bei minimaler,
normaler und maximaler Stimulation sind ebenfalls in
Tabelle 4.1 zusammengefaßt.

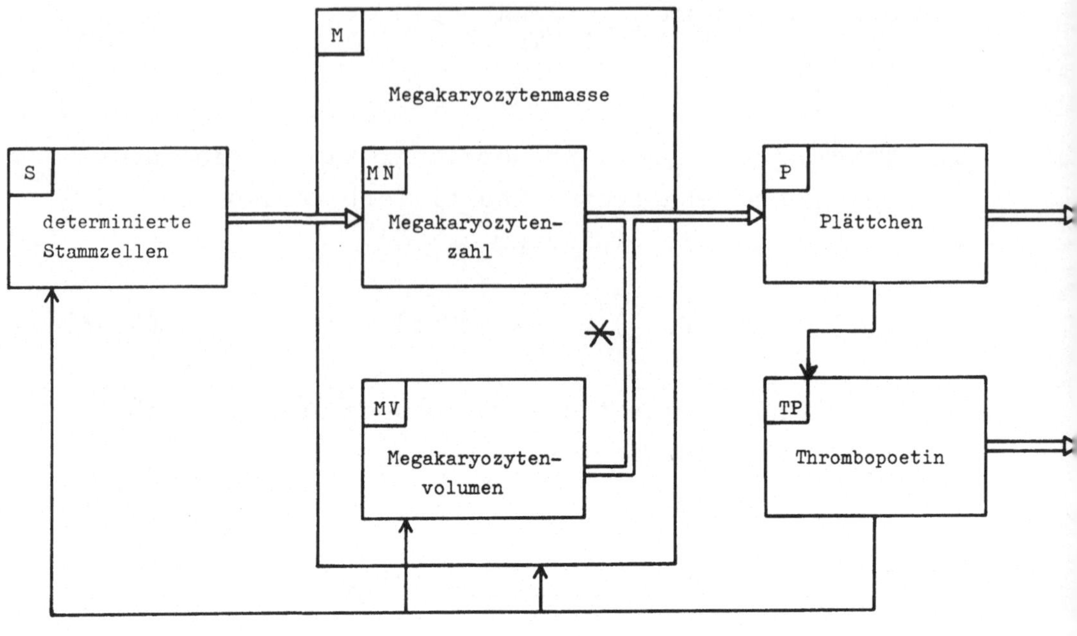

Abb. 4.4 Standardmodell der Thrombopoese bei Ratten: Modellannahmen. Die Rückkopplung erfolgt über das Hormon Thrombopoetin TP, welches die Stammzellproliferation stimuliert, das Megakaryozytenvolumen beeinflußt und die Megakaryozytenreifungszeit verkürzt oder verlängert. (⟹ : Übergangsraten, ⟶ : Regulationsmechanismen)

<u>Tabelle 4.1</u> Standardmodell der Thrombopoese bei Ratten: Modellannahmen für die Differentialgleichungen, Regulationsfunktionen und Parameter. Die normalen Proliferationsraten sind willkürlich gleich 1 gesetzt.

Modellgleichungen	
S det. Stammzellen	$\dot{S}(t) = Z_S(TP(t)) - S(t)/\tau_S$
M Megakaryozytenmasse	$\dot{M}(t) = Z_M(TP(t))\ S(t)/\tau_S -$
	$\quad\quad - M(t)/\tau_M(TP(t))$
MN Megakaryozytenzahl	$\dot{MN}(t) = S(t)/\tau_S - MN(t)/\tau_M(TP(t))$
MV Megakaryozytenvol.	$\dot{MV}(t) = M(t)/MN(t)$
P Plättchen	$\dot{P}(t) = M(t)/\tau_M(TP(t)) -$
	$\quad\quad - M(t-\tau_P)/\tau_M(TP(t-\tau_P))$
TP Thrombopoetin	$\dot{TP}(t) = Z_{TP}(P(t)) - TP(t)/\tau_{TP}$

Regulationsfunktionen	A	B	C
$Z_S(TP)=A-B\ \exp(C\cdot TP/TP^{norm})$	4	3,6	0,1823
$Z_M(TP)=A-B\ \exp(-C\cdot TP/TP^{norm})$	2	1,5	0,4055
$1/\tau_M(TP)=A-B\ \exp(-C\cdot TP/TP^{norm})$	0,0167	0,0033	0,1603
$Z_{TP}(P)=A+B\ \exp(-C\cdot P/P^{norm})$	0*	100	4,6052

* aus rechentechnischen Gründen wird A = 0,06 verwendet

Fortsetzung Tabelle 4.1

Modellparameter	Stimulation		
	minimal	normal	maximal
S det. Stammzellen			
Proliferationsrate $Z_S(TP)$	0,4	1	4
Transitzeit τ_S	150 h	150 h	150 h
Megakaryozyten			
MN Anzahl	0,42	1	3,33
MV Volumen,reguliert durch $Z_M(TP)$	0,5	1	2
M Masse	0,21	1	6,67
Marktransitzeit $\tau_M(TP)$	75 h	72 h	60 h
P Plättchen			
Proliferationsrate	0,2	1	8
Lebensdauer τ_P	108 h	108 h	108 h
TP Thrombopoetin			
Proliferationsrate $Z_{TP}(P)$	0	1	100
Umsatzzeit	6 h	6 h	6 h

4.3 Modellergebnisse unter verschiedenen Stimulations- bedingungen

In Abb. 4.5 sind die Gleichgewichtskurven zur Knochenmarkproliferation dargestellt, wie sie sich aus dem
Standardmodell ergeben. Mit fallender Plättchenzahl
steigt die Proliferation steil an und erreicht ihr
Maximum, sobald die Thrombozyten auf 30 bis 50% des
Normalwertes abgesunken sind. Das Maximum des Megakaryozytenvolumens liegt wegen der zusätzlichen Endomitose bei 2. Für die Megakaryozytenzahl folgt aus
der 4fach gesteigerten Stammzellproliferation und der
gleichzeitigen Verkürzung der Megakaryozytenreifungszeit von 72 auf 60 h der Maximalwert 3,33. Die Megakaryozytenmasse als Produkt von Anzahl und Volumen
kann auf 6,67 ansteigen, während die Plättchenproduktion bei stärkster Anregung wegen der 4fach gesteigerten Stammzellproliferation und der Verdopplung des
Megakaryozytenvolumens das 8fache des Normalwerts
erreichen kann.

Bei erhöhter Thrombozytenzahl verringert sich die
Knochenmarkproliferation in entsprechender Weise.
Während das Megakaryozytenvolumen durch den Wegfall
einer Endomitose auf 50% absinkt, fällt die Megakaryozytenzahl wegen der auf 40% verringerten Stammzellproliferation und der Verlängerung der Megakaryozytenreifungszeit von 72 auf 75 h auf einen Mini-
malwert von 42% ab. Die Megakaryozytenmasse erreicht
21%,während die Plättchenproduktion nicht unter 20%
absinken kann.

Das Zeitverhalten des Systems bei maximaler bzw. fehlender Anregung läßt sich aus Abb. 4.6 ablesen. Im
oberen Teil ist der Thrombopoetinwert auf seinem

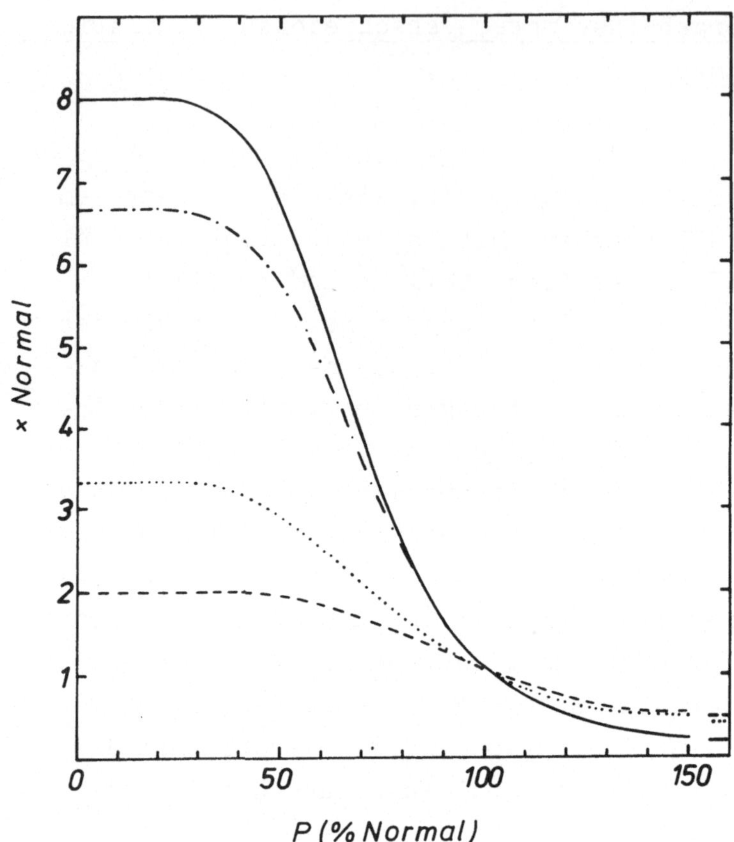

<u>Abb. 4.5</u> Standardmodell der Thrombopoese bei <u>Ratten</u>:
<u>Modellergebnis</u>. Abhängigkeit des Volumens (- - -),
der Zahl (·····) und der Masse (—·—·—·) der Megakaryozyten sowie der Plättchenproduktion (———) von
der Plättchenzahl P.

Maximalwert gehalten worden. Am schnellsten reagiert
das Megakaryozytenvolumen, das bereits nach 5 Tagen
bei seinem Maximum angelangt ist. Die Megakaryozytenzahl hingegen, die durch den Zufluß aus dem Stammzellcompartment bestimmt wird, erreicht wegen des ver-
gleichsweise langsamen Proliferationsverhaltens der
Stammzellen den Maximalwert erst nach 30 Tagen. Das
gleiche gilt für die Megakaryozytenmasse und die
Plättchenproduktion.

Das Proliferationsverhalten bei fehlender Stimulation
durch Thrombopoetin ist in Abb. 4.6b dargestellt.
Hier reagiert das Megakaryozytenvolumen wiederum deutlich schneller als die Megakaryozytenzahl.

Abb. 4.7 zeigt die Reaktion des Regelkreises bei Verringerung der Plättchenzahl auf 10 %, 50 % und 90 %
des Normalwertes. Die niedrige Plättchenzahl stimuliert die Thrombopoetinproduktion stark und führt
12 h später zum Maximum des Thrombopoetinspiegels.
Das Thrombopoetin regt die Proliferation im Knochenmark an. Am schnellsten reagiert das Megakaryozytenvolumen, das seinen Maximalwert am 2. Tag erreicht.
Deutlich langsamer spricht die Stammzellproliferation
an, die sich in der Megakaryozytenzahl widerspiegelt.
Das Maximum der Megakaryozytenzahl wird erst am 5.
Tag angenommen, ebenso wie das der Thrombozytenzahl.

Diese überschießende Reaktion bei den Blutplättchen
führt zum Thrombopoetinabfall auf subnormale Werte,
die ihrerseits ein Absinken der Knochenmarkproliferation zur Folge haben. Das träge System der Megakaryozytenzahl sinkt dabei langsam auf den Normalwert ab,
während das empfindlichere Megakaryozytenvolumen mit-
schwingt und, ebenso wie die Plättchenzahl, zwischen-

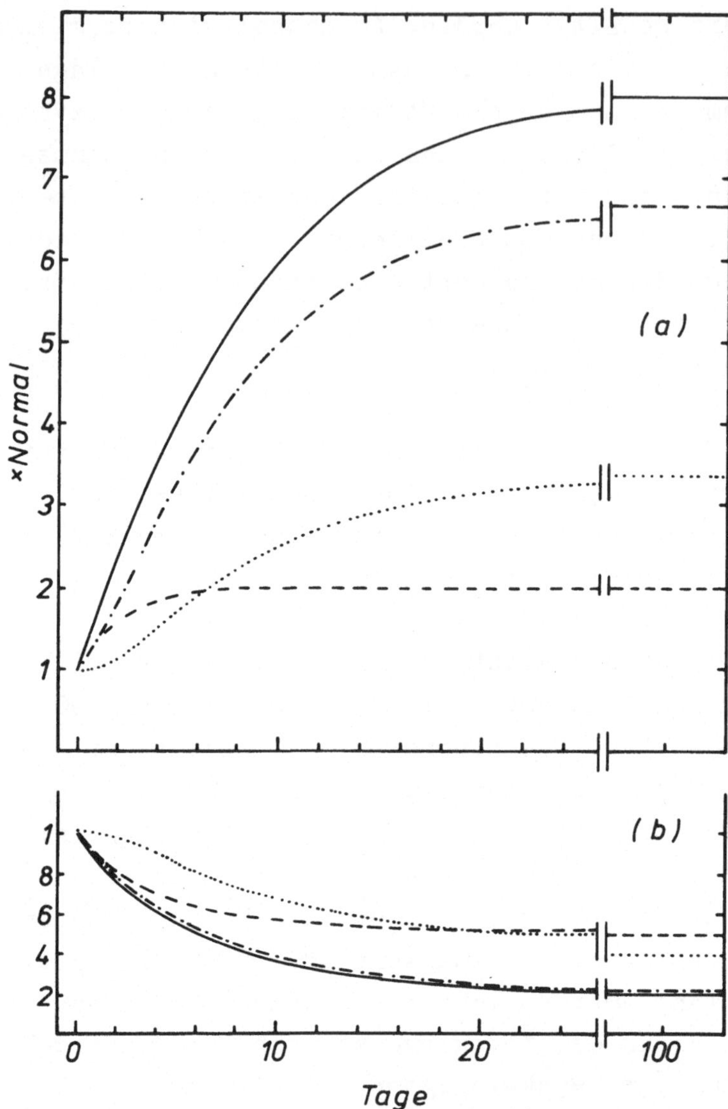

Abb. 4.6 Standardmodell der Thrombopoese bei Ratten: Modellergebnis. Zeitliche Veränderung von Volumen (– – – –), Zahl (·····) und Masse (–·–·–) der Megakaryozyten sowie der Plättchenproduktion (———) bei permanenter maximaler (a) bzw. minimaler (b) Stimulation.

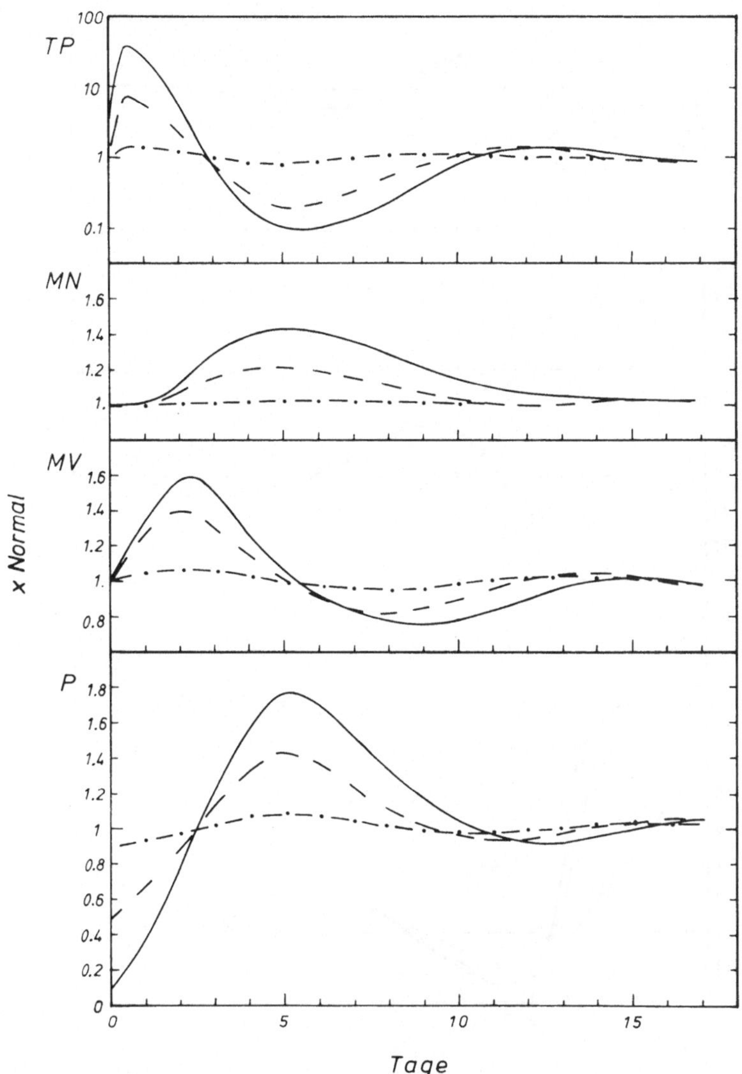

<u>Abb. 4.7</u> Standardmodell der Thrombopoese bei <u>Ratten</u>:
<u>Modellergebnis</u>. Reaktion des Thrombopoetins (TP), der
Anzahl (MN) und des Volumens (MV) der Megakaryozyten
auf <u>erniedrigte Plättchenzahlen</u> (P) von 10 % (————),
50 % (— — —) und 90 % (—·—·—) des Normalwertes.

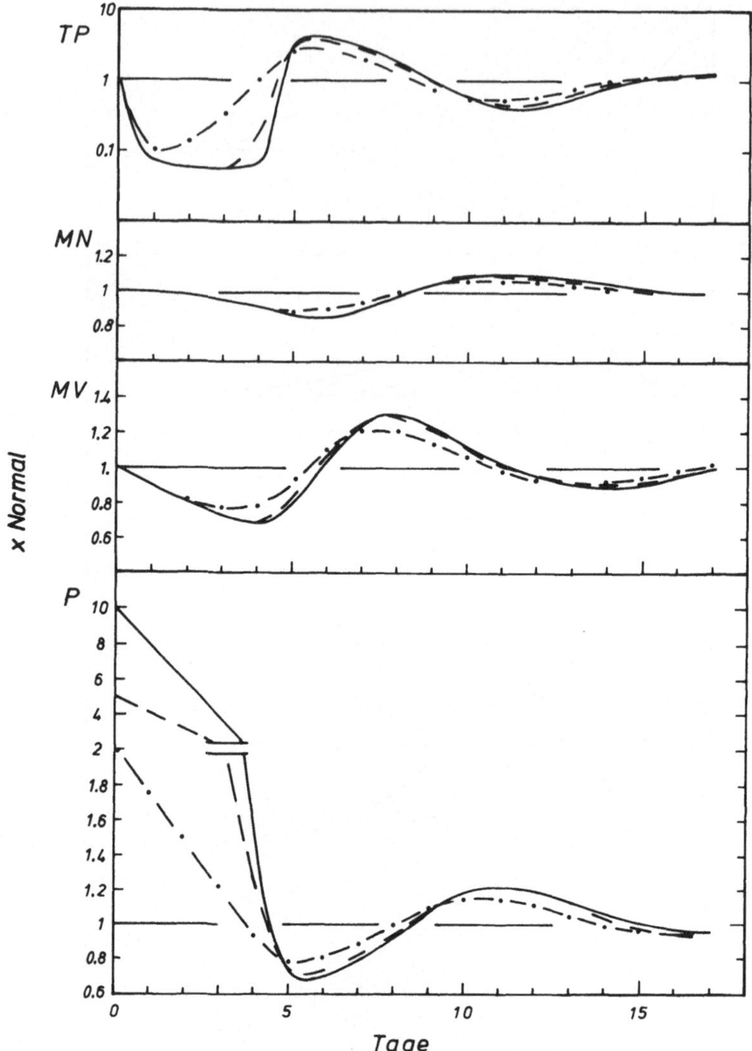

Abb. 4.8 Standardmodell der Thrombopoese bei <u>Ratten</u>: <u>Modellergebnis</u>. Reaktion des Thrombopoetins (TP), der Anzahl (MN) und des Volumens (MV) der Megakaryozyten auf <u>erhöhte Plättchenzahlen</u> (P) vom 2fachen (— —), 5fachen (- - -) und 10fachen (————) Normalwert.

zeitlich unter den Normalwert abfällt, bevor sich
das Regelsystem nach ca. 15 Tagen wieder stabilisiert
hat.

Das Verhalten bei vergrößerter Plättchenzahl zeigt
Abb. 4.8. Der Anfangswert ist hier auf das 2, 5 und
10fache des Normalwertes erhöht. Der Thrombopoetinspiegel sinkt auf sehr kleine Werte ab und zieht einen Abfall des Megakaryozytenvolumens (Minimum am 4.
Tag) sowie der Megakaryozytenzahl und der Plättchenzahl (Minimum am 5. - 6. Tag) nach sich. Reaktiv
steigt der Thrombopoetinspiegel an, gefolgt von einer Proliferationssteigerung und einer überschießenden Thrombozytenzahl am 10. - 11. Tag. Auch hier ist
das System nach 2 Wochen wieder normalisiert.

4.4 Prüfung des Standardmodells

Die Aussagen des Modells lassen sich nur indirekt
durch Vergleich der Modellkurven mit entsprechenden
experimentellen Daten zur akuten und chronischen Stimulation bzw. Suppression der Thrombopoese prüfen.
Hierbei werden die Anfangswerte des Modells den entsprechenden Anfangsbedingungen im Experiment gleich-
gesetzt. Der Vergleich des zeitlichen Verhaltens der
Zellzahlen im Experiment und der entsprechenden Com-
partmentinhalte im Modell erlaubt dann Rückschlüsse
darüber, wieweit das Modell die wichtigsten Regulationseinflüsse adäquat beschreibt.

4.4.1 Chronische Thrombozytopenie

Abb. 4.9a zeigt, wie Volumen, Anzahl und Masse der
Megakaryozyten sowie die Plättchenproduktion zu Beginn einer längerfristigen, schweren Thrombozytopenie

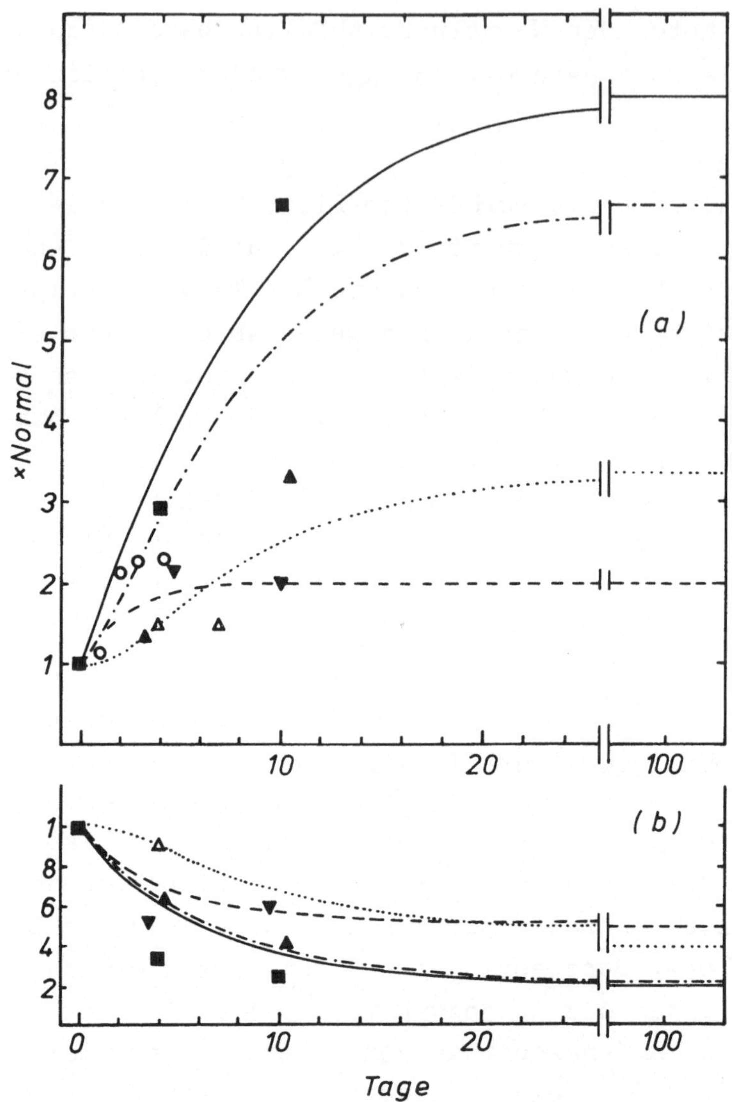

Abb. 4.9 Standardmodell der Thrombopoese bei Ratten:
Modellprüfung. Proliferation bei schwerer, chronischer
Thrombozytopenie (a) und Thrombozytose (b). Vergleich
der Modellergebnisse (‒ ‒ ‒: Meg. Volumen, ·····: Meg.
Zahl, ‒ ‒ ‒ ‒: Meg. Masse, ─────: Plättchenproduktion)
mit Daten von HARKER (1968) (■ Meg. Masse, ▲ Meg.
Zahl, ▼ Meg. Volumen; jeder Punkt entspricht 6 Ratten),
PENINGTON und OLSEN (1970)(△ Meg. Zahl, ▽ Meg. Volumen;
jeder Punkt entspricht 2 ‒ 4 Ratten) und ODELL et al.
(1969)(◉ Meg. Zahl; jeder Punkt entspricht 2 Ratten)

ansteigen. Die Daten von drei Autoren werden mit den
Modellkurven verglichen.

HARKER (1968) stimuliert die Thrombopoese, indem er
die Plättchenzahl durch tägliche Austauschtransfusion für 10 Tage unter 20 % des Normalwertes hält.
Die Megakaryozytenvolumina berechnet er aus den gemessenen Durchmessern, und die Megakaryozytenzahlen
korrigiert er durch einen Faktor, der Mehrfachzählun-
gen berücksichtigt. Die Megakaryozytenmasse berechnet
er als Produkt von Anzahl und Volumen. PENINGTON und
OLSEN (1970) unterhalten eine Plättchenzahl unter 30
% des Normalwertes durch wiederholte Injektion von
Antiplättchenserum über 11 Tage. Die Angaben über die
Megakaryozyten werden ebenso bestimmt wie bei HARKER
(1968). ODELL et al. (1969) senken die Plättchenzahl
für 4 Tage durch hohe Dosen von Antiplättchenserum
praktisch auf Null. Ihre Megakaryozytenzahlen werden
nicht mit einem Faktor für Mehrfachzählung korrigiert.

Im Modell führt eine Plättchenzahl von 30 % und weniger zu maximaler Stimulation, wie Abb. 4.5 zeigt. Daher sind die experimentellen Daten mit den entsprechenden Kurven für maximale Stimulation vergleichbar,
wie sie bereits in Abb. 4.6 dargestellt wurden. Die
Modellergebnisse sind mit den Daten vereinbar, wobei
der große experimentelle Fehler allerdings keine
quantitative Bewertung zuläßt. Zumindest bei den Messungen von HARKER (1968) bestätigt sich, daß das Volumen der Megakaryozyten mehrere Tage früher als die
Anzahl ansteigt.

4.4.2 Chronische Thrombozytose

In Abb. 4.9b sind die entsprechenden Ergebnisse einer

lang andauernden schweren Thrombozytose angegeben.
Die Daten stammen wiederum von HARKER (1968) und
PENINGTON und OLSEN (1970). Bei beiden Untersuchungen wurde eine Plättchenzahl von mehr als 300 % des
Normalwerts durch tägliche Infusion von Thrombozytenkonzentraten aufrecht erhalten. Das führte zu maximaler Suppression der Thrombopoese. Die Modellkurven
zeigen das gleiche zeitliche Verhalten wie die experimentell bestimmten Zellzahlen.

4.4.3 Akute Thrombozytopenie

Die akute Thrombozytopenie ist erheblich besser untersucht als die chronischen Zustände. Abb. 4.10 zeigt
die Erholung der Plättchenzahl nach anfänglicher Verringerung auf 8 % durch Austauschtransfusion (EBBE
et al. 1970). Der Anstieg ist steil und das Maximum
von ca. 180 % wird am 5. Tag erreicht, gefolgt von
einem Abfall bis zum 9. Tag. Die Modellkurve reproduziert dieses Verhalten nahezu vollständig.

In Abb. 4.11a sind die Thrombozytenzahlen von ODELL
und MURPHY (1974b) wiedergegeben. Ausgehend von Anfangswerten zwischen 10 % und 72 % steigen die Kurven
auf ihre Maxima am 5. Tag an. Diese liegen zwischen
125 % und 175 %, wobei die niedrigsten Startwerte das
stärkste Überschießen zeigen. Abb. 4.11b zeigt die
entsprechenden Modellkurven. Mit den gleichen Anfangswerten wie in Abb. 4.11a erhält man Maxima zwischen
119 % und 176 % am 5. Tag. Die Modellrechnungen reproduzieren alle wichtigen Charakteristika der Daten:
Die 100 %-Marke wird zwischen dem 2. und 3. Tag überschritten, die Maxima liegen am 5. Tag, und nach 10
Tagen ist der Normalbereich wieder erreicht. Nur der

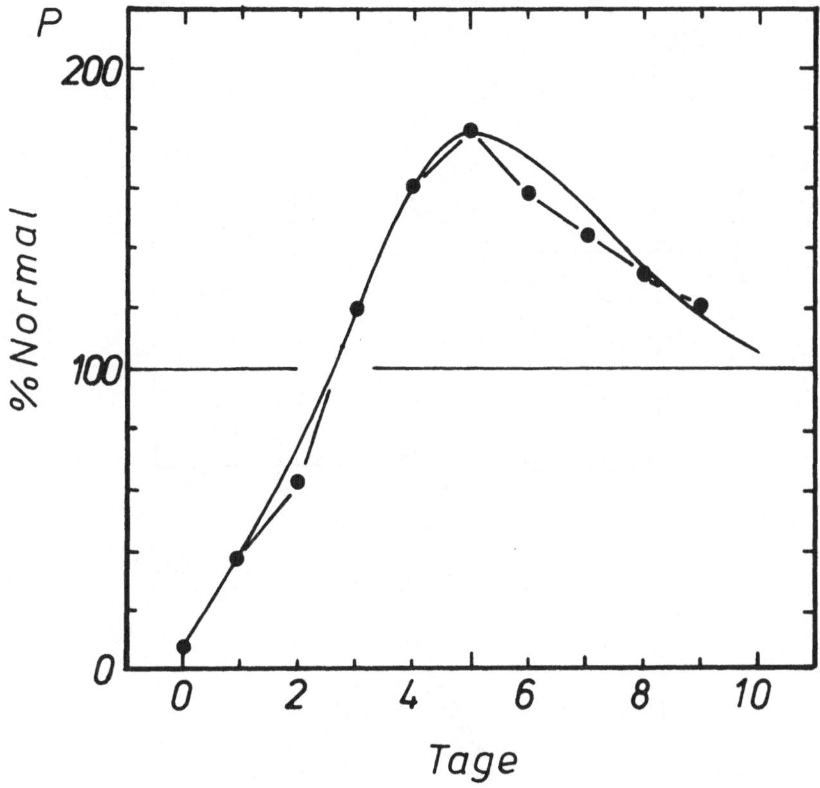

Abb. 4.10 Standardmodell der Thrombopoese bei Ratten: Modellprüfung. Plättchenzahl P nach akuter Thrombozytopenie von 8 % (Austauschtransfusion). Vergleich der Modellergebnisse (————) mit den experimentellen Daten von EBBE et al. (1970) (● ; jeder Punkt entspricht 6 bis 16 Ratten)

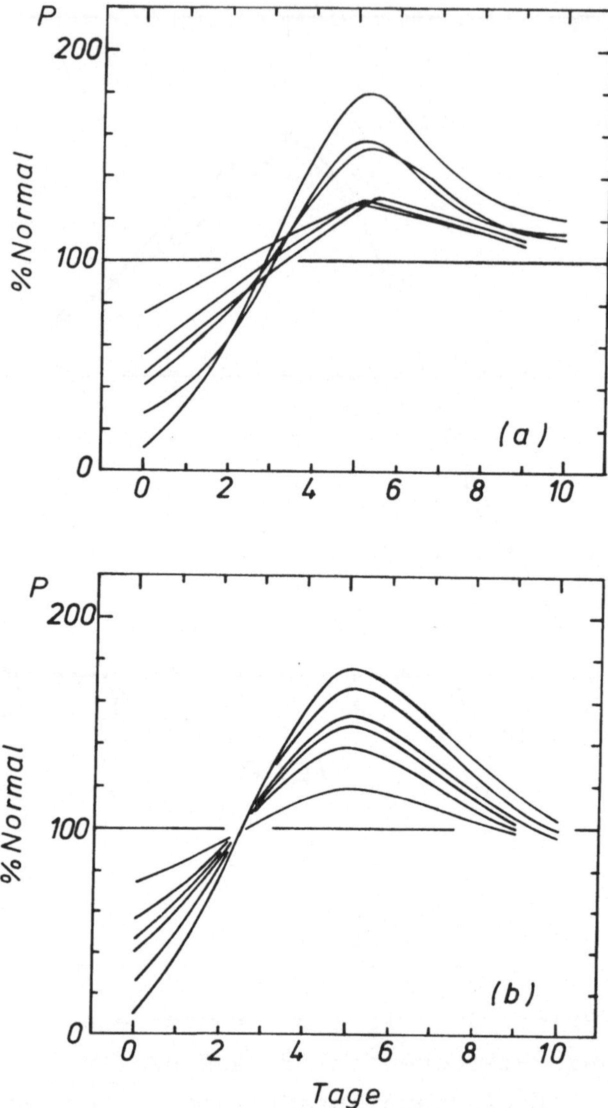

<u>Abb. 4.11</u> Standardmodell der Thrombopoese bei <u>Ratten</u>:
<u>Modellprüfung</u>. Plättchenzahl P nach <u>akuter Thrombozy-</u>
<u>topenie</u> verschiedenen Schweregrades (Austauschtrans-
fusion). Vergleich der experimentellen Daten von ODELL
und MURPHY (1974b)(a; jede Kurve entspricht dem Mit-
telwert von 4 bis 14 Ratten) mit den Modellergebnissen
(b) für die gleichen Anfangswerte.

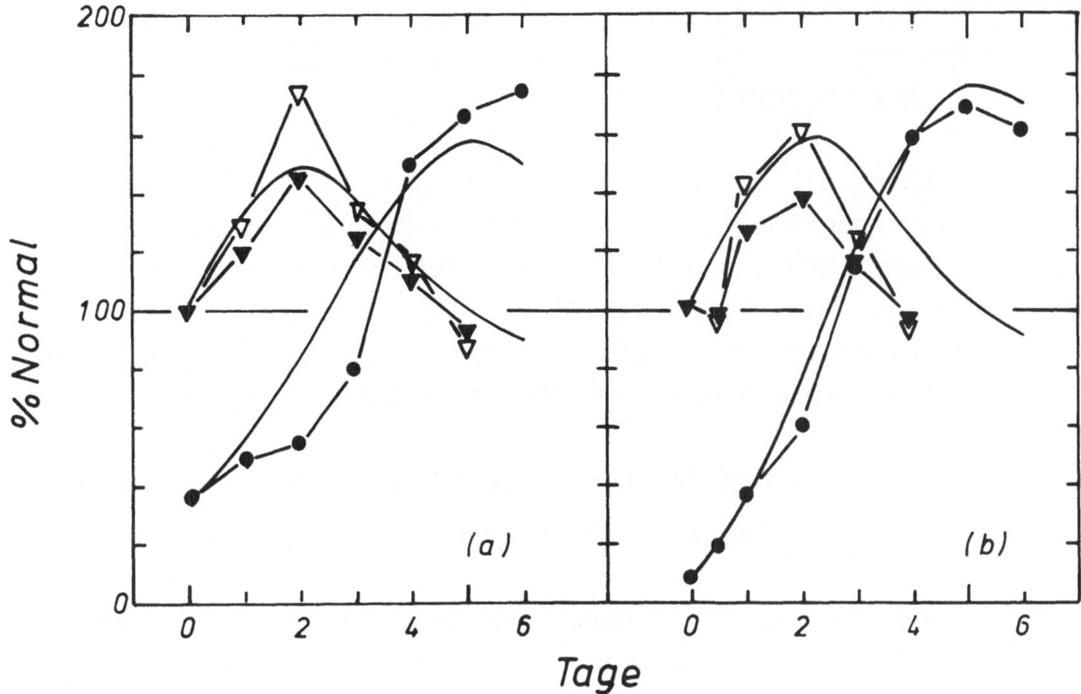

Abb. 4.12 Standardmodell der Thrombopoese bei Ratten: Modellprüfung. Akute Thrombozytopenie (Austauschtransfusion). Vergleich des Meg. Volumens und der Plättchenzahl im Modell (durchgezeichnete Linien) mit den Daten von EBBE et al. (1968a) (▼ mittlere Meg. Größe, ▽ berechnetes mittleres Meg. Volumen, ● Plättchenzahl; jeder Punkt entspricht 2 bis 3 Ratten).

Abfall der Modellkurven erfolgt schneller als bei
den Experimenten und liegt am 9. und 10. Tag ca.
20 % zu niedrig.

EBBE et al. (1968a) messen gleichzeitig die Megakaryozytengröße (die der Fläche im Knochenmarkausstrich
entspricht) und die Plättchenzahl nach Austauschtransfusion (Abb. 4.12). In dieser Arbeit sind die Megakaryozyten in drei Reifungsstufen, I, II und III, unterteilt.
Die mittlere Größe berechnet sich nach der Formel

$$\text{mittlere Meg.Größe} = 0{,}2 \text{ Stufe I} + 0{,}25 \qquad (4.16)$$
$$\text{Stufe II} + 0{,}55 \text{ Stufe III} \quad ,$$

wobei die relativen Werte aus der Arbeit von EBBE et
al. (1970) stammen. Wenn die Megakaryozyten kugelför-
mig wären, entspräche ihre 'Größe' einer kreisförmi-
gen Fläche im Ausstrich, und das Volumen ließe sich
berechnen nach der Formel

$$\text{mittleres Meg.Volumen} = \frac{4}{3} \sqrt{\pi} \cdot (\text{mittlere} \qquad (4.17)$$
$$\text{Meg.Größe})^{1{,}5}$$

Da die Zellen abgeflacht sind, überschätzt diese
Rechnung das Volumen, insbesondere bei großen Megakaryozyten. Daher erscheint es angebracht, sowohl
die Megakaryozytengröße als auch das nach (4.17) be-
rechnete Volumen, jeweils bezogen auf den Normalwert,
anzugeben und anzunehmen, daß der wahre Wert zwischen
diesen beiden liegt.

Dies ist in Abb. 4.12 geschehen. Die Modellkurven reproduzieren die Daten weitgehend, wobei das Maximum
des Megakaryozytenvolumens am 2. Tag und das der

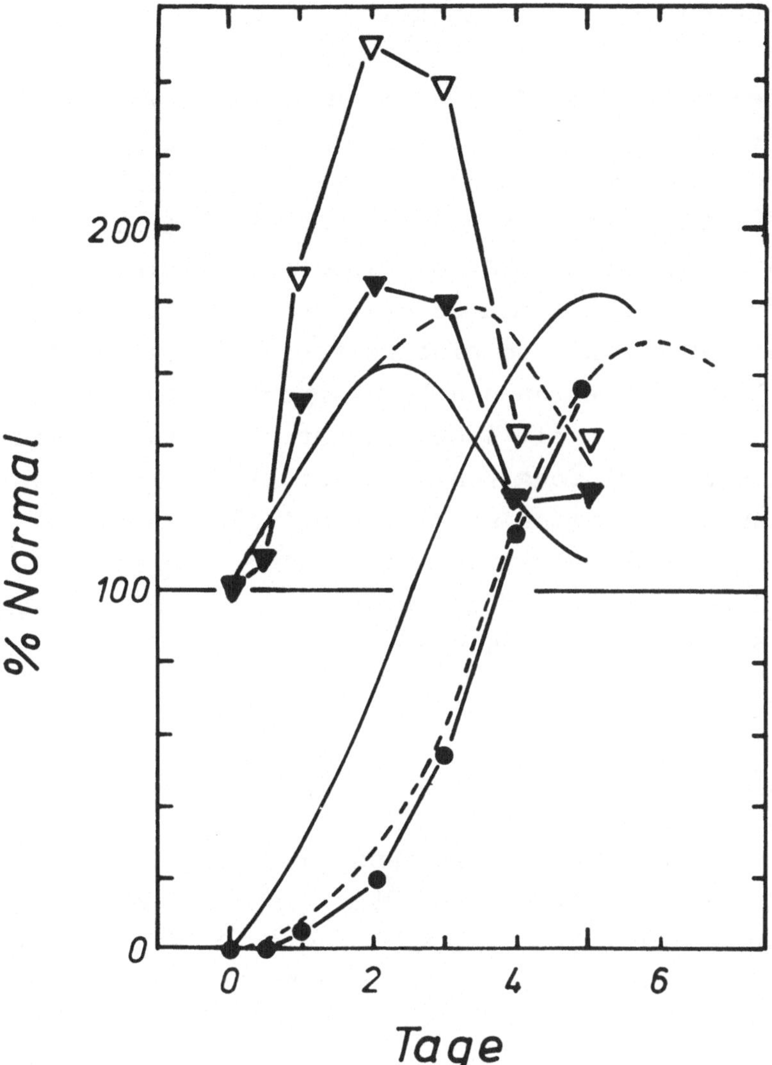

<u>Abb. 4.13</u> Standardmodell der Thrombopoese bei <u>Ratten</u>:
<u>Modellprüfung</u>. Akute Thrombozytopenie nach Gabe von
<u>Antiplättchenserum</u>. Vergleich der Daten von EBBE et
al. (1968a)(▼ mittlere Meg. Größe, ▽ berechnetes mittleres Meg. Volumen, ● Plättchenzahl; jeder Punkt entspricht 2 Ratten) mit den Modellergebnissen (Meg. Volumen und Plättchenzahl, durchgezeichnete Kurven).
————: Annahme, daß das Antiplättchenserum nur zum
Zeitpunkt 0 die Thrombozyten zerstört; - - -: Annahme,
daß in den ersten 3 Tagen zusätzlich 25 % der neu gebildeten Plättchen zerstört werden.

Plättchenzahl am 5. Tag liegt.

Abschließend wird in Abb. 4.13 untersucht, wie sich die Verringerung der Plättchenzahl durch Antiplättchenserum auswirkt. Die durchgezogenen Modellkurven zeigen, daß die Plättchenzahlen von EBBE et al. (1968a) später ansteigen, als dies bei alleiniger Zerstörung der Plättchen zu erwarten wäre. Das Antiplättchenserum muß also eine weitere Wirkung haben. Tatsächlich wird es an die Megakaryozyten im Mark adsorbiert (ODELL et al. 1969). Nimmt man entweder eine zusätzliche Zerstörung von 25 % der neu gebildeten Plättchen durch dieses adsorbierte Antiserum für 3 Tage (Megakaryozytenreifungszeit) oder eine entsprechende Zerstörung von Megakaryozyten an, dann ergeben sich die gestrichelten Kurven.

4.4.4 Akute Thrombozytose

Hier werden Daten von hypertransfundierten Ratten betrachtet. Die experimentellen Startwerte von 200 % bis 300 % (Abb. 4.14) fallen auf 50 % bis 100 % am 4. Tag ab. Die Modellkurven erreichen ihr Minimum von ca. 75 % am 5. Tag.

In Abb. 4.15 ist ein besserer quantitativer Vergleich möglich. Hier sind Plättchenzahlen und Megakaryozytengrößen angegeben. Die Thrombozytenzahl fällt im Experiment von 650 % auf 65 % am 6. Tag. Im Modell fällt sie auf 72 % am 6. Tag, und auch der experimentelle Abfall des Megakaryozytenvolumens in der ersten Woche wird zufriedenstellend wiedergegeben.

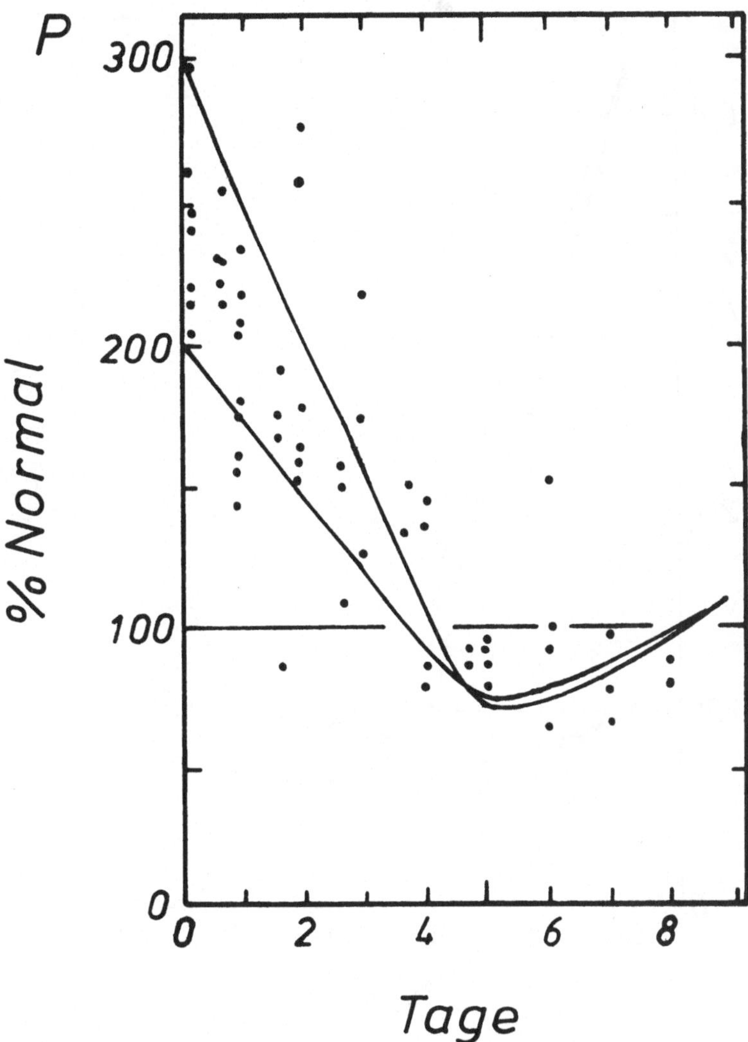

Abb. 4.14 Standardmodell der Thrombopoese bei Ratten:
Modellprüfung. Plättchenzahl nach akuter Thrompozyto-
se durch Hypertransfusion (2 - 3facher Normalwert).
Vergleich der Modellergebnisse (Kurven) mit den expe-
rimentellen Daten von EBBE et al. (1970) (● ;jeder
Punkt entspricht einer Ratte).

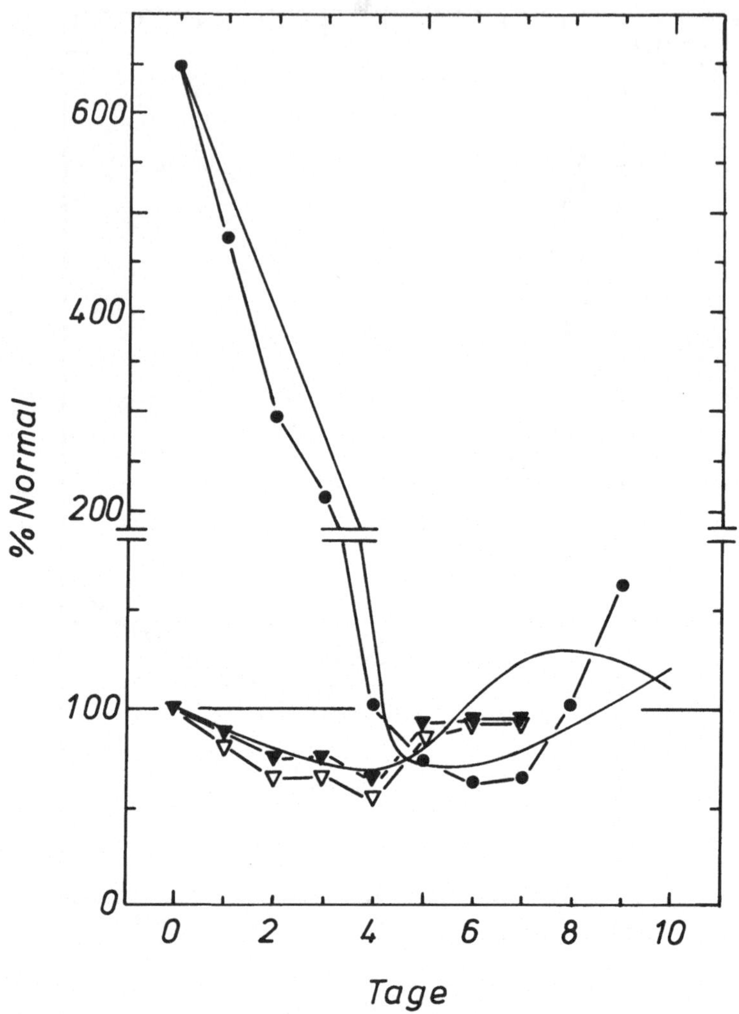

Abb. 4.15 Standardmodell der Thrombopoese bei Ratten:
Modellprüfung. Akute Thrombozytose durch Hypertransfusion (6,5facher Normalwert). Vergleich des Meg. Volumens und der Plättchenzahl im Modell (———) mit den
Daten von EBBE et al. (1970) (▼ mittlere Meg. Größe,
▽ berechnetes mittleres Meg. Volumen, ● Plättchenzahl;
jeder Punkt entspricht 6 Ratten).

4.4.5 Diskussion

Die Modellrechnungen zur chronischen Thrombozytopenie
und Thrombozytose können nur qualitativ mit den Experimenten verglichen werden, da nur wenige und zudem ungenaue Daten verfügbar sind. Mit diesen Ein-
schränkungen kann man übereinstimmende Resultate,
insbesondere eine frühzeitige Reaktion des Megakaryozytenvolumens und eine verspätete Reaktion der Megakaryozytenzahl auf veränderte Stimuli, feststellen.

Für akute Störungen läßt sich das Modell besser prüfen. Nach Austauschtransfusion werden der Plättchenanstieg und das Megakaryozytenvolumen bei verschiedenen Startwerten quantitativ vom Modell reproduziert. Dies gilt zusätzlich für die Daten von ODELL
et al. (1962) die nicht im einzelnen angeführt werden
sollen.

Die Gabe hoher Dosen von Antiplättchenserum hat neben
der sofortigen Zerstörung der Thrombozyten noch einen
weiteren Effekt, der zur verzögerten Erholung der
Thrombopoese führt (EBBE 1968a, ODELL et al. 1975,
1976, JACKSON et al. 1976). Ein möglicher Mechanismus
ist die Zerstörung von Megakaryozyten oder eines Teils
der neu gebildeten Plättchen (ODELL et al. 1976), doch
auch andere Einflüsse müssen diskutiert werden. Eine
Veränderung der Megakaryozytenreifungszeit oder der
Zahl von Endomitosen kann diesen Effekt jedenfalls
nicht reproduzieren, wie zusätzliche Modellrechnungen
zeigen.

Die Daten zur akuten Thrombozytose werden ebenfalls
quantitativ reproduziert. Dies gilt auch für weitere
Verlaufskurven von EBBE et al. (1970) und Odell et al.
(1967) die nicht in Abbildungen dargestellt sind.

4.5 Alternativhypothesen

Der Vergleich des Modells mit den dargestellten Experimenten zur chronischen und akuten Thrombozytopenie und Thrombozytose zeigt eine gute Übereinstimmung der Ergebnisse innerhalb der Meßgenauigkeit. Daraus läßt sich allerdings nicht schließen, daß die Modellannahmen richtig sind, sondern nur, daß sie nicht im Widerspruch zu den Experimenten stehen. Möglicherweise leisten andere Modellannahmen das gleiche. Da nicht alle denkbaren Alternativen geprüft werden können, werden einige plausible Hypothesen in das bestehende Modell integriert und dem 'Standardmodell' gegenübergestellt. Dies geschieht anhand von Vergleichsrechnungen zur akuten Thrombozytopenie (Anfangswert $P_0 = 0,1$) und zur akuten Thrombozytose ($P_0 = 10$). Daneben werden die Auswirkungen dieser Modifikationen auf kontinuierliche Stimulation und Suppression diskutiert.

4.5.1 Determinierte Stammzellen

Über die Stammzellregulierung der Thrombopoese ist weniger bekannt, und die Modellannahmen sind notgedrungen spekulativer als in anderen Teilen des Regelkreises. Deshalb werden alternativ relativ weitgehende Veränderungen der Standardhypothesen untersucht.

A1 Fehlende Basisproliferation der Stammzellen:

$$Z_S^{min} = 0 \text{ (statt } 0,4)$$

Bei verminderter Plättchenzahl ($P_0 = 0,1$) ergibt sich kaum eine Veränderung gegenüber der Standardkurve aus Abb. 4.8. Bei großem Anfangswert ($P_0 = 10$) dagegen sinkt die Megakaryozytenzahl auf 0,76 statt 0,86 ab.

A2 Niedrigere oder höhere Maximalproliferation der Stammzellen: Z_S^{max} = 2 oder 6 (statt 4)

Bei verminderter Plättchenzahl (P_0 = 0,1) ist das Maximum der Megakaryozytenzahl um ca. 20 % kleiner bzw. größer als im Standardfall. Das Volumen verändert sich nicht. Das Maximum der Thrombozytenzahl liegt ebenfalls um 10 - 15 % höher oder tiefer als bei Standardparametern (Abb. 4.16). Auf die Kurve für P_0 = 10 hat diese Änderung von Z_S^{max} keinen nennenswerten Einfluß.

Die mittlere Aufenthaltsdauer von τ_S = 150 h stammt ebenfalls aus einer groben Abschätzung. Alternativ hierzu wird untersucht:

A3 Schnellere oder langsamere Proliferation der Stammzellen: τ_S = 75 oder 300 h (statt 150 h)

Für P_0 = 0,1 ergibt sich Ähnliches wie bei der Veränderung von Z_S^{max}. τ_S = 75 h führt zu einem ca. 15 % höheren Maximum der Megakaryozytenzahl und der Plättchenzahl, τ_S = 300 h hingegen zu einem 10 % niedrigeren Maximum dieser Zellzahlen. Im Gegensatz zu Alternative A2 wird auch das Oszillationsverhalten des Systems verändert. Bei τ_S = 75 h sinkt die Plättchenzahl auf 0,84 statt auf 0,93, während bei τ_S = 300 h die Oszillation geschwächt wird und das reaktive Minimum der Plättchen bei 0,99 liegt (Abb. 4.16). Für P_0 = 10 werden das Minimum und das folgende Maximum der Plättchenzahl gegenüber Abb. 4.8 geringfügig tiefer bzw. flacher.

Schließlich wird geprüft, wie eine Aufteilung des Stammzellcompartments sich auf die Folgecompartments

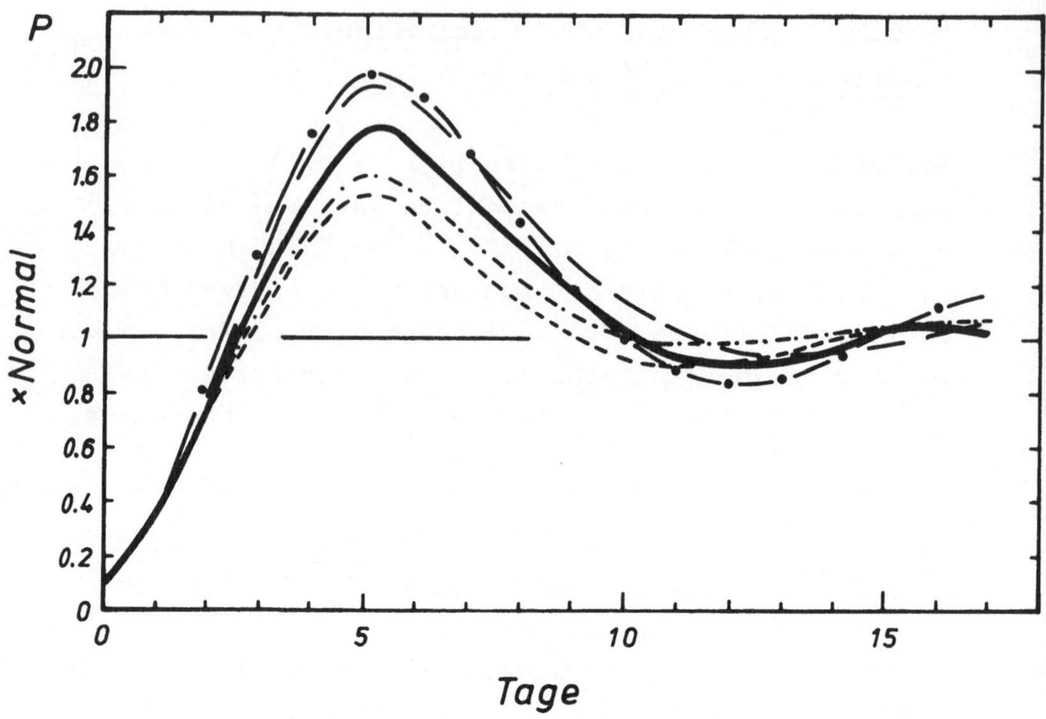

Abb. 4.16 Alternativhypothesen zur Thrombopoese bei Ratten. Konsequenz der Annahmen A2 und A3 zum determinierten Stammzellcompartment bei akuter Thrombozytopenie. ———: Standardmodell, - - -: $Z_S^{max} = 2$, ———: $Z_S^{max} = 6$, —·—·—: $\tau_S = 75$ h, -·-·-: $\tau_S = 300$ h.

auswirkt:

A4 <u>Aufteilung des Stammzellcompartments in zwei gleich-</u>

   <u>große Untercompartments</u>

Diese Änderung wirkt sich in den Folgecompartments nicht nennenswert aus.

Zusammengefaßt lassen sich die Fragen nach einer Basisproliferation der maximalen Proliferationsrate und der Transitzeit der Stammzellen (A1, A2, A3) auch bei starken Veränderungen der Standardannahmen einmaliger Plättchenzahlveränderungen nicht entscheiden. Besser geeignet sind hierzu langandauernde Stimulation oder Suppression. Die hierzu vorhandenen Daten lassen allerdings wegen ihrer großen Fehlerbreite und des zu kurzen Beobachtungszeitraums keine eindeutige Antwort zu. Aus dem gleichen Grund kann auch auf eine Unterteilung des Stammzellcompartments (A4) verzichtet werden.

4.5.2 <u>Megakaryozyten</u>

Folgende Alternativhypothesen werden untersucht:
A5 <u>Thrombopoetinunabhängige Megakaryozytenreifungs-</u>

   <u>zeit: τ_M = const = 72, 60 oder 84 h</u>

Bei festem τ_M = 72 h paßt sich die Knochenmarkausschüttung weniger flexibel dem Plättchenbedarf an. Das führt für P_O = 0,1 zur Vergrößerung der maximalen Megakaryozytenmasse um 20 % und der maximalen Plättchenzahl um ca. 5 % sowie zu einer Verschiebung des Maximums vom 5. auf den 6. Tag. Bei P_O = 10 treten keine nennenswerten Veränderungen gegenüber den

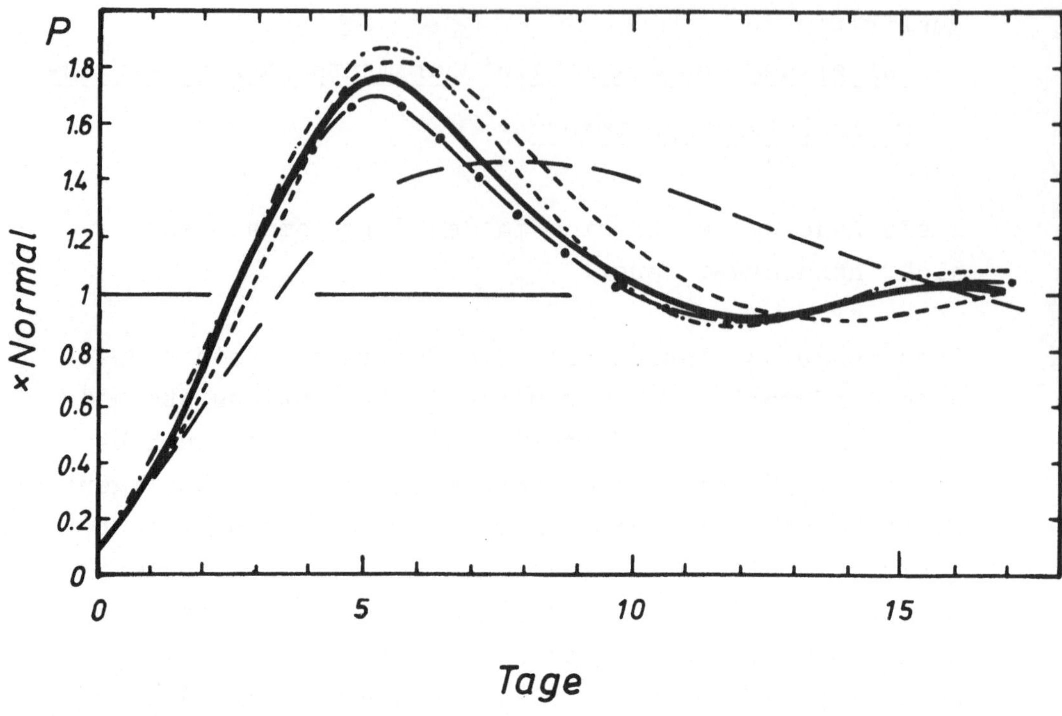

Abb. 4.17 **Alternativhypothesen** zur Thrombopoese bei Ratten. Konsequenz der Annahmen A5, A6, A7 **zum Megakaryozytencompartment** bei akuter Thrombozytopenie.

————: Standardmodell, –·–·–: τ_M = const = 60 h, – – –: τ_M = const = 84 h, —·—: τ_M^{min} = 48 h, —— ——: Z_M = const = 1.

Standardbedingungen auf. Ein analoges Verhalten zeigen die Annahmen τ_M = 60 oder 84 h, wie man in Abb. 4.17 sieht.

A6 Stärkere Thrombopoetinabhängigkeit der Megakaryozytenreifungszeit: τ_M^{min} = 48 h (statt 60 h)

Kann sich die Megakaryozytenreifungszeit bei maximaler Anregung von 72 h auf 48 statt 60 h verkürzen, dann wirkt sich das für P_0 = 0,1 in einem um 3 % niedrigeren Plättchenmaximum aus, das durch die stärkere Reaktion von τ_M(TP) auf den Plättchenüberschuß und die dadurch erniedrigten Thrombopoetinwerte bewirkt wird. Auch hier ist für P_0 = 10 keine Änderung gegenüber den Standardbedingungen spürbar.

A7 Thrombopoetinunabhängigkeit der Zahl megakaryozytärer Endomitosen: Z_M = const = 1 (statt geregeltem Z_M(TP)

In diesem Fall wird das Proliferationsverhalten ausschließlich durch die Stammzellproliferation bestimmt und völlig verändert. Für P_0 = 0,1 (Abb. 4.17) erreicht das Plättchenmaximum statt 1,76 am 5. Tag nur 1,47 am 8. Tag und für P_0 = 10 wird das Minimum um 2 Tage verschoben und um 20 % flacher.

A8 Unterscheidung von 2 Reifungsstufen im Megakaryozytencompartment: $M = M_1 + M_2$, $\tau_M(T) = \tau_{M_1} + \tau_{M_2}$(TP) mit τ_{M_1} = 24 oder 48 h

Die Aufteilung des Megakaryozytencompartments in zwei hintereinandergeschaltete Teilcompartments wird untersucht, um das Vorliegen mehrerer Reifungsstufen (EBBE et al. 1970, ODELL et al. 1969) zu simulieren. Bei

Annahme einer festen Reifungszeit τ_{M_1} im ersten und
einer variablen Zeit $\tau_{M_2}(TP)$ im zweiten Compartment
ergibt sich bei τ_{M_1} = 24 h sowohl für M als auch für P
kein nennenswerter Unterschied gegenüber dem Standardmodell. Bei τ_{M_1} = 48 h dagegen folgt ein
Effekt ähnlich zur Hypothese A5: Durch die Verkleinerung des flexiblen Teils der Megakaryozyten wird für
P_0 = 0,1 das Maximum etwas vergrößert und um 12 h
nach rechts verschoben.

Zusammengefaßt unterscheiden sich die Plättchenzahlen
für die Modellvarianten τ_M = const = 60 oder 72 h und
τ_M^{min} = 48 h nicht so stark vom Standardverlauf, daß
man diese Annahmen verwerfen könnte. Bei τ_M = const =
84 h ist die Abweichung allerdings schon deutlich.
Sicherlich nicht in Einklang mit der Standardkurve zu
bringen ist die Alternative A7. Daraus folgt, daß eine kurzfristig aktivierbare Proliferationsreserve etwa in Form zusätzlicher Endomitosen, benötigt wird,
denn das träge Stammzellsystem allein kann die experimentellen Thrombozytenzahlen, die im wesentlichen den
Standardkurven entsprechen, nicht reproduzieren. Die
Aufteilung in Untercompartments hat keinen großen Einfluß, so daß die Zusammenfassung aller Megakaryozyten
in einem Compartment ausreichend erscheint, selbst
wenn sie sich morphologisch weiter differenzieren lassen.

4.5.3 Plättchen

Als Alternativen werden untersucht:
A9 Altersabhängiger Plättchenabbau mit kürzerer oder
   längerer Lebensdauer: τ_P = 96 oder 120 h (statt
   108 h)

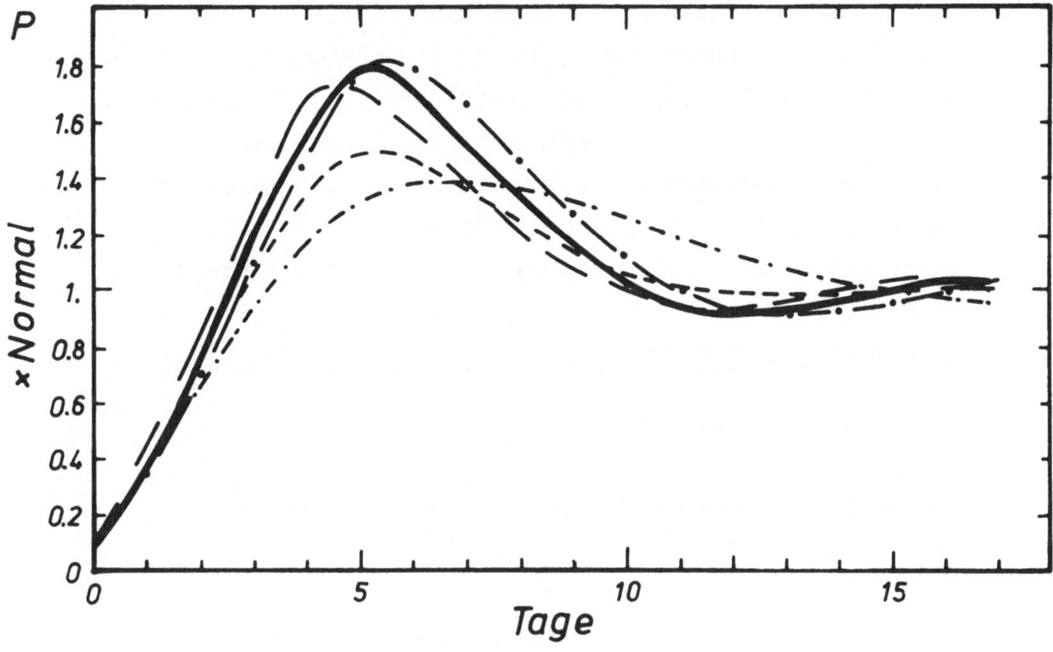

Abb. 4.18 <u>Alternativhypothesen</u> zur Thrombopoese bei
Ratten. Konsequenz der Annahmen A9 und A10 <u>zum Plätt-</u>
<u>chencompartment</u> bei akuter Thrombozytopenie. ————:
Standardmodell, —— ——: τ_P = 96 h (altersabhängiger
Abbau), —— · ——: τ_P = 120 h (altersabhängiger Abbau),
— · — · —: τ_P = 108 h (altersunabhängiger Abbau),
— — —: τ_P = 108 h (50 % altersabhängiger und 50 %
altersunabhängiger Abbau).

Für P_0 wirkt sich diese Änderung in einer Verschiebung des Thrombozytenmaximums um 12 h nach links bzw. rechts aus. Da die Megakaryozytenzahl nur langsam ansteigt, ist das nach links verschobene Maximum kleiner, das nach rechts verschobene größer als das Maximum der Standardkurve (Abb. 4.18). Für P_0 = 10 ergibt sich ebenfalls eine Verschiebung des ersten Minimums um ± 12 h.

A10 <u>Teilweiser oder völliger altersunabhängiger</u>

   <u>Plättchenabbau:</u>

$$\dot{P}(t) = \frac{1}{\tau_M(TP(t))} \, M(t) - F_1 \, \frac{1}{\tau_M(TP(t-\tau_P))} \qquad (4.18)$$

$$M(t-\tau_P) - F_2 \, \frac{1}{\tau_P} \, M(t)$$

   mit $F_1 + F_2$ = 1 und F_1 = 0 oder 0,5 .

Nimmt man an, daß die Plättchen nicht alle ihr maximales Alter τ_P erreichen und daß ein Teil altersunabhängig abstirbt, so kann man dies mit Gleichung (4.18) beschreiben. Für F_1 = 0 haben wir völlig altersunabhängigen Abbau (random-Abbau). Die zugehörige Kurve für P_0 = 0,1 in Abb. 4.18 zeigt, daß dies keinesfalls mit der Standardkurve in Übereinstimmung zu bringen ist. Selbst bei F_1 = 0,5, d.h. bei 50 %igem altersunabhängigen Abbau, zeigt sich eine deutliche Abweichung. In beiden Fällen ist der Effekt für P_0 = 10 noch massiver: Die Minima liegen bei 16 bis 18 Tagen im völligen Gegensatz zur Standardkurve, bei der das Minimum am 6. Tag liegt.

Zusammengefaßt stehen Abweichungen der Plättchenlebensdauer um ± 12 h noch in Übereinstimmung mit der Standardkurve. Die Rechnungen zur Alternative A 10 zeigen dagegen, daß man für die Plättchen einen überwiegend altersabhängigen Abbau annehmen muß.

4.5.4 Thrombopoetin

Da die Standardannahmen über das Thrombopoetin nicht auf Messungen beruhen, sondern in Analogie zum Erythropoetin formuliert wurden, sollen auch hier relativ große Modifikationen der Proliferationsrate und der Umsatzzeit untersucht werden:

A11 Niedrigere oder höhere maximale Thrombopoetinproduktionsrate: Z_{TP}^{max} = 10 oder 1000 (statt 100)

Während die maximale Rate von 1000 sich auf die Plättchenzahl bei P_0 = 0,1 nur in einer Steigerung des Maximums um 5 % auswirkt, bedeutet Z_{TP}^{max} = 10 einen Abfall des Maximums um 16 % (Abb. 4.19). Die Auswirkungen auf P_0 = 10 sind demgegenüber geringfügig.

A12 Kürzere oder längere Umsatzzeit des Thrombopoetins: τ_{TP} = 1, 12 oder 24 h (statt 6 h)

Ein schnellerer Thrombopoetinabbau bewirkt eine frühere Reaktion des Systems auf veränderte Plättchenzahlen. Daher ist das Maximum in Abb. 4.19 für τ_{TP} = 1 h um 6 % niedriger als bei der Standardkurve. Ein langsamer Thrombopoetinabbau führt hingegen zu einer trägen Reaktion auf Veränderungen im Plättchencompartment. Während die maximale Abweichung bei τ_{TP} = 12 h etwas über 10 % liegt, läßt sich bei τ_{TP} = 24 h mit 34 % Abweichung die Standardkurve keinesfalls erreichen, wie Abb. 4.19 zeigt.

Zusammengefaßt ändert die Annahme einer maximalen Throm-

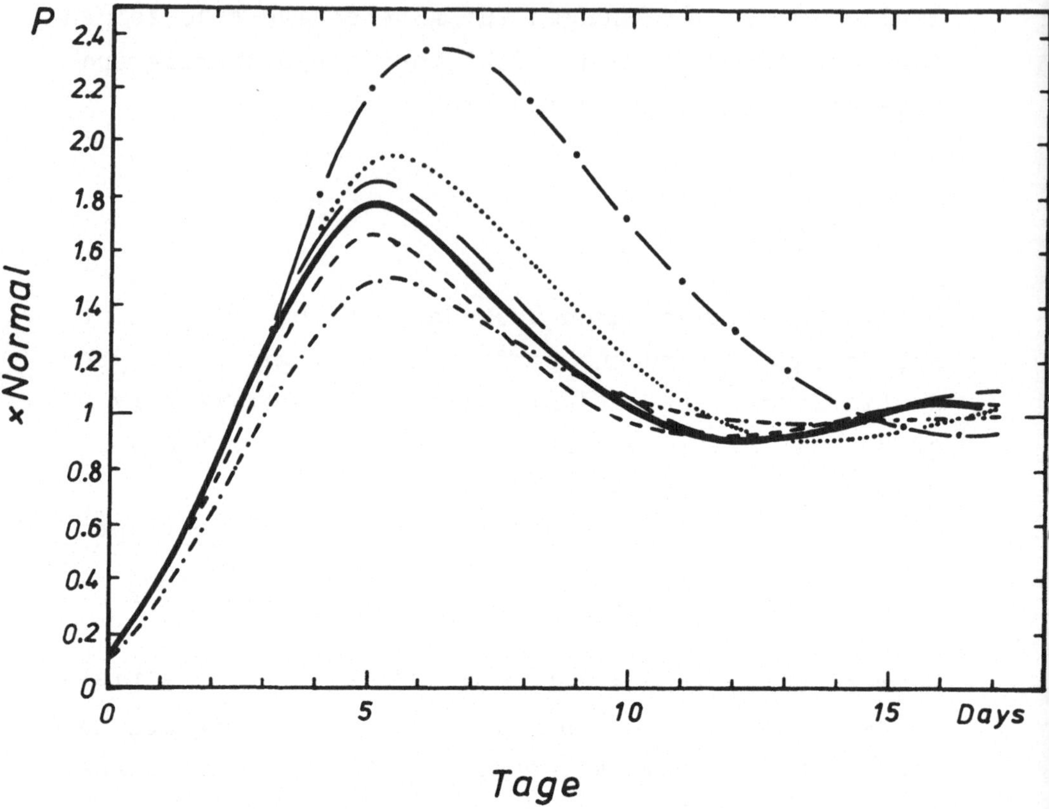

Abb. 4.19 <u>Alternativhypothesen</u> zur Thrombopoese bei Ratten. Konsequenz der Annahmen A11 und A12 <u>zum Throm-</u> <u>bopoetincompartment</u> bei akuter Thrombozytopenie. ————: Standardmodell, —·—·—: Z_{TP}^{max} = 10, —— ——: Z_{TP}^{max} = 1000, — — —: τ_{TP} = 1 h, —— · ——: τ_{TP} = 24 h.

bopoetinproduktion vom 1000fachen des Normalwerts den Plättchenverlauf nicht drastisch. Nimmt man dagegen $Z_{TP}^{max} = 10$ an, so weicht die Kurve schon deutlich von der Standardkurve ab. Eine Verkleinerung der Umsatzzeit τ_{TP} wirkt sich nicht stark auf das Proliferationsverhalten aus. Vergrößert man τ_{TP} jedoch deutlich, dann führt dies zu einer stark veränderten Plättchenkurve und zu einem Widerspruch zu den experimentellen Daten.

4.5.5 Regulatoren der Thrombopoetinbildung

Neben der Annahme des Standardmodells, daß die Rückkopplung von der Thrombozytenzahl P abhängt, werden weitere Hypothesen vorgeschlagen.

A13 Regulation durch den Plättchenverbrauch

Diese Annahme wird von ASTER (1966) diskutiert. Wie schon einfache Rechnungen zeigen, können die experimentellen Daten zur Hypertransfusion, bei der wegen der großen Zellzahl ein erhöhter Plättchenabbau vorliegt, zur Austauschtransformation, bei der der absolute Plättchenabbau vermindert ist, und zur antikörperinduzierten Thrombozytopenie, bei der ein massiv erhöhter Plättchenabbau vorliegt, unter dieser Hypothese nicht verstanden werden. Der vorgeschlagene Mechanismus kann also für die physiologische Regulation nicht der entscheidende sein.

A14 Regulation durch die Megakaryozytenzahl

Dieser Vorschlag von EBBE und PHALEN (1979) ist ebenfalls problematisch. Zunächst wird zusätzlich eine Rückkopplung über die Plättchenzahl benötigt, da sonst eine unterschiedliche Megakaryozytenzahl bei Thrombo-

zytopenie und Thrombozytose nicht zu erreichen ist.
Die zusätzliche Regulation über die Megakaryozytenzahl
führt dann entweder zu einer verstärkten Dämpfung (bei
negativer Rückkopplung) oder zur Instabilität (bei po-
sitiver Rückkopplung) des thrombopoetischen Systems.
Diese Schwierigkeiten treten bei alleiniger Rückkopplung durch die Thrombozytenzahl nicht auf.

4.5.6 Kritische und unkritische Modellannahmen

Tabelle 4.2 vergleicht das Ergebnis der Alternativhypothesen mit den experimentellen Daten für akute Thrombozytopenie und Thrombozytose von ODELL und MURPHY (1974b)
und EBBE et al. (1970), die als repräsentativ für eine
größere Anzahl ähnlicher Ergebnisse angesehen werden
können. Hierbei werden jeweils Tag und Plättchenzahl
des 1. reaktiven Maximums bzw. Minimums berücksichtigt.

Nimmt man für die Experimente einen relativen Fehler
von ± 10 % an, dann liegt (gerundet) bei Thrombozytopenie das Maximum der Plättchenzahl zwischen 157 % und
193 % des Normalwerts am 4. bis 6. Tag. Bei Thrombozytose wird das Minimum zwischen 58 % und 72 % am 5. bis
7. Tag erreicht. Liegen die entsprechenden Werte für
die Alternativhypothesen in diesen Intervallen, so ist
in der letzten Spalte ein 'a' angegeben.

Bei einem relativen Fehler von ± 20 % liegt das Maximum nach Thrombozytopenie bei 140 % - 210 % am 4. bis
6. Tag und das Minimum nach Thrombozytose zwischen 52 %
und 78 % am 5. bis 7. Tag. Alternativhypothesen mit
einer Abweichung zwischen ± 10 % und ± 20 % sind mit
'b' gekennzeichnet. Weicht mindestens ein Wert um mehr
als 20 % ab, so ist ein 'c' vermerkt.

Tabelle 4.2 Alternativhypothesen zur Thrombopoese bei Ratten. Vergleich der Modellergebnisse und der experimentellen Daten für das erste reaktive Maximum nach akuter Thrombozytopenie von 10 % (ODELL und MURPHY 1974b) und das erste reaktive Minimum nach akuter Thrombozytose von 650 % (EBBE et al. 1970).

	Alternativ-hypothesen*		Thrombo-zytopenie		Thrombo-zytose		
			Tag	Max	Tag	Min	F^+
Experimentelle Daten			5	175	6	65	
Standardmodell			5	176	6	72	a
Fehlende Basisproliferation der Stammzellen	$Z_S^{min} = 0$	$(0,4)$	5	178	6	68	a
Niedrigere Maximalproliferation der Stammzellen	$Z_S^{max} = 2$	(4)	5	153	6	71	b
Höhere Maximalproliferation der Stammzellen	$Z_S^{max} = 6$	(4)	5	193	6	72	a
Schnellere Stammzellproliferation	$\tau_S = 75$	(150)	5	198	6	69	b
Langsamere Stammzellproliferation	$\tau_S = 300$	(150)	5	160	6	74	b
Thrombopoetin - unabhängige	$\tau_M = 60$	(TP)	5	187	6	68	a
Megakaryozyten -	$\tau_M = 72$	(TP)	6	184	6	70	a
Reifungszeit τ_M	$\tau_M = 84$	(TP)	6	182	6	72	a
Stärkere Thrombopoetinabhängigkeit von $\tau_M(TP)$	$\tau_M^{min} = 48$	(60)	5	170	6	72	a
Thrombopoetin - unabhängige Endomitosen	$Z_M = 1$	(TP)	8	147	8	87	c

Fortsetzung <u>Tabelle 4.2</u>

	Alternativ-hypothesen*		Thrombo-zytopenie		Thrombo-zytose		
			Tag	Max	Tag	Min	F^+
Kürzere Plättchenlebensdauer	$\tau_P = 96$	(108)	5	171	5	73	b
Längere Plättchenlebensdauer	$\tau_P = 120$	(108)	6	178	6	69	a
50%iger altersunabhängiger Plättchenabbau	$F_2 = 0,5$	(0)	5	148	18	95	c
100%iger altersunabhängiger Plättchenabbau	$F_2 = 1$	(0)	7	139	16	81	c
Niedrigere maximale Thrombopoetinproduktion	$Z_{TP}^{max} = 10$	(100)	5	148	6	69	b
Höhere maximale Thrombopoetinproduktion	$Z_{TP}^{max} = 1000$	(100)	5	185	5	73	b
Kürzere Thrombopoetin – Turnoverzeit	$\tau_{TP} = 1$	(6)	5	165	5	70	a
Längere Thrombopoetin – Turnoverzeit	$\tau_{TP} = 12$	(6)	5	193	6	74	b
Längere Thrombopoetin – Turnoverzeit	$\tau_{TP} = 24$	(6)	6	235	6	79	c

* Parameter des Standardmodells in Klammern. TP: Thrombopoetinabhängig; Zeitangaben in Stunden.

F^+ Relative Abweichung der berechneten von den experimentellen Maxima bzw. Minima in Zeit oder Höhe. Relativer Fehler < 10 % (a), 10 – 20 % (b) oder > 20 % (c)

Wie Tabelle 4.2 zeigt, weicht die überwiegende Zahl
der Alternativhypothesen um weniger als 20 % vom
Standardmodell ab. Lediglich in 4 Fällen unterscheiden sich die Modellergebnisse deutlich von den Daten.
Hieraus kann man ablesen, daß die folgenden Annahmen
des Standardmodells unverzichtbar sind:

- Eine kurzfristige Reaktion des Knochenmarks auf einen thrombopoetischen Stimulus ist erforderlich, um
den frühen Plättchenanstieg nach Thrombozytopenie
zu erklären. Im Standardmodell geschieht dies in Anlehnung an den Vorschlag von HARKER (1968) durch Annahme einer separaten Regulierung des Megakaryozytenvolumens.
- Für die Thrombozyten muß ein überwiegend altersabhängiger Zellabbau angenommen werden, da sonst die
Normalisierung nach Thrombozytose viel zu spät erfolgt . Dies steht in Einklang mit den Ergebnissen
von Plättchenmarkierungskurven, die einen linearen
Abfall zeigen (GINSBURG und ASTER 1969).
- Die biologische Umsatzzeit des Thrombopoetins, die
bislang nicht gemessen werden kann, muß nach den
Modellrechnungen deutlich unter 24 h liegen. Andern-
falls wäre die überschießende Reaktion nach Thrombozytopenie viel ausgeprägter.

5 Vereinfachtes Modell der Thrombopoese beim Menschen

Nachdem sich bei der Ratte gezeigt hat, daß das Standardmodell die experimentellen Daten gut reproduziert, soll nun die Verallgemeinerung auf die normale Thrombopoese beim Menschen erfolgen. Das geschieht schrittweise. Zunächst bleibt das Modell der Ratte in seiner Struktur erhalten; lediglich die Parameter werden modifiziert. Danach (in Kapitel 6 und 7) wird der Einfluß der Milz diskutiert, der für die quantitative Betrachtung der menschlichen Thrombopoese sehr wichtig ist. Anschließend (in Kapitel 8) ist es möglich, ein Standardmodell für den Menschen zu formulieren, welches für alle weiteren Analysen verwendet wird.

5.1 Übertragung des Rattenmodells auf den Menschen

Die Modellgleichungen aus Kapitel 4.2 bleiben unverändert. Lediglich die Parameter werden durch die Daten zur menschlichen Thrombopoese neu festgelegt.

Beim determinierten Stammzellcompartment werden die Annahmen zur maximalen bzw. minimalen Proliferation vom Modell der Ratte übernommen, denn die entsprechenden Angaben von HARKER (1974) gelten sowohl für die Ratte als auch für den Menschen. Die Annahme einer maximalen Proliferationsrate vom 4fachen Normalwert wird ferner durch die Daten von KARPATKIN (1972) unterstützt, wonach die Megakaryozytenzahl, die ja in etwa dem Zustrom aus dem Stammzellspeicher entspricht, maximal auf den 4,4fachen Normalwert ansteigt.

Für die Transitzeit liegen beim Menschen keine Meßwerte vor. Da sich bei der Erythropoese ein Wert von 50 h

als geeignet erwiesen hat (WICHMANN et al. 1976),
wird diese Zeit für die determinierten Stammzellen
der Thrombopoese übernommen und der Modellparameter
τ_S = 50 h gewählt.

Für das Megakaryozytenvolumen findet man beim Menschen,
ähnlich wie bei der Ratte, Ploidy-Werte um 16 N (PE-
NINGTON et al. 1974). Wie Abb. 5.1 zeigt, führen Stimulation oder Suppression auch hier zu einer Endomitose mehr oder weniger, so daß man die Parameter des Rattenmodells übernehmen kann.

Die Reifungszeit der Megakaryozyten beträgt beim Menschen 5 bis 7 Tage (5-6 bei DASSIN et al. 1978, 5-7 bei
ADAM 1974, 7 d bei FINCH et al. 1977, 6 d bei WICKRA-
MASINGHE 1975). Im Modell wird τ_M^{norm} = 6 d = 144 h angenommen. Dies ist der doppelte Wert der Reifungszeit
bei Ratten. Über die Veränderung bei Stimulation weiß
man nur, daß τ_M um 1 bis 2 Tage verkürzt werden kann
(WILLIAMS et al. 1972), für fehlende Anregung liegen
keine Daten vor. Im Modell werden für maximale Stimulation eine Verkürzung von τ_M um 2 Tage und bei fehlendem Stimulus eine Verlängerung um einen Tag angenommen. Daraus ergeben sich die Modellparameter
τ_M^{min} = 96 h, τ_M^{norm} = 144 h, τ_M^{max} = 168 h. Die angenommene stimulationsabhängige Variabilität der thrombo-
poetischen Marktransitzeit τ_M entspricht in etwa den
Verhältnissen bei der Erythropoese der Menschen, für
welche verläßlichere Angaben vorliegen (vgl. WICHMANN
et al. 1976). Es sei aber betont, daß der Einfluß von
τ_M^{min} und τ_M^{max} auf das Regulationsverhalten minimal ist,
so daß die Wahl dieser Parameter unkritisch ist. Dies
zeigt sich bereits bei Betrachtung der entsprechenden
Alternativhypothesen in Abb. 4.17 für die Ratte.

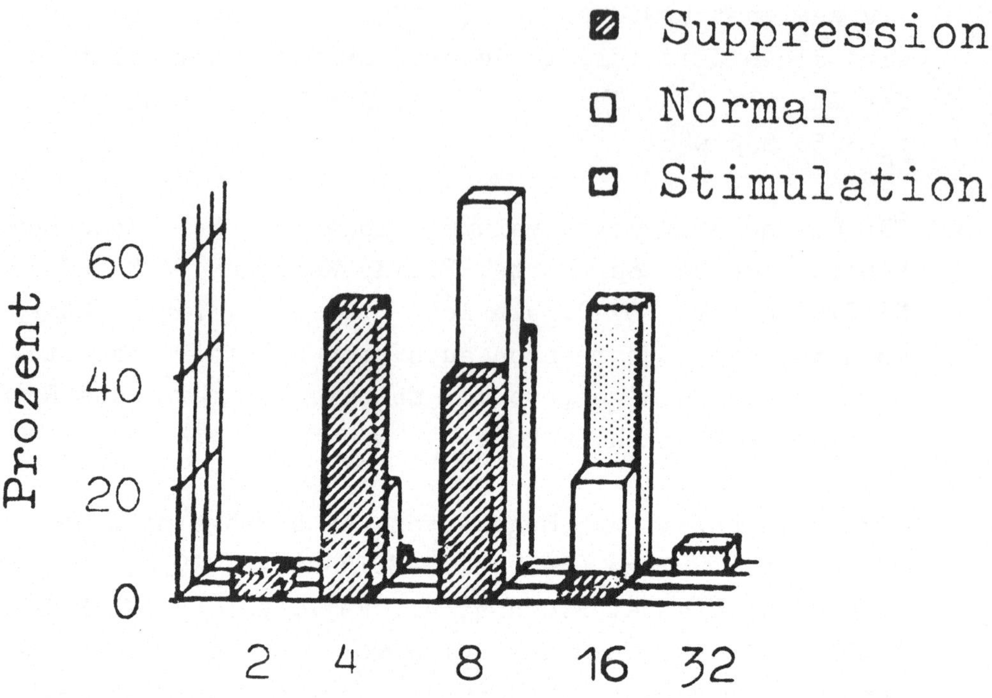

Abb. 5.1 Verteilung der Kernlappen bei normaler, angeregter und unterdrückter Thrombopoese beim Menschen. (1 Kernlappen entspricht dem Ploidy-Wert 2 N). Normalerweise liegt das Maximum bei 8 Kernlappen (= 16 N). Es verschiebt sich bei Stimulation nach 16 (=32 N) und bei fehlender Anregung nach 4 (= 8 N). Dies entspricht im Mittel einer zusätzlichen Endomitose bei Stimulation und einer weggelassenen Endomitose bei Suppression. (aus HARKER 1971a)

Die Plättchen werden beim gesunden Menschen ebenfalls altersabhängig abgebaut. Die entsprechenden Markierungskurven liefern eine Lebensdauer von 9 bis 11 Tagen (9,5 d bei FINCH et al. 1977 und HARKER 1974, 9 - 11 d bei KARPATKIN 1972). Im Modell wird τ_P = 10 d = 240 h angenommen.

Über das Thrombopoetin liegen beim Menschen keine Angaben vor. Deshalb wird die Umsatzzeit τ_{TP} = 6 h beibehalten. Eine maximale Proliferationssteigerung von 100, wie sie bei der Ratte angenommen wurde, erweist sich beim Menschen als zu hoch, wie erste Simulationsversuche zeigen. Daher wird dieser Wert auf 10 festgesetzt.

Die Parameter, die sich gegenüber dem Standardmodell der Ratte geändert haben, sind in Tabelle 5.1 zusammengefaßt.

Die Prüfung dieses vereinfachten Modells wird anhand der Daten von SHULMAN et al. (1965) und von SULLIVAN et al. (1977) zur Plasmapherese durchgeführt. Dieses Verfahren entspricht der Austauschtransfusion bei Ratten und führt zu einer einmaligen Verkleinerung der Thrombozytenzahl im Blut. Der Vergleich ergibt eine brauchbare Übereinstimmung. Eine detailliertere Besprechung dieser Ergebnisse ist aber erst nach der Diskussion des Milzspeichers sinnvoll und folgt daher später (in Kapitel 8.4).

<u>Tabelle 5.1</u> Vereinfachtes Modell der Thrombopoese beim Menschen: Modellparameter, soweit sie von den entsprechenden Parametern bei der Ratte in Tabelle 4.1 abweichen.

Modellparameter beim Menschen	Stimulation		
	minimal	normal	maximal
S det. Stammzellen Transitzeit τ_S	50 h	50 h	50 h
Megakaryozyten Reifungszeit τ_M (TP)	168 h	144 h	96 h
P Plättchen Lebensdauer τ_P	240 h	240 h	240 h
TP Thrombopoetin Proliferationsrate $Z_{TP}(P)$	0	1	10

6 Drei Hypothesen zum Milzspeicher

6.1 Medizinischer Wissensstand

Die Milz dient als **Thrombozytenspeicher**, welcher beim
Menschen normalerweise ca. 33 % der Gesamtplättchenzahl enthält (z.B. GEHRMANN und ELBERS 1970, KARPAT-
KIN 1972). Bei zahlreichen Erkrankungen kann es zu einer Vergrößerung des Milzspeichers auf bis zu 90 %
kommen (GEHRMANN und ELBERS 1970). Diese Angaben werden aus den Recovery-Werten gesunder, splenomegaler
und splenektomierter Individuen nach Injektion ^{51}Cr-
markierter Plättchen berechnet. Dies geschieht übli-
cherweise nach der Formel

$$\frac{\text{Zahl zirk. Plättchen}}{\text{Gesamtplättchenzahl}} = \frac{\text{Recovery}}{\text{Recovery nach Splenektomie}} \qquad (6.1)$$

wobei der Recovery-Wert nach Splenektomie in der Regel mit 90 % angenommen wird, da ca. 10 % der Markierung bei der Bestimmung verloren gehen (KOTILAINEN
1969).

Eine zweite, unabhängige Information über die Größe
des Milzspeichers erhält man, wenn dieser durch körperliche Anstrengung oder durch Adrenalingabe ausgeschüttet wird. So steigt die Zahl zirkulierender
Plättchen bei normaler Milzgröße vorübergehend auf
ca. 150 % des Normalwertes an und fällt nach Beendi-
gung der Wirkung wieder auf den Ausgangswert ab.
(ASTER 1966, LIBRE et al. 1968). Bei Splenomegalie
ist ein entsprechend stärkerer Anstieg feststellbar
(BRANEHÖG et al. 1973).

Neben der Größe des Milzspeichers interessiert die

Altersstruktur der Thrombozyten in der Milz und in
der Zirkulation. Wichtigste Meßgröße für die Altersverteilung der Plättchen ist dabei der Anteil der Megathrombozyten. Megathrombozyten sind nach der Definition von KARPATKIN (1972) Plättchen mit einem Durchmesser über 2,5 μ. Es konnte gezeigt werden, daß sie
überwiegend den jungen Plättchen entsprechen (KARPAT-
KIN 1972, AMOROSI et al. 1971). Ferner fand KRAYTMAN
(1973) bei Hunden, daß neu gebildete Plättchen über-
durchschnittlich groß sind und mit zunehmendem Alter
kleiner werden.

Einige Daten sprechen nun dafür, daß der Anteil von
Megathrombozyten in der Milz größer ist als im Blut.
Daraus würde folgen, daß in der Milz bevorzugt junge
Plättchen gespeichert werden. Schließlich gibt es Hin-
weise, daß die Megathrombozyten möglicherweise durch
Teilung in ältere Plättchen übergehen.

Die Aussagen zur Größe des Milzspeichers, zur Altersverteilung der gespeicherten Zellen und zur möglichen
Teilung von Megathrombozyten sollen in drei Modellhypothesen quantifiziert und in ihren Konsequenzen analysiert werden. Neben den Daten von Menschen werden
dabei auch experimentelle Angaben zu Hunden und Kaninchen betrachtet, da diese einen Milzspeicher vergleichbarer Größe haben.

Auch die Ratte hat einen Milzspeicher für Thrombozy-
ten. Dieser beträgt aber nur ca. 15 % (ASTER 1967,
HARKER 1971b) und wurde deshalb im Standardmodell der
Ratte vernachlässigt. Er soll hier dennoch diskutiert

werden, weil es experimentelle Eingriffe gibt, z.B.
Injektion von Methylcellulose, bei denen er auf über
50 % der Gesamtplättchenzahl ansteigen kann (ASTER
1967, DE GRABRIELE und PENINGTON 1967, HARKER 1971b).
Abgesehen von diesen Situationen ist der Speicher
aber so klein, daß Aussagen über die Altersstruktur
der gespeicherten Zellen nicht sinnvoll sind. Deshalb wird für dieses Versuchstier vereinfacht eine
altersunabhängige Milzspeicherung angenommen. Hierdurch verändern sich die Ergebnisse des Standardmodells der Ratte nicht, da einerseits nur relative
Zellzahlen betrachtet werden, andererseits bei altersunabhängiger Speicherung die zirkulierende Plättchenzahl stets proportional zur Gesamtplättchenzahl
ist (vgl. auch die Diskussion der Rückkopplungsein-
flüsse des Milzspeichers in Kapitel 7).

Der Milzspeicher und die Zirkulation stehen in stän-
digem Austausch. Das bedeutet, daß laufend ein Teil
der Milzplättchen zu zirkulierenden Plättchen wird
und umgekehrt. Eine individuelle Zuordnung der Zellen zu einer der beiden Populationen ist daher nicht
möglich. Für die Zellzahlen ist diese Zellbewegung
jedoch unerheblich, solange Zugang und Abgang sich
die Waage halten. Daher soll im folgenden nur dann
von einem Zellfluß aus der Milz in die Zirkulation
(und umgekehrt) gesprochen werden, wenn mehr Zellen
abfließen als zurückkommen.

Neben der Funktion als Thrombozytenspeicher spielt
die Milz eine bedeutende Rolle als Abbauort der Thrombozyten. So wird beim Menschen ca. ein Drittel der
Zellen in der Milz abgebaut, die restlichen zwei Drittel in der Leber und in der Zirkulation (ASTER 1969).

Im Modell wird der Thrombozytenabbau in der Milz nicht explizit berücksichtigt, da nicht der Ort sondern allein der Modus des Abbaus zellkinetische Bedeutung hat.

6.2 Erste Milzhypothese (Altersunabhängige Plättchenspeicherung)

Hier wird die einfachste Hypothese betrachtet, nämlich die altersmäßige Gleichverteilung der Thrombozyten in der Zirkulation und in der Milz. Diese Annahme wird unterstützt durch die Daten von PAULUS (1975) und KRAYTMAN (1975), die nach Splenektomie beim Menschen und bei Hunden die gleiche Volumenverteilung der Plättchen wie vor der Splenektomie finden.

6.2.1 Modellannahmen

Das Thrombozytencompartment wird in einen Milzanteil PS und einen zirkulierenden Anteil PC unterteilt. Die Gesamtzahl P beträgt dann P = PS + PC und wird auf den Normalwert P = 100 gesetzt. Die Zellen werden altersabhängig nach der Lebensdauer τ_P abgebaut. Von den neu gebildeten Plättchen gelangt der Anteil s_{in} in die Milz und der Anteil $c_{in} = 1 - s_{in}$ in die Zirkulation.

Die Megathrombozyten MT sind die jungen Plättchen mit einem Alter zwischen 0 und τ_{MT} $(< \tau_P)$. Sie sind, ebenso wie die älteren Plättchen, altersunabhängig auf das Milzcompartment MTS und das zirkulierende Compartment MTC verteilt, wobei für ihre Gesamtzahl MT = MTS + MTC gilt (Abb. 6.1).

Die mathematische Formulierung dieser Aussagen führt
zu den Modellgleichungen, die in Tabelle 6.1 angegeben
sind. Sie haben die gleiche Form wie Gleichung (4.11),
wobei hier für die Proliferationsrate der Thrombozyten die Abkürzung

$$n_0\,(t) = \quad M(t)\,/\,\tau_M\,(TP(t)) \qquad\qquad (6.2)$$

verwendet wird. Ferner gilt $s_{in}=s_{MT}=s_{out}$ und $c_{in}=c_{MT}=c_{out}$.

6.2.2 Festlegung der Parameter

Beim Menschen gibt es zahlreiche Untersuchungen zur
Größe des Milzspeichers (z.B. GEHRMANN und ELBERS 1970,
KARPATKIN 1972). Diese wurden überwiegend mit ^{51}Cr-
markierten Thrombozyten durchgeführt und ergeben ziem-
lich einheitlich das Verhältnis 1:2 der Plättchenzahlen von Milz und Zirkulation, welches auch hier angenommen werden soll. Es liefert die Normalwerte PS = 33,
PC = 67, P = PS + PC = 100, aus welchen sich die Parameter s_{in} und c_{in} unmittelbar anhand der Gleichgewichtsbedingungen

$$P=n_0\cdot\tau_P,\ \ PS=s_{in}\cdot n_0\cdot\tau_P,\ \ PC=c_{in}\cdot n_0\cdot\tau_P \qquad\qquad (6.3)$$

berechnen lassen (vgl. (1.36)).

Die relative Größe des zirkulierenden Megathrombozytenspeichers beträgt beim Menschen ca. 10 % (10,8 % im
EDTA-Ausstrich bei KARPATKIN 1972). Nimmt man daher
im Modell MTC/PC = 0,1 an, so folgen MTC = 6,7 , MTS
= 3,3 und MT = 10. Wegen der Gleichgewichtsbedingungen

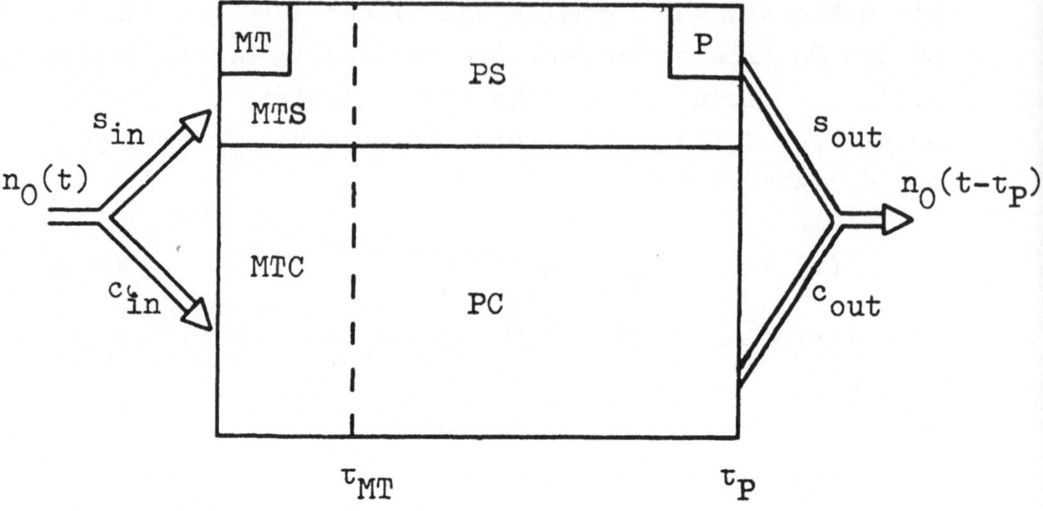

Abb. 6.1 Erste Milzhypothese. (altersunabhängige Plättchenspeicherung).Die Abkürzungen sind in Tabelle 6.1 erläutert.

Tabelle 6.1 Erste Milzhypothese (Altersunabhängige Plättchenspeicherung). Modellgleichungen und Parameter (Die Proliferationsrate $n_0(t)$ wird durch Gleichung (6.2) festgelegt).

Modellgleichungen		Normal-werte[+]
P Plättchen	$\dot{P}(t)=n_0(t)-n_0(t-\tau_P)$	100(100)
PS Milz	$\dot{PS}(t)=s_{in}\,n_0(t)-$	33 (15)
	$\quad\quad -s_{out}\,n_0(t-\tau_P)$	
PC Zirkulation	$\dot{PC}(t)=c_{in}\,n_0(t)-$	67 (85)
	$\quad\quad -c_{out}\,n_0(t-\tau_P)$	
MT Megathrombozyten	$\dot{MT}(t)=n_0(t)-n_0(t-\tau_{MT})$	10
MTS Milz	$\dot{MTS}(t)=s_{in}\,n_0(t)-$	3,3
	$\quad\quad -s_{MT}\,n_0(t-\tau_{MT})$	
MTC Zirkulation	$\dot{MTC}(t)=c_{in}\,n_0(t)-$	6,7
	$\quad\quad -c_{MT}\,n_0(t-\tau_{MT})$	

Modellparameter		
rel. Plättchenzufluß Milz	s_{in}	0,33 (0,15)
rel. Plättchenzufluß Blut	c_{in}	0,67 (0,85)
rel. Plättchenabfluß Milz	s_{out}	0,33 (0,15)
rel. Plättchenabfluß Blut	c_{out}	0,67 (0,85)
rel. Megathrombozytenabfluß Milz	s_{MT}	0,33
rel. Megathrombozytenabfluß Blut	c_{MT}	0,67
Plättchenlebensdauer	τ_P	240 h (108 h)
Megathrombozytenlebensdauer	τ_{MT}	24 h

+ für Mensch, Hund und Kaninchen (in Klammern für Ratten)

$$MT = n_0 \cdot \tau_{MT}, \quad MTS = s_{in} \cdot n_0 \cdot \tau_{MT}, \quad MTC = c_{in} \cdot n_0 \cdot \tau_{MT} \qquad (6.4)$$

ergibt sich ferner $\tau_{MT} = 0{,}1 \cdot \tau_P = 24$ h. Die Daten von FREEDMAN und KARPATKIN (1975) liefern für Kaninchen sehr ähnliche Plättchen- und Megathrombozytenwerte, so daß es gerechtfertigt erscheint, für diese Versuchstiere die gleichen Parameter zu wählen.

Bei der Ratte hingegen sehen die Verhältnisse anders aus. ASTER (1967) findet 12 % (8 - 18 %) der injizierten homologen ^{51}Cr-markierten Plättchen in der Milz und 81 % in der Zirkulation wieder. HARKER (1971b) bestimmt mit der gleichen Technik 15 % in der Milz und 81 % in der Zirkulation sowie mit einer autologen Austauschmethode 14 % in der Milz und 86 % in der Zirkulation. Im Modell wird der normale Milzspeicher PS der Ratte mit 15 % und der zirkulierende Speicher PC mit 85 % bei einer Gesamtplättchenzahl von P = 100 angenommen (Tabelle 6.1). Über Megathrombozyten liegen bei der Ratte keine Angaben vor.

6.3 Zweite Milzhypothese (Bevorzugte Speicherung junger Plättchen)

Bei dieser Hypothese wird angenommen, daß die Milz vorwiegend junge Thrombozyten speichert. Als Folge hiervon ist das mittlere Thrombozytenvolumen in der Milz größer und der Megathrombozytenanteil höher als in der Zirkulation. Für diese Hypothese sprechen die Messungen von FREEDMAN und KARPATKIN (1975), FREEDMAN et al. (1977), WEINER und KARPATKIN (1972), welche nach Entleerung des Milzspeichers für die Megathrombozytenzahl im Blut einen stärkeren Anstieg als für die Plättchenzahl feststellen. Ferner finden

MURPHY et al. (1972) nach Splenektomie eine deutliche
Vergrößerung des mittleren Plättchenvolumens.

6.3.1 Modellannahmen

Von den Milzthrombozyten geht pro Zeiteinheit die
konstante Rate $l_{SC} \cdot PS$ in die Zirkulation über. Wie
in Kapitel 2.1.1 allgemein gezeigt wurde, folgt daraus,
daß der relative Anteil junger Plättchen in der Milz
größer ist. Die Megathrombozytencompartments weisen
die gleiche Struktur auf, d.h. bei ihnen geht der Anteil $l_{SC} \cdot MT$ von der Milz in die Zirkulation über.

Die mathematische Formulierung der zweiten Milzhypothese führt auf die Modellgleichungen in Tabelle 6.2 .
Diese folgen unmittelbar aus den Gleichungen (2.5),
die allgemein für zwei parallelgeschaltete Compartments mit konstanter Übergangsrate hergeleitet wurden.

6.3.2 Festlegung der Parameter

Die Angaben zur relativen Größe $PS/P = 0{,}33$ des Plätt-
chenspeichers in der Milz und von KARPATKIN (1972) zur
relativen Größe $MTC/PC = 0{,}1$ des Megathrombozytenspeichers im Blut werden auch hier zugrunde gelegt. Bei
stimulierter Ausschüttung des Milzspeichers Gesunder
finden FREEDMAN et al. (1977) für die Plättchenzahl
einen Anstieg auf 150 %; die Megathrombozytenwerte
stiegen jedoch auf den doppelten Ausgangswert an. Ähnliche Ergebnisse liefern die Untersuchungen von FREED-
MAN und KARPATKIN (1975) an Kaninchen. Während der
Plättchenspeicher bei diesen Tieren in der Milz nur
halb so groß wie im Blut ist ($PS/P = 0{,}35$), sind die

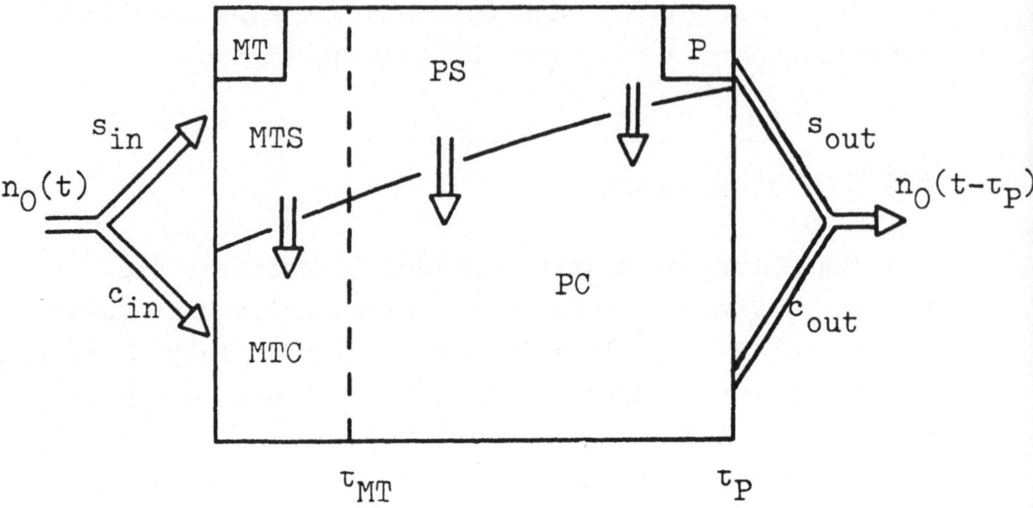

Abb. 6.2 Zweite Milzhypothese (Bevorzugte Speicherung junger Plättchen). Die Abkürzungen sind in Tabelle 6.2 erläutert.

Tabelle 6.2 Zweite Milzhypothese (Bevorzugte Speicherung junger Plättchen). Modellgleichungen und Parameter (Die Proliferationsrate $n_0(t)$ wird durch Gleichung (6.2) festgelegt).

Modellgleichungen		Normal-werte[+]
P Plättchen	$\dot{P}(t)=n_0(t)-n_0(t-\tau_P)$	100
PS Milz	$\dot{PS}(t)=s_{in}\,n_0(t)-$	33
	$\quad -s_{out}\,n_0(t-\tau_P)-l_{SC}\,PS$	
PC Zirkulation	$\dot{PC}(t)=c_{in}\,n_0(t)-$	67
	$\quad -c_{out}\,n_0(t-\tau_P)+l_{SC}\,PS$	
MT Megathrombozyten	$\dot{MT}(t)=n_0(t)-n_0(t-\tau_{MT})$	13,3
MTS Milz	$\dot{MTS}(t)=s_{in}\,n_0(t)-$	6,7
	$\quad -s_{MT}\,n_0(t-\tau_{MT})-l_{SC}\,MTS$	
MTC Zirkulation	$\dot{MTC}(t)=c_{in}\,n_0(t)-$	6,7
	$\quad -c_{MT}\,n_0(t-\tau_{MT})+l_{SC}\,MTS$	

Modellparameter		
rel. Plättchenzufluß Milz	s_{in}	0,54
rel. Plättchenzufluß Blut	c_{in}	0,46
rel. Plättchenabfluß Milz	s_{out}	0,19
rel. Plättchenabfluß Blut	c_{out}	0,81
rel. Megakaryozytenabfluß Milz	s_{MT}	0,47
rel. Megakaryozytenabfluß Blut	c_{MT}	0,53
Übergangsparameter Milz Blut	l_{SC}	0,0043
Plättchenlebensdauer	τ_P	240 h
Megathrombozytenlebensdauer	τ_{MT}	32 h

+ für Mensch, Hund und Kaninchen

Megathrombozyten etwa gleich verteilt (MTS/MT = 0,54).

Diese Ergebnisse führen zu folgenden Modellannahmen:

$$PS/P = 0,33, \quad MTS/MT = 0,5, \quad MTC/PC = 0,1 ,$$
$$P = 100, \quad \tau_P = 240 \text{ h}. \tag{6.5}$$

Hierdurch werden die Parameter l_{SC} , s_{in} und τ_{MT} festgelegt. τ_{MT} berechnet sich aus den Gleichgewichtswerten für P und MT. Zur Berechnung von l_{SC} muß auf die Gleichgewichtsbedingungen (2.6) zurückgegriffen werden. Sie liefern für die Milzspeicher

$$PS = s_{in} \cdot n_0 (1-e^{-l_{SC} \cdot \tau_P}) / l_{SC} \tag{6.6}$$

$$MTS = s_{in} \cdot n_0 \cdot (1-e^{-l_{SC} \cdot \tau_{MT}}) / l_{SC}$$

und führen durch Iteration zu l_{SC} = 0,0043. Mit n_0 = MT/τ_{MT} folgt schließlich aus (6.6) die Beziehung

$$s_{in} = \frac{MTS \; l_{SC} \; \tau_{MT}}{MT \, (1-e^{-l_{SC} \, \tau_{MT}})} = 0,54 \quad . \tag{6.7}$$

Daraus wiederum berechnen sich s_{out}, c_{in} und c_{out}, wie in Tabelle 6.2 angegeben.

6.4 <u>Dritte Milzhypothese (Bevorzugte Speicherung junger Plättchen und Teilung der Megathrombozyten)</u>

Hier wird,wie bei der zweiten Milzhypothese,angenommen, daß junge Thrombozyten bevorzugt in der Milz gespeichert werden. Ferner wird untersucht, wie sich die Teilung der Megathrombozyten auswirkt. Für diese Hypothe-

se sprechen die Berechnungen von GARG et al. (1972),
die ergeben, daß aus einem Megathrombozyten bis zu
4 Plättchen entstehen müssen, um die beobachteten
Produktionsraten von Megathrombozyten und Plättchen
in Einklang zu bringen. Ferner findet KARPATKIN
(1972), daß das Volumen der Megathrombozyten 2 bis 2,4-
mal so groß wie das der kleinen Plättchen ist.

6.4.1 Modellannahmen

Ein Megathrombozyt zerfällt nach der Zeit τ_{MT} in zwei
kleinere Plättchen, die dann die restliche Lebensdauer $\tau_P - \tau_{MT}$ in Milz oder Zirkulation verbringen. Die
Altersstruktur sei die gleiche wie in der zweiten
Milzhypothese, d.h. die Rate $l_{SC} \cdot PS$ gehe von der
Milz ins Blut über. Auf die Beschreibung des Megathrombozytencompartments hat die angenommene Teilung keinen
Einfluß, da sie beim Verlassen dieses Compartments
stattfinden soll.

Die mathematische Formulierung der Gleichungen für die
Plättchen in Tabelle 6.3 entspricht den allgemeinen
Formeln in (2.17); die Gleichungen für die Megathrombozyten ändern sich gegenüber der zweiten Milzhypothese nicht.

6.4.2 Festlegung der Parameter

Die Annahmen (6.5) werden übernommen. Sie führen zu
den gleichen Normalwerten wie bei der zweiten Milzhypothese, aus denen sich allerdings wegen der unterschiedlichen Compartmentstruktur andere Parameter
l_{SC}, s_{in} und τ_{MT} ergeben.

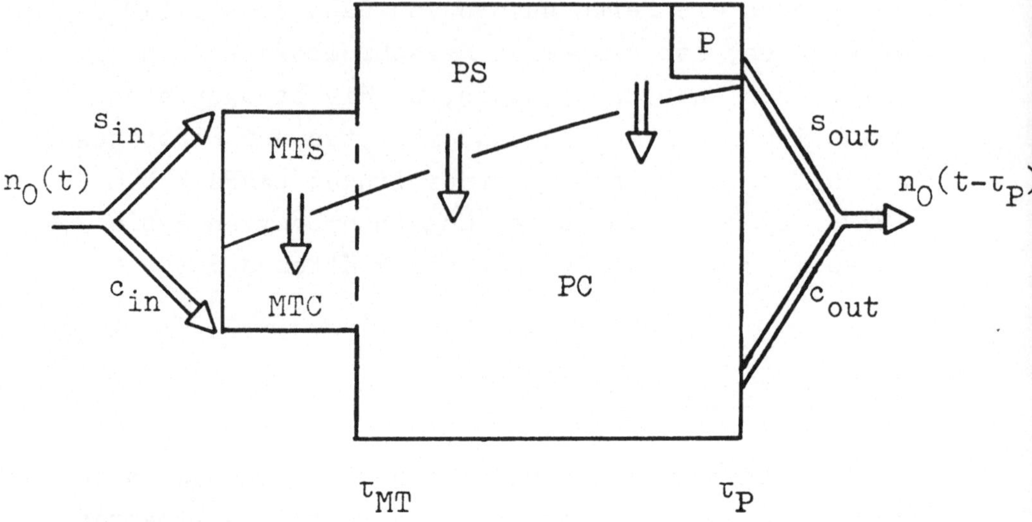

Abb. 6.3 Dritte Milzhypothese (Bevorzugte Speicherung junger Plättchen und Teilung der Megathrombozyten). Die Abkürzungen sind in Tabelle 6.3 erläutert.

Tabelle 6.3 Dritte Milzhypothese (Bevorzugte Speicherung junger Plättchen und Teilung der Megathrombozyten). Modellgleichungen und Parameter. (Die Proliferationsrate $n_0(t)$ wird durch Gleichung (6.2) festgelegt).

Modellgleichungen		Normalwerte[+]
P Plättchen	$\dot{P}(t)=n_0(t)+n_0(t-\tau_{MT})-2n_0(t-\tau_P)$	100
PS Milz	$\dot{PS}(t)=s_{in}\,n_0(t)+s_{MT}\,n_0(t-\tau_{MT})-s_{out}\,n_0(t-\tau_P)-l_{SC}PS(t)$	33
PC Zirkulation	$\dot{PC}(t)=c_{in}\,n_0(t)+c_{MT}\,n_0(t-\tau_{MT})-s_{out}n_0(t-\tau_P)+l_{SC}PS(t)$	67
MT Megathrombozyten	$\dot{MT}(t)=n_0(t)-n_0(t-\tau_{MT})$	13,3
MTS Milz	$\dot{MTS}(t)=s_{in}\,n_0(t)-s_{MT}n_0(t-\tau_{MT})-l_{SC}\,MTS(t)$	6,7
MTC Zirkulation	$\dot{MTC}(t)=c_{in}\,n_0(t)-c_{MT}\,n_0(t-\tau_{MT})+l_{SC}\,MTS(t)$	6,7

Modellparameter		
rel. Plättchenzufluß Milz	s_{in}	0,56
rel. Plättchenzufluß Blut	c_{in}	0,44
rel. Plättchenabfluß Milz	s_{out}	0,40
rel. Plättchenabfluß Blut	c_{out}	1,60
rel. Megathrombozytenabfluß Milz	s_{MT}	0,44
rel. Megathrombozytenabfluß Blut	c_{MT}	0,56
Übergangsparameter Milz – Blut	l_{SC}	0,0043
Plättchenlebensdauer	τ_P	240 h
Megathrombozytenlebensdauer	τ_{MT}	56,5 h

+ für Mensch, Hund und Kaninchen

Im Gleichgewicht gilt

$$MT = n_0\, \tau_{MT}, \quad P = n_0\, \tau_{MT} + 2n_0\, (\tau_P - \tau_{MT}), \qquad (6.8)$$

woraus sich

$$\tau_{MT} = 2\tau_P\, /\, (1 + P/MT) = 56{,}5\ h \qquad (6.9)$$

berechnet. Aus Gleichung (6.9) ergibt sich ferner der Quotient

$$\frac{PS}{MTS} = \frac{1 + e^{-l_{SC}\,\cdot\,\tau_{MT}} - 2e^{-l_{SC}\,\cdot\,\tau_P}}{1 - e^{-l_{SC}\,\cdot\,\tau_{MT}}} = 5 \qquad (6.10)$$

mit der iterativen Lösung l_{SC} = 0,0043. Gleichung (6.7) ist auch hier gültig, und es folgt s_{in} = 0,56. Hieraus ergeben sich die anderen Zufluß- und Abfluß- parameter gemäß Tabelle 6.3 .

Die wichtigste Änderung gegenüber der zweiten Milzhy- pothese ist die Vergrößerung der Megathrombozytenle- bensdauer auf 2,35 Tage (von 32 h auf 56,5 h). Dieser Wert stimmt besser mit den (allerdings groben) experi- mentellen Angaben überein. So ergeben die ^{75}Se-Unter- suchungen von AMOROSI et al. (1971), daß die Megathrom- bozyten nach 2 bis 4 Tagen verschwinden. In die glei- che Richtung geht die Feststellung von SHULMAN et al. (1968), daß die neu gebildeten Plättchen 1 bis 3 Tage in der Milz festgehalten werden.

6.5 Vergleich der drei Milzhypothesen: Modellergeb-
nisse und Modellprüfung

Während die direkten Meßgrößen des Thrombozytenspeichers der Milz zur Festlegung der Modellparameter ge-
führt haben, sollen jetzt die Auswirkungen der drei
Hypothesen in anderen Situationen miteinander verglichen werden. Zur Prüfung eignen sich hierbei die
Ausschüttung des Milzspeichers und die Thrombozyten-
überlebenskurven.

6.5.1 Entleerung des Milzspeichers

Durch Adrenalinstimulation oder bei Streß ist eine
Entleerung des Milzspeichers in die Zirkulation möglich. Zur Modellbeschreibung dieses Vorgangs wird die
vereinfachte Annahme gemacht, daß die Entleerung mit
konstanter Rate erfolgt. Ausgehend von den Daten von
LIBRE et al. (1968) wird dabei angenommen, daß der
Milzspeicher nach 15minütiger Stimulation entleert
ist.

In Abb. 6.4 sind die Daten von FREEDMAN et al. (1977)
für die Plättchen und Megathrombozyten im Blut den
Modellkurven gegenübergestellt. Experimentell wurde
die Ausschüttung des Milzspeichers bei 10 gesunden
Männern durch schwere körperliche Anstrengung (Ergo-
meter, Puls > 150/min) über 11 min. erreicht.

Bei der Plättchenzahl zeigt sich für alle drei Hypothesen bei einem Maximum von ca. 140 % des Ausgangswertes und einer Normalisierungszeit von 11 min eine
gute Übereinstimmung mit den Daten. Für die Megathrombozyten liefern die drei Hypothesen unterschiedliche

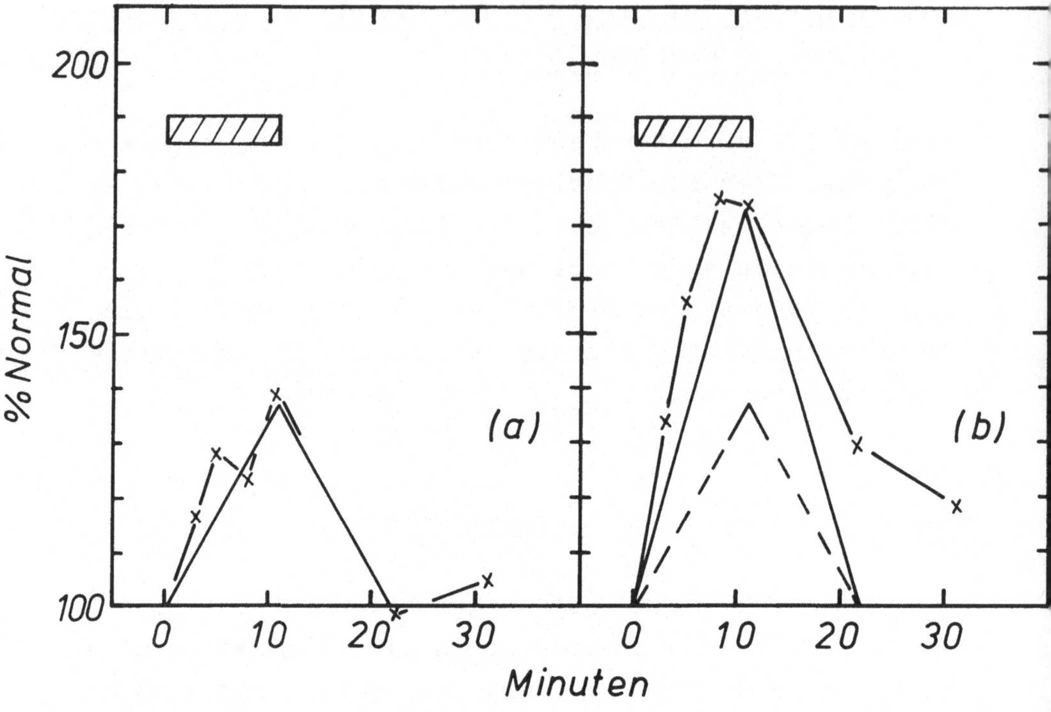

Abb. 6.4 Vergleich der drei Hypothesen zum Milzspeicher: Modellprüfung. Milzspeicherentleerung nach schwerer körperlicher Anstrengung über 11 min. beim Menschen. Vergleich der Daten von FREEDMAN et al. (1977) für 10 Gesunde (x) mit den entsprechenden Modellkurven. (a): Plättchenzahl im Blut (——— 1., 2. und 3. Milzhypothese) (b): Megathrombozytenzahl im Blut (– – – 1. Milzhypothese, ——— 2. und 3. Milzhypothese).

Resultate. Die Hypothesen 2 und 3, die beide die bevorzugte Speicherung junger Plättchen in der Milz annehmen, erreichen nach 11 min ein Maximum von 175 % des Ausgangswertes und reproduzieren damit das experimentelle Maximum. Hypothese 1 (altersunabhängige Milzspeicherung) dagegen liefert für die Megathrombozyten die gleiche Kurve wie für die Plättchen mit einem Maximum von 140 %. Während also die Plättchenkurven keine Bewertung der Hypothesen zulassen, sprechen die Megathrombozytenzahlen deutlich gegen die 1. Milzhypothese

Ähnliches zeigt sich beim Vergleich mit den Daten von FREEDMAN et al. (1977) bei Kaninchen und Hunden nach Adrenalingabe . Während die Thrombozytenzahlen auf ca. 150 % ansteigen, erreichen die Megathrombozyten Werte von 200 - 300 % und liefern damit eine bessere Übereinstimmung mit der 2. und 3. Milzhypothese.

6.5.2 Einfluß des Milzspeichers auf die Plättchenmarkierungskurven Gesunder

Die Thrombozyten werden beim Gesunden, ebenso wie bei der Ratte, überwiegend altersabhängig abgebaut (GINSBERG und ASTER 1969, HARKER 1977). Dies spiegelt sich im nahezu linearen Abfall der ^{51}Cr-Markierungskurven wider, die hier ausschließlich betrachtet werden sollen (Methode nach AAS und GARDNER 1958). Es gibt allerdings eine systematische Abweichung vom linearen Verlauf, nämlich ein leichtes Durchhängen der Kurven.

Im folgenden werden die Konsequenzen der drei Milzhypothesen für die Plättchenmarkierungskurven im Gleichgewicht untersucht. Die benötigten Formeln wurden be-

Tabelle 6.4 Vergleich der drei Milzhypothesen: Modellergebnis. Formeln für die Plättchen-markierungskurven Gesunder (im Gleichgewicht).(Parameter s. Tabellen 6.1, 6.2, 6.3).

Erste Milzhypothese

$$Cr^*(t) = 1 - t/\tau_P \qquad\qquad 0 \le t \le \tau_P$$

Zweite Milzhypothese

$$Cr^*(t) = \frac{l_{SC}\,(\tau_P - t) - s_{in} + s_{in}\,e^{-l_{SC}(\tau_P - t)}}{l_{SC}\,\tau_P \qquad - s_{in} + s_{in}\,e^{-l_{SC}\,\tau_P}} \qquad\qquad 0 \le t \le \tau_P$$

Dritte Milzhypothese

$$Cr^*(t) = \frac{l_{SC}\,(2\tau_P - \tau_{MT} - 2t) - s_{in} - s_{in}\,e^{-l_{SC}\,\tau_{MT}} + 2s_{in}\,e^{-l_{SC}\,(\tau_P - t)} + f^*(t)}{l_{SC}\,(2\tau_P - \tau_{MT}) \qquad - s_{in} - s_{in}\,e^{-l_{SC}\,\tau_{MT}} + 2s_{in}\,e^{-l_{SC}\,\tau_P}}$$

mit

$$f^*(t) = \begin{cases} 0 & 0 \le t < \tau_P - \tau_{MT} \\ - l_{SC}\,(\tau_P - \tau_{MT} - t) + s_{in}\,e^{-l_{SC}\,\tau_{MT}} - s_{in}\,e^{l_{SC}\,(\tau_P - t)} & \tau_P - \tau_{MT} \le t \le \tau_P \end{cases}$$

Nach Splenektomie (alle 3 Milzhypothesen)

$$Cr^*(t) = 1 - t/\tau_P \qquad\qquad 0 \le t \le \tau_P$$

reits in Kapitel 3 hergeleitet und sind in Tabelle 6.4 zusammengestellt. Aus der Vielzahl vorhandener ^{51}Cr-Markierungskurven wurde diejenige von KUMMER und BUCHER (1971) als typischer Vertreter ausgewählt. Sie wird in Abb. 6.5 mit den Modellkurven verglichen.

Die 1. Hypothese geht von einer homogenen Altersverteilung der zirkulierenden Plättchen aus und führt deshalb zu einer linear abfallenden Markierungskurve mit einer Halbwertzeit von 5 Tagen. Bei der 2. und 3. Hypothese wird angenommen, daß die jungen Plättchen vorwiegend in der Milz gespeichert werden. Dadurch ist die zirkulierende Population im Mittel älter als die Gesamtplättchenpopulation. Deshalb liegt die Halbwertzeit niedriger, nämlich bei 4,3 bzw. 3,9 Tagen, und die Markierungskurven hängen leicht durch. Wegen der Teilung der Megathrombozyten in der 3. Hypothese, welche die Überalterung in der Zirkulation noch verstärkt, weicht die zugehörige Kurve am stärksten vom linearen Abfall ab.

Nach Wegfall des Milzspeichers ergibt sich in allen 3 Hypothesen aus dem altersabhängigen Plättchenabbau eine linear abfallende Markierungskurve mit einer Halbwertzeit von 5 Tagen. Dies ist in Abb. 6.6 dargestellt. Man sieht hier eine gute Übereinstimmung der Modellkurve mit den Daten, die jedoch wegen der geringen Fallzahl nicht überbewertet werden darf.

Daten zu ^{51}Cr-Plättchenmarkierungskurven Gesunder liegen in großem Umfang vor. In Tabelle 6.5 sind einige daraus abgelesene Halbwertzeiten zusammengestellt. Sie liegen (mit Ausnahme von HARKER und FINCH 1969) bei 3,8 bis 4,4 Tagen und somit im Bereich, der von der 2. und 3. Milzhypothese aufgespannt wird.

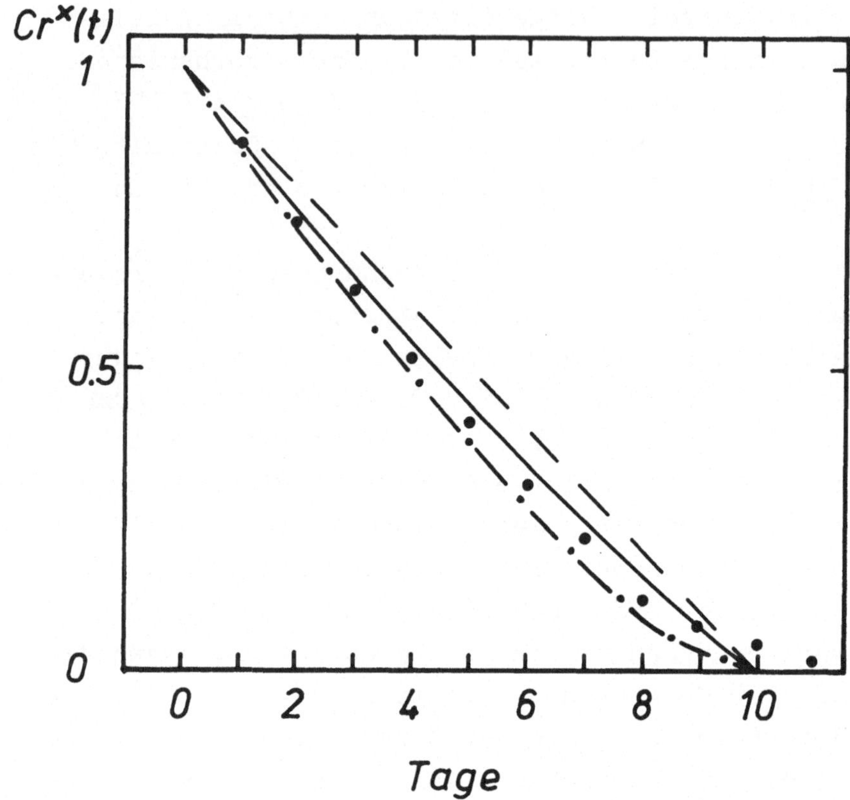

<u>Abb. 6.5</u> Vergleich der drei Milzhypothesen: <u>Modell-</u>
<u>prüfung</u>. <u>Thrombozytenmarkierungskurven beim Gesunden</u>
im Gleichgewicht. Vergleich der ^{51}Cr-Werte von KUMMER
und BUCHER (1971) (● , n = 25) mit den Modellkurven
(— — —: 1. Milzhypothese, ———: 2. Milzhypothese,
—.—.—: 3. Milzhypothese).

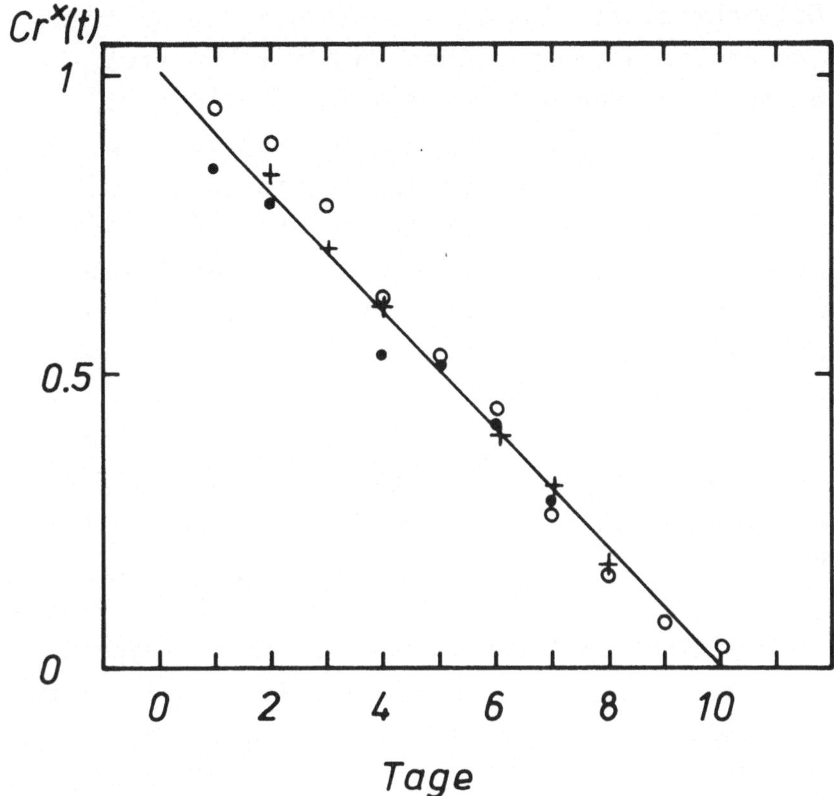

__Abb. 6.6__ Vergleich der drei Milzhypothesen: __Modell-__
__prüfung__. __Thrombozytenmarkierungskurven bei Splenekto-__
__mierten__ im Gleichgewicht. Vergleich der ^{51}Cr-Werte
von 3 Patienten (● , +: KUMMER und BUCHER 1971,
 ○ : ASTER und JANDL 1964) mit der Modellkurve (————,
fällt für alle drei Milzhypothesen zusammen).

Für Splenektomierte ist in Tabelle 6.5 die Halbwertzeit gegenüber Normalpersonen im Mittel um etwa einen halben Tag (von 4,1 d auf 4,7 d) verlängert. Dem
steht für die zweite Milzhypothese eine Verlängerung
von 4,3 d auf 5,0 d und für die dritte sogar von 3,9
d auf 5,0 d gegenüber. Auch diese Daten sprechen somit gegen die erste Hypothese, bei welcher die Entfernung des Milzspeichers zu keiner veränderten Markierungskurve führt.

Die gute Übereinstimmung der 2. und 3. Milzhypothese
mit den Daten hat noch eine andere Konsequenz. Sie
zeigt nämlich, daß sich das leichte Durchhängen der
Markierungskurven Gesunder - zumindest prinzipiell -
allein durch die bevorzugte Speicherung junger Plättchen in der Milz erklären läßt. Zusätzliche hypothetische Annahmen über einen Markierungsverlust der Thrombozyten (DAVEY 1966) oder einen altersunabhängigen Anteil bei ihrem Abbau (ADAM 1974), die im übrigen ja
auch nach Splenektomie wirksam sein müßten, werden bei
dieser Erklärung nicht benötigt.

6.6 Diskussion

Zusammengefaßt läßt sich aus dem Vergleich der Modellrechnungen mit den Experimenten folgendes ablesen:

Die erste Milzhypothese, die eine altersunabhängige
Plättchenspeicherung in der Milz annimmt, reproduziert
zwar die Daten zum Plättchenspeicher, steht aber im
Widerspruch zu den Daten über den Megathrombozytenspeicher. Ferner sprechen die Markierungskurven gegen sie.

Tabelle 6.5 Vergleich der drei Milzhypothesen: Modell-prüfung. Halbwertzeiten von Thrombozytenmarkierungskurven Gesunder und Splenektomierter.

Normalpersonen	n	$\tau_{1/2}$
Erste Milzhypothese	–	5,0 d
Zweite Milzhypothese	–	4,3 d
Dritte Milzhypothese	–	3,9 d
ABRAHAMSEN (1968)		
20 – 34 Jahre	12	4,4 d
35 – 64 Jahre	20	3,9 d
65 – 80 Jahre	8	3,3 d
ADAM (1974)	12	4,3 d
ASTER (1969)	10	4,2 d
BLEIFELD (1969)	8	4,0 d
HARKER und FINCH (1969)	15	4,7 d
KOTILAINEN (1969)	10	4,0 d
KUMMER und BUCHER (1971)	25	4,1 d
KUTTI und WEINFELD (1971)		
22 – 30 Jahre	10	4,1 d
54 Jahre	8	3,8 d
SHULMAN et al. (1965)	7	3,9 d
Mittelwert	145	4,1 d

Splenektomierte	n	$\tau_{1/2}$
Modell(alle drei Milzhypothesen)	–	5,0 d
ASTER und JANDL (1964)	1	5,0 d
ASTER (1969)	7	4,5 d
KUMMER und BUCHER (1971)	2	5,2 d
Mittelwert	10	4,7 d

Die Hypothese ist daher als zu stark vereinfacht anzusehen.

Die zweite Milzhypothese, die von einer bevorzugten
Speicherung junger Thrombozyten in der Milz ausgeht,
steht sowohl mit den experimentellen Plättchenkurven
als auch mit den Megathrombozytenkurven nach stimulierter Milzspeicherentleerung in Einklang. Das gleiche gilt für die Plättchenüberlebenkurven.

Die dritte Milzhypothese stellt eine Erweiterung der
vorigen dar, da sie zusätzlich eine Teilung der Megathrombozyten annimmt. Für sie findet man eine gleich
gute Übereinstimmung mit den Experimenten wie für die 2.
Hypothese, so daß die kinetischen Daten keine Entscheidung zwischen beiden erlauben.

Da die dritte Milzhypothese einen wesentlichen größe-
ren Rechenaufwand als die zweite mit sich bringt und
andererseits im Knochenmark, in der Milz und in der
Zirkulation keine wesentlichen anderen Ergebnisse liefert, wird im folgenden die zweite Milzhypothese als
Standardhypothese verwendet.

7 Einfluß des Milzspeichers auf die Rückkopplung

7.1 Medizinischer Wissensstand

Die Frage, welche Rolle die Milz für die thrombopoetische Proliferation spielt, ist offen. So ist umstritten, ob die Gesamtzahl der Plättchen für die Rückkopplung zum Knochenmark entscheidend ist (DE GABRIELE und PENINGTON 1967) oder ob allein die zirkulierende Plättchenzahl das Proliferationsverhalten bestimmt (HARKER und FINCH 1969, HARKER 1971b). Ferner vermuten einige Autoren einen zusätzlichen inhibitorischen Effekt der Milz auf die Thrombopoese. In diesem Kapitel soll nur die Rolle der Milz als Speicherorgan untersucht werden; die Frage eines Milzinhibitors wird zunächst ausgeklammert.

7.2 Erste Rückkopplungshypothese (Rückkopplung durch die Gesamtplättchenzahl)

Hierbei wird angenommen, daß die Summe aus zirkulierenden und Milzthrombozyten die Thrombopoetinbildung bestimmt. Diese Hypothese wird von DE GABRIELE und PENINGTON (1967) vertreten, nach deren Untersuchungen zur Splenektomie und Splenomegalie bei Ratten die Gesamtzahl der Plättchen durch das Thrombopoetin konstant gehalten wird.

7.2.1 Modellannahmen

Die mathematische Formulierung dieser Hypothese führt auf die Differentialgleichung

$$\dot{TP}(t) = Z_{TP}(P(t)) - TP(t)/\tau_{TP} \quad . \tag{7.1}$$

7.3 Zweite Rückkopplungshypothese (Rückkopplung durch die zirkulierenden Plättchen)

Diese Hypothese geht davon aus, daß nur die Thrombozytenzahl in der Zirkulation die Thrombopoetinbildung beeinflußt. Sie stammt von HARKER (1971b), der annimmt, daß die Regulation der Thrombopoese darauf ausgerichtet ist, die Zahl der zirkulierenden Plättchen konstant zu halten.

7.3.1 Modellannahmen

Hieraus ergibt sich für das Thrombopoetin die Differentialgleichung

$$\dot{TP}(t) = Z_{TP}(PC(t)) - TP(t)/\tau_{TP} \qquad . \qquad (7.2)$$

7.4 Vergrößerter oder verkleinerter Milzspeicher (im Gleichgewicht)

Die Rolle des Milzspeichers für die thrombopoetische Rückkopplung läßt sich am besten durch isolierte Veränderung seiner Größe untersuchen. Hierzu eignen sich Splenomegalie und Splenektomie im Gleichgewicht bei ansonsten normaler Thrombopoese.

7.4.1 Beschreibung im Modell

Bei normaler Milz und altersunabhängiger Plättchenspeicherung verändert sich das Verhältnis der zirkulierenden zur gesamten Plättchenzahl auch bei Anregung oder Hemmung der Thrombopoese nicht, und es gilt stets

$$PC(t)/P(t) = PC^{norm}/P^{norm} = const \quad . \qquad (7.3)$$

In diesem Fall liefern beide Rückkopplungshypothesen
das gleiche, denn aus (7.3) und Tabelle 4.1 folgt unmittelbar

$$Z_{TP}(P(t)) = Z_{TP}(PC(t)) \quad . \qquad (7.4)$$

Deshalb konnte beim Modell der Ratte in Kapitel 4.2
auf eine Unterscheidung zwischen P und PC verzichtet
und ganz allgemein von der 'Plättchenzahl P' gesprochen werden.

Beim Menschen mit normalem Milzspeicher sind trotz
der bevorzugten Speicherung junger Plättchen die Gleichungen (7.3) und (7.4) in etwa erfüllt, solange die
Thrombozytenlebensdauer nicht verkürzt ist. Deshalb
ist für das vereinfachte Modell in Kapitel 5 eine Unterscheidung der Rückkopplungshypothesen ebenfalls
irrelevant. Sie wird erst wichtig bei stark verkürzter Plättchenlebensdauer oder bei verändertem Milzspeicher, da in diesen Fällen die obigen Gleichungen
nicht gelten.

Bei der Splenomegalie wird angenommen, daß der Übergangsparameter l_{SC} von der Milz in die Zirkulation,
der die Altersstruktur festlegt, unverändert bleibt.
Der Anteil der Plättchen, die in der Milz zurückge-
halten werden, soll hingegen allein für den vergrößerten Milzspeicher verantwortlich sein. Der entsprechende Parameter, der im Normalzustand s_{in} heißt, soll
jetzt als s_{meg} bezeichnet werden. Mit den Abkürzungen
P_{meg} und PS_{meg} für die Plättchenzahlen bei Splenomega-

lie folgt dann im Gleichgewicht

$$\frac{s_{meg}\,(1-e^{-l_{SC}\cdot\tau_P})\,n_0/l_{SC}}{n_0\,\tau_P} = \frac{PS_{meg}}{P_{meg}} \qquad . \qquad (7.5)$$

Andererseits gilt im Normalzustand

$$\frac{s_{in}\,(1-e^{-l_{SC}\cdot\tau_P})\,n_0/l_{SC}}{n_0\,\tau_P} = \frac{PS}{P} \qquad . \qquad (7.6)$$

Daraus ergibt sich

$$s_{meg} = s_{in}\,\frac{PS_{meg}}{P_{meg}}\,\frac{P}{PS} \qquad . \qquad (7.7)$$

P_{meg} und das Verhältnis PS_{meg}/P_{meg} werden aus der zirkulierenden Plättchenzahl PC_{meg} und dem Recovery-Wert gemäß (6.1) berechnet zu

$$P_{meg} = PC_{meg}\cdot\frac{90}{Rec}$$

$$\frac{PS_{meg}}{P_{meg}} = 1 - \frac{PC_{meg}}{P_{meg}} = 1 - \frac{Rec}{90} \qquad (7.8)$$

mit

$$Rec = \min\,(\text{gemessener Recovery-Wert (\%), 90}).$$

Die Splenektomie läßt sich als Spezialfall mit s_{meg} = 0 auf die gleiche Weise mathematisch abhandeln.

7.5 Vergleich der beiden Rückkopplungshypothesen; Modellergebnisse und Modellprüfung

Bei der ersten Rückkopplungshypothese ist die Proliferation von der Gesamtplättchenzahl P abhängig. Deshalb beeinflußt die Verlagerung eines Teils der zirkulierenden Thrombozyten in die Milz oder umgekehrt aus der Milz ins Blut die Knochenmarksproliferation nicht, denn die Gesamtplättchenzahl bleibt unverändert.

Anders dagegen ist es bei der zweiten Hypothese. Hier hängt die Thrombopoetinbildung nur von den zirkulierenden Plättchen ab. Bei Vergrößerung des Milzspeichers auf Kosten der Zirkulation wird die Thrombopoese angeregt, bei Verkleinerung wird sie gehemmt.

Trägt man für beide Hypothesen die Gleichgewichtskurven der totalen (P) und der zirkulierenden (PC) Plättchenzahlen gegen die relative Milzspeichergröße (PS/P) auf, dann ergeben sich die Kurven in den Abbildungen 7.1 und 7.2. Für die 1. Rückkopplungshypothese (TP (P)) bleibt P konstant und PC fällt linear ab, für die 2. Rückkopplungshypothese (TP(PC)) dagegen sind P und PC bei Milzspeichergrößen unter 50 % nahezu normal, für stark vergrößerte Milzen wächst P aber steil bis auf 800 % an, während PC ähnlich steil abfällt. Diese Kurven können mit den entsprechenden Daten verglichen werden, wobei P und PS/P aus PC und dem Recovery-Wert berechnet werden.

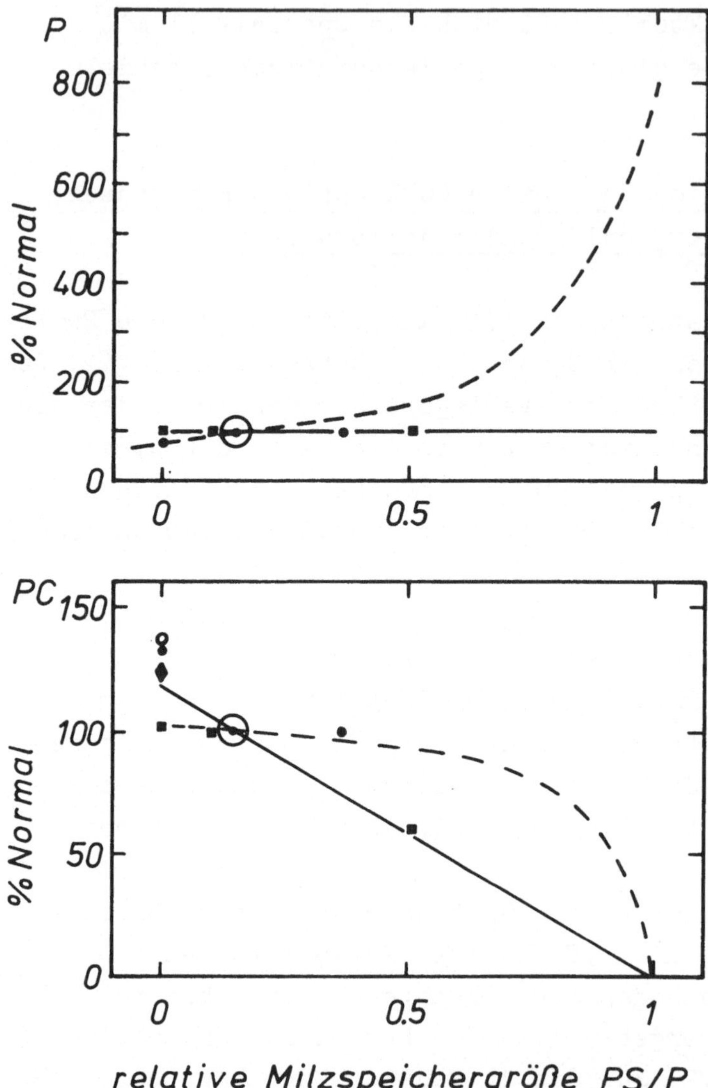

__Abb. 7.1__ Vergleich der beiden __Rückkopplungshypothesen:__
__Modellprüfung__. Gleichgewichtswerte bei veränderter
Milzspeichergröße für __Ratten__. Vergleich der Daten von
HARKER (1971b, ■,n = 10), DE GABRIELE und PENINGTON
(1967, ● ,n = 25), TARNUZI und SMILEY (1967, O,n = 15),
ROLOVIC und BALDINI (1970, ▲ ,n = 50), PEDERSEN (1974,
▼,n = 1) mit dem Modell (——— erste, — — — zweite
Rückkopplungshypothese).

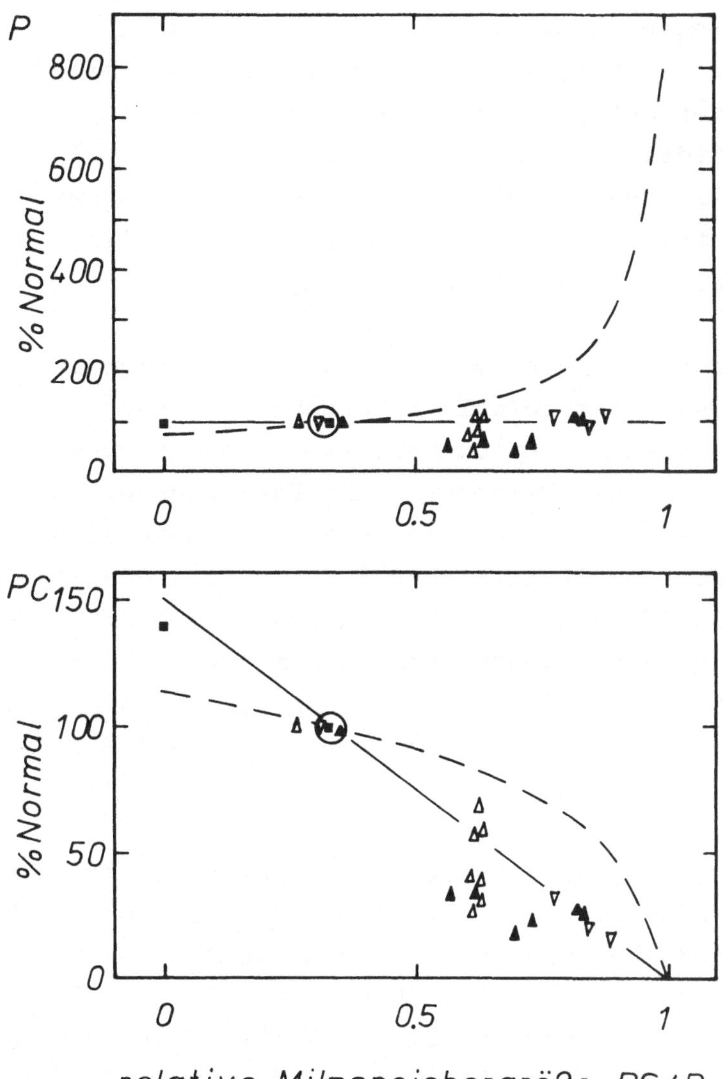

Abb. 7.2 Vergleich der beiden Rückkopplungshypothesen: Modellprüfung. Gleichgewichtswerte bei veränderter Milzspeichergröße und normaler Thrombopoese beim Menschen. Vergleich der Normalwerte (■ : KUTTI et al. 1975, n=10; △ : BURGER und SCHMELCZER 1973, n=25; ▽ : ADAM 1974, n=12; ▲ : KOTILAINEN 1969, n=10) sowie der Daten bei Leberzirrhose mit Splenomegalie (△ : BURGER und SCHMELCZER 1973, n=1; ▽ : ADAM 1974, n=1; ▲ :KOTILAINEN 1969, n=1) und nach posttraumatischer Splenektomie (■: KUTTI et al. 1975, n=6) mit den Modellkurven (———: erste, ———: zweite Rückkopplungshypothese).

Für die Ratte (Abb. 7.1) liegen Angaben zu Tieren mit
Splenomegalie vor, welche durch intraperitoneale Injektion von Methylzellulose über mehrere Wochen erreicht wurde, sowie Daten zu splenektomierten Tieren.
Während die Gesamtplättchenzahl für die 1. Rückkopplungshypothese sprechen, erlauben die zirkulierenden
Plättchenzahlen keine klare Aussage.

Beim Menschen besteht zunächst die Notwendigkeit, sich
auf die Daten hämatologisch Gesunder zu beschränken.
Deshalb werden nur Splenektomierte nach vorausgegange-
ner traumatischer Milzruptur und Patienten mit Leberzirrhose betrachtet, bei denen die Splenomegalie auf
Grund eines intrahepatischen Staus entstanden ist und
andere Einflüsse auf die Regulation der Thrombopoese
(hämatologische Erkrankungen, Thrombose, erhöhter
Plättchenverbrauch) ausgeschlossen werden können. Wie
Abb. 7.2 zeigt, ergibt sich hier eine klare Bevorzu-
gung der 1. Hypothese.

Knochenmarkdaten zur Megakaryozytopoese bei veränderter Milzgröße liegen für Ratten und Mäuse vor. HARKER
(1971b) mißt bei Splenektomie eine Verringerung und
bei Splenomegalie eine Erhöhung von Volumen und Anzahl der Megakaryozyten (Splenektomie: MN = 80 %, MV =
100 %, Splenomegalie: MN = 116 %, MV = 121 %). Hierdurch wird die zweite Rückkopplungshypothese gestützt.
Seine gleichzeitig gemessenen Plättchenzahlen (Splenektomie: P = 92 %, PC = 102 %, Splenomegalie: P =
110 %, PC = 60 %) unterstützen dagegen die erste Hypothese. Die Megakaryozytenzahlen von ROLOVIC und
BALDINI (1970) nach Splenektomie bei Ratten liegen
zwischen den theoretischen Vorhersagen beider Hypothesen, und EBBE et al. (1981) finden 1 - 2 Monate
nach Splenektomie bei Mäusen zwar eine leichte Ver-

größerung der zirkulierenden Plättchenzahl auf 116 %,
für die Anzahl oder die Größe der Megakaryozyten kann
aber kein Unterschied zu normalen Tieren gesichert
werden.

7.6 <u>Diskussion</u>

Die Frage, ob die Thrombozyten in der Milz an der Rückkopplung beteiligt sind oder nicht, kann anhand der
dargestellten Modellrechnungen entschieden werden. Dabei sprechen die peripheren Thrombozytenzahlen bei Splenomegalie oder nach Splenektomie, insbesondere beim
Menschen, zugunsten der ersten Rückkopplungshypothese,
bei der eine Regulation durch die Gesamtzellzahl in
Milz und Zirkulation angenommen wird. Die Daten zur
Knochenmarkproliferation sind nicht eindeutig und leisten keinen Beitrag zur Entscheidung dieser Frage.

Die erste Rückkopplungshypothese wird daher im folgenden als Standardhypothese verwendet.

8 Standardmodell der normalen Thrombopoese des Menschen

8.1 Modellannahmen

Nachdem mehrere Hypothesen über die Altersstruktur der Plättchen in der Milz und ihre Rolle bei der Rückkopplung geprüft sind , erscheint die Formulierung eines Standardmodells für den Menschen möglich. Dabei wird das vereinfachte Modell in Kapitel 5, welches der Übertragung des Rattenmodells auf den Menschen entspricht, um zwei Standardhypothesen erweitert (Abb. 8.1).

Wie bereits ausführlich diskutiert, wird angenommen, daß die Milz bevorzugt junge Thrombozyten speichert (zweite Milzhypothese, Kapitel 6.3). Zum anderen wird die erste Rückkopplungshypothese (Kapitel 7.2) als Standardhypothese gewählt, die davon ausgeht, daß die Gesamtplättchenzahl, und nicht allein die Zahl zirkulierender Plättchen, die Thrombopoetinbildung bestimmt.

Neben diesen Standardhypothesen werden gelegentlich auch die anderen Hypothesen aus den Kapiteln 6 und 7 zum Vergleich herangezogen, wenn es darum geht, zu prüfen, wie sensibel die entsprechenden Annahmen sich in der jeweils untersuchten experimentellen Situation auswirken.

8.2 Modellgleichungen und Parameter

Die Gleichungen für das Modell der Thrombopoese des Menschen unterscheiden sich nicht von denjenigen bei der Ratte. Zur Berücksichtigung der Rolle der Milz

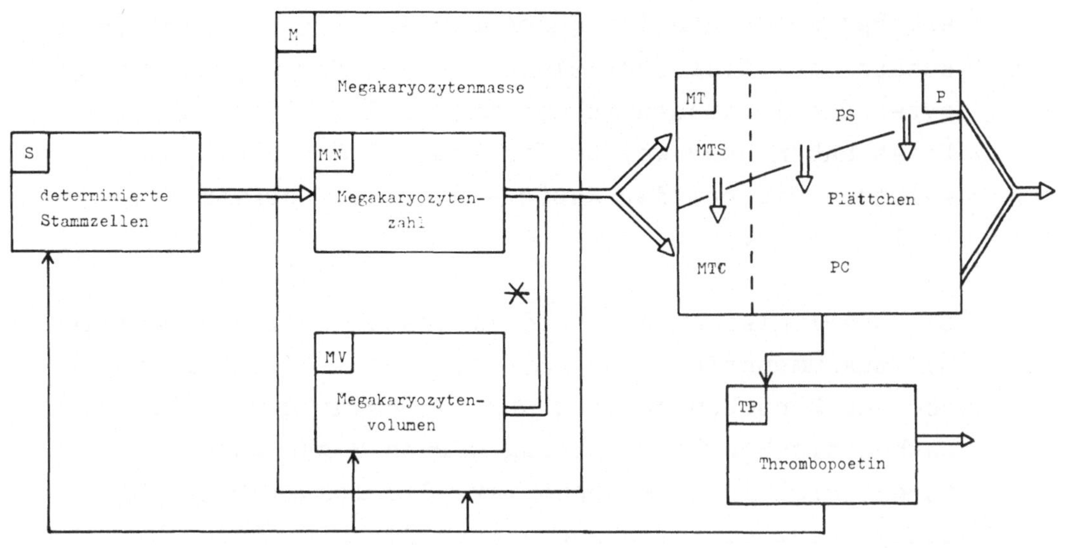

Abb. 8.1 **Standardmodell** der Thrombopoese des **Menschen**: Zusätzlich zum Modell der Ratte (Abb. 4.4) wird angenommen, daß sich die Gesamtplättchenzahl P in einen Milzanteil PS und einen zirkulierenden Anteil PC aufteilt (P = PS + PC). Die jungen Thrombozyten werden dabei bevorzugt in der Milz gespeichert und gehen während des Alterns teilweise ins Blut über. Dies läßt sich an der Zahl der Megathrombozyten (MT) in der Milz (MTS) und in der Zirkulation (MTC) ablesen. Für die Thrombopoetinbildung ist die Gesamtplättchenzahl P verantwortlich. (⟹ Übergangsraten, ⟶ Regulationsmechanismen).

als Speicherorgan für Thrombozyten werden allerdings
zusätzliche Differentialgleichungen für Megathrombozyten und Plättchen in der Milz und im Blut benötigt.
Diese haben aber keinen Einfluß auf die Rückkopplung,
welche - wie bei der Ratte - über die Gesamtplättchenzahl erfolgt.

Die Modellgleichungen sind im ersten Teil der Tabelle
8.1 zusammengefaßt. Das Standardmodell der Thrombopoese des Menschen besteht aus 11 Compartments. Zu ihrer
mathematischen Beschreibung werden 8 gekoppelte Differentialgleichungen benötigt, die restlichen 3 Gleichungen ergeben sich aus diesen durch einfache Umrechnung.

Im folgenden wird die Feinstruktur der Plättchenspeicher in Milz und Blut nicht regelmäßig betrachtet, so
daß für diese Rechnungen lediglich 5 gekoppelte Differentialgleichungen (für Stammzellen, Megakaryozytenmasse und -anzahl, Gesamtplättchenzahl und Thrombopoetin) und eine zusätzliche abgeleitete Bezeich-
nung (für das Megakaryozytenvolumen) benötigt werden.

Die Modellparameter beim Menschen wurden bereits
in Kapitel 5.1 (Tabelle 5.1) besprochen. Sie sind ge-
meinsam mit den vom Rattenmodell (Tabelle 4.1) über-
nommenen Modellgrößen sowie den Annahmen zum Milzspeicher (Tabelle 6.2) im zweiten Teil von Tabelle 8.1
zusammengestellt.

Tabelle 8.1 Standardmodell der Thrombopoese des Menschen. Zusammenstellung der Modellgleichungen und Parameter. Die normalen Proliferationsraten sind willkürlich gleich 1 gesetzt.

Modellgleichungen	
S det. Stammzellen	$\dot{S}(t) = Z_S(TP(t)) - S(t)/\tau_S$
M Megakaryozytenmasse	$\dot{M}(t) = Z_M(TP(t))\,S(t)/\tau_S -$ $- M(t)/\tau_M(TP(t))$
MN Megakaryozytenzahl	$\dot{MN}(t) = S(t)/\tau_S - MN(t)/\tau_M(TP(t))$
MV Megakaryozytenvolumen	$MV(t) = M(t)/MN(t)$
P Gesamtplättchenzahl	$\dot{P}(t) = n_0(t) - n_0(t-\tau_P)$
PS Plättchenzahl in der Milz	$\dot{PS}(t) = s_{in}\,n_0(t) -$ $-s_{out}\,n_0(t-\tau_P) - l_{SC}\,PS(t)$
PC Plättchenzahl in der Zirkulation	$PC(t) = P(t) - PS(t)$
MT Megathrombozytenzahl	$\dot{MT}(t) = n_0(t) - n_0(t-\tau_{MT})$
MTS Megathrombozytenzahl in der Milz	$\dot{MTS}(t) = s_{in}\,n_0(t) -$ $- s_{MT}\,n_0(t-\tau_{MT}) - l_{SC}\,MTS(t)$
MTC Megathrombozytenzahl in der Zirkulation	$MTC(t) = MT(t) - MTS(t)$
TP Thrombopoetin	$\dot{TP}(t) = Z_{TP}(P(t)) - TP(t)/\tau_{TP}$
mit $n_0(t) = M(t)/\tau_M(TP(t))$	

Regulationsfunktionen	A	B	C
$Z_S(TP) = A - B\,\exp(-C\cdot TP/TP^{norm})$	4	3,6	0,1823
$Z_M(TP) = A - B\,\exp(-C\cdot TP/TP^{norm})$	2	1,5	0,4055
$1/\tau_M(TP) = A - B\,\exp(-C\cdot TP/TP^{norm})$	0,0104	0,0045	0,2513
$Z_{TP}(P) = B\,\exp(-C\cdot P/P^{norm})$	–	10	2,3026

Fortsetzung Tabelle 8.1

Modellparameter	Stimulation		
	minimal	normal	maximal
S det. Stammzellen			
Proliferationsrate $Z_S(TP)$	0,4	1	4
Transitzeit τ_S	50 h	50 h	50 h
Megakaryozyten			
MN Anzahl	0,42	1	3,33
MV Volumen, reguliert durch $Z_M(TP)$	0,5	1	2
M Masse	0,21	1	6,67
Reifungszeit $\tau_M(TP)$	168 h	144 h	96 h
P Gesamtplättchenzahl			
Proliferationsrate	0,2	1	8
Lebensdauer τ_P	240 h	240 h	240 h
TP Thrombopoetin			
Proliferationsrate $Z_{TP}(P)$	0	1	10
Umsatzzeit τ_{TP}	6 h	6 h	6 h

Modellparameter		
rel. Plättchenzufluß Milz	s_{in}	0,54
rel. Plättchenzufluß Blut	c_{in}	0,46
rel. Plättchenabfluß Milz	s_{out}	0,19
rel. Plättchenabfluß Blut	c_{out}	0,81
rel. Megakaryozytenabfluß Milz	s_{MT}	0,47
rel. Megakaryozytenabfluß Blut	c_{MT}	0,53
Übergangsparameter Milz Blut	l_{SC}	0,0043
Plättchenlebensdauer	τ_P	240 h
Megathrombozytenlebensdauer	τ_{MT}	32 h
Normalwerte $\dfrac{P : PS : PC}{MT : MTS : MTC}$		$\dfrac{100 : 33 : 67}{13,3 : 6,7 : 6,7}$

8.3 <u>Modellergebnisse</u>

Betrachtet man die Gleichgewichtswerte der thrombopoetischen Vorstufen, die sich bei veränderter Gesamtplättchenzahl P einstellen, dann ergeben sich die Kurven in Abb. 8.2 . Mit zunehmender Thrombozytopenie
steigt die Knochenmarkproliferation an. Anders als
beim Rattenmodell bildet sich beim Modell des Menschen
allerdings für niedrige Plättchenzahlen kein Plateau
aus, was bedeutet, daß beim Menschen auch in dieser
Situation noch eine Proliferationsreserve zu bestehen
scheint. Für eine Thrombozytose wird dagegen - ebenso
wie bei der Ratte - ein Plateau verminderter Proliferation erreicht. Die Bildung neuer Plättchen kann im
Modell auf fast das siebenfache des Normalwertes ansteigen, die basale Proliferation liegt bei 20 % des
Normalen.

Abb. 8.3a zeigt, wie sich im Modell ein andauernder
maximaler Stimulus auf die thrombopoetischen Vorstufen
auswirkt. Ausgehend vom Normalwert steigt zunächst das
Megakaryozytenvolumen MV an. Der Anstieg der Megakaryozytenzahl MN hingegen, welche den erhöhten Einstrom
aus dem Stammzellbereich widerspiegelt, erfolgt langsamer, ist aber letztendlich stärker als beim Megakaryozytenvolumen. Nach 20 bis 30 Tagen sind die Gleichgewichtswerte erreicht.

Ein entsprechendes Verhalten ergibt sich bei fehlendem
Stimulus (Abb. 8.3b). Auch hier reagiert das Megakaryozytenvolumen schneller als die Megakaryozytenzahl. Beide erreichen ihren Basalwert von ca. 50 % des Normalen
ebenfalls innerhalb von 20 bis 30 Tagen.

Die Reaktion der Megakaryozyten auf einen akuten Sti-

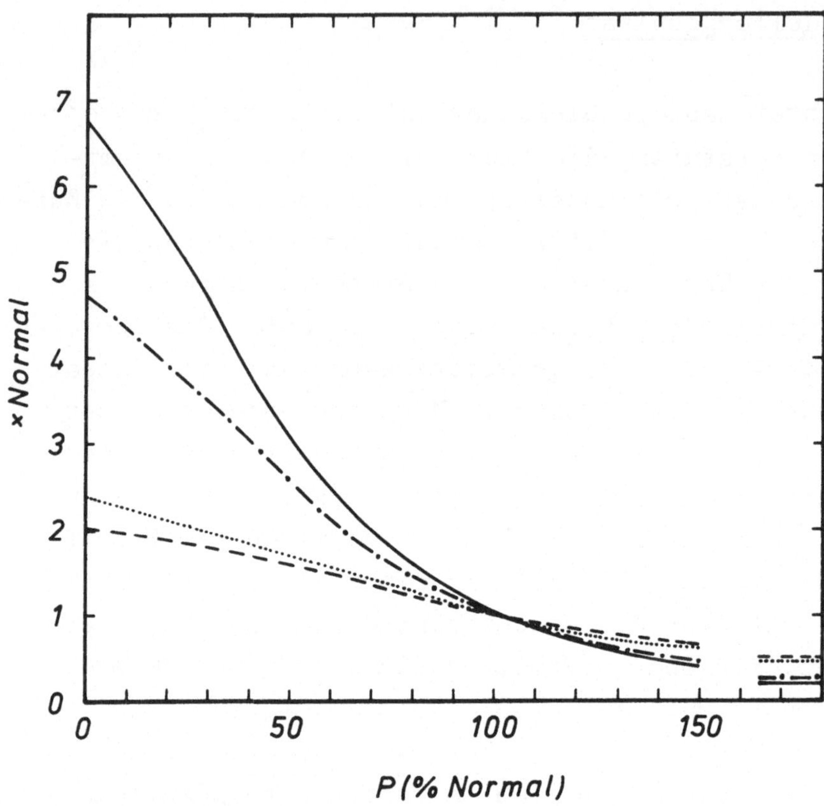

Abb. 8.2 Standardmodell der Thrombopoese des Menschen: Modellergebnis. Abhängigkeit des Volumens MV (– – – –), der Zahl MN (·····) und der Masse M (–·–·–) der Megakaryozyten sowie der Plättchenproduktion (———) von der Gesamtplättchenzahl P.

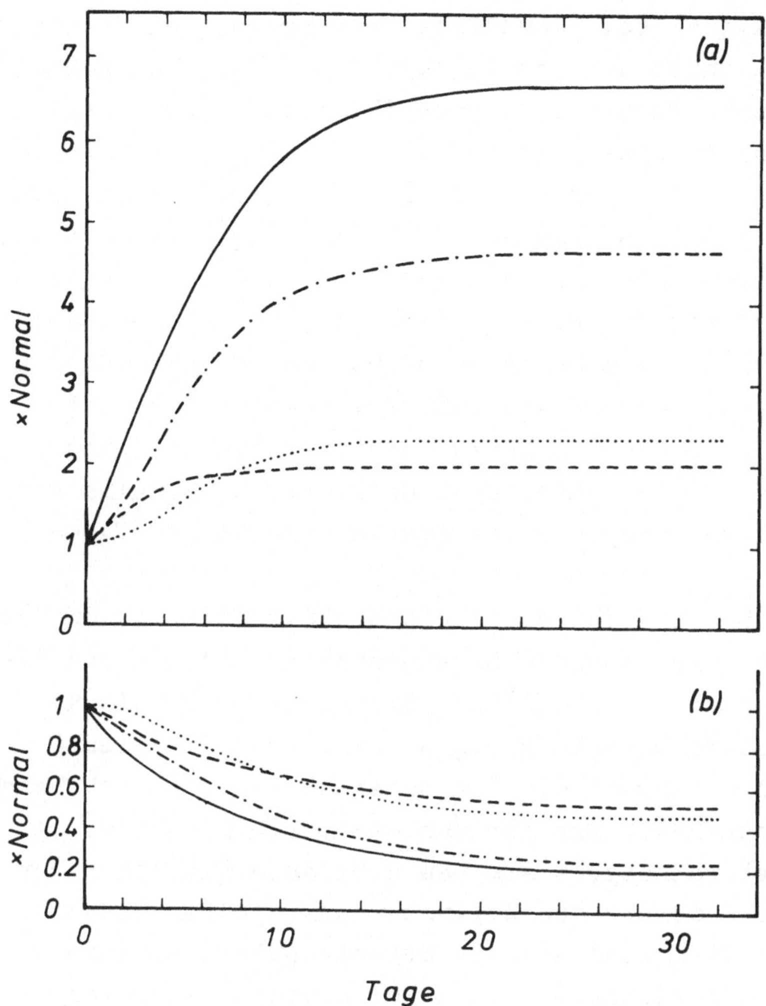

Abb. 8.3 Standardmodell der Thrombopoese des Menschen:
Modellergebnis. Zeitliche Veränderung von Volumen MV
(- - -), Zahl MN (······) und Masse M (- - -) der Megakaryozyten sowie der Plättchenproduktion (———) bei
permanenter maximaler (a) bzw. minimaler (b) Stimulation.

mulus, wie er bei einmaliger Verringerung der Plättchenzahl entsteht, ist in Abb. 8.4 und 8.5 dargestellt.
Eine starke Thrombozytopenie führt zu einem Anstieg
des Megakaryozytenvolumens auf ca. 140 % des Normalwertes zwischen dem 5. und 6. Tag. Etwas später, nämlich am 7. bis 8. Tag, erreicht die Megakaryozytenzahl
ihr Maximum. Als Konsequenz dieser erhöhten Proliferation steigt die Plättchenzahl an, welche den Normalwert nach 5 bis 6 Tagen erreicht und überschießend auf
ein Maximum von 170 % am 10. Tag anwächst. Reaktiv
wird dadurch die Knochenmarkproliferation verringert,
und nach einer zusätzlichen Oszillation normalisiert
sich das thrombopoetische System nach ca. 30 Tagen.

In Abb. 8.5 ist für die gleiche akute Stimulation dargestellt, wie sich die Megathrombozytenzahlen und die
Plättchenzahlen in Milz und Zirkulation verhalten.
Die Megathrombozyten steigen steil an und schießen
weit über, während die Plättchenzahlen erheblich langsamer anwachsen. Das ist unmittelbar einzusehen, da
die Megathrombozyten als neu gebildete Plättchen von
jeder Veränderung des Zuflusses unmittelbar und stärker betroffen sind als die Gesamtpopulation. Ihre Rolle ähnelt derjenigen der zirkulierenden Retikulozyten
in der Erythropoese.

Vergleicht man das Verhalten in der Milz und im Blut,
so zeigt sich bei den Megathrombozyten kein nennenswerter Unterschied zwischen MTS und MTC. Das liegt
daran, daß wegen der relativ kurzen Megathrombozytenlebensdauer (τ_{MT} = 32 h im Modell) die Unterschiede
in der Altersstruktur beider Compartments zu vernachlässigen sind. Anders ist die Situation bei den Plättchenzahlen. Die Thrombozytenzahl PS der Milz erreicht
ca. 2 Tage früher als PC ihren Normalwert, eine Folge

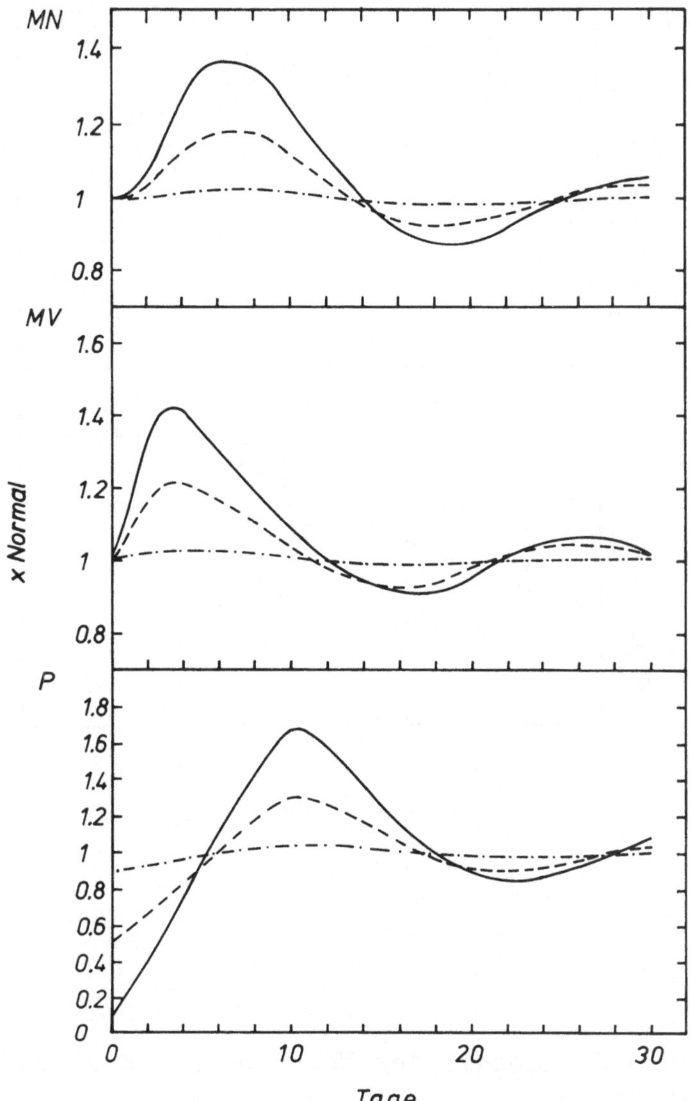

Abb. 8.4 Standardmodell der Thrombopoese des Menschen: Modellergebnis. Reaktion des Modells auf erniedrigte Gesamtplättchenzahlen P von 10 % (————), 50 % (- - -) und 90 % (- · - · -) des Normalwerts. MN: Megakaryozytenzahl, MV: Megakaryozytenvolumen.

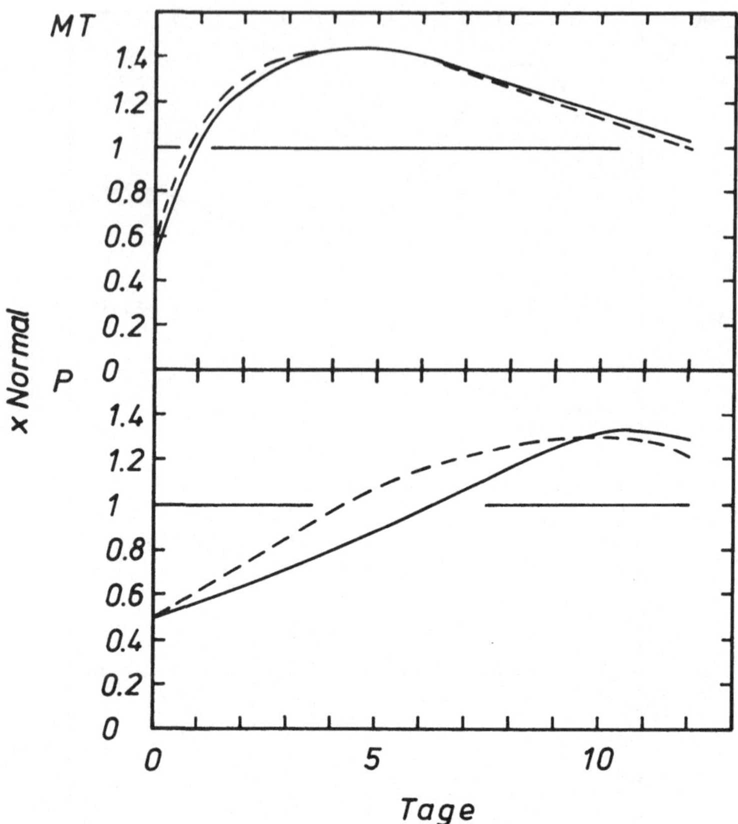

Abb. 8.5 Standardmodell der Thrombopoese des Menschen: Modellergebnis. Reaktion der Megathrombozyten- und Plättchenzahlen im zirkulierenden Blut (MTC, PC: ———) und im Milzspeicher (MTS, PS: – – –) auf eine akute Thrombozytopenie von 50 % des Normalwerts.

der bevorzugten Speicherung der jungen Zellen in der
Milz, deren Anteil durch die Stimulation der Thrombopoese ansteigt.

Abb. 8.6 und 8.7 zeigen das entsprechende Modellverhalten nach akuter Thrombozytose. Hier ist der normale Stimulus abgeschwächt oder verschwindet völlig.
Megakaryozytenvolumen MV und -anzahl MN fallen bis auf
ca. 70 % des Normalwertes ab und wachsen erst wieder
an, wenn die Plättchenzahl nach 9 bis 10 Tagen ihren
Normalwert erreicht oder unterschreitet. Nach ca. 30
Tagen normalisiert sich das System.

Die Megathrombozyten- und Plättchenzahlen in der
Milz und im Blut (Abb. 8.7) reagieren bei der Thrombozytose ebenfalls spiegelbildlich zur Thrombozytopenie: Der verminderte Plättcheneinstrom bewirkt eine
'Überalterung' der Zellpopulation, so daß die Megathrombozyten stärker abfallen als die Plättchen, bei
denen wiederum der Anteil PC im Blut am langsamsten
verkleinert wird.

8.4 Modellprüfung

Zur Prüfung der Modellannahmen zur normalen Thrombopoese des Menschen werden Daten über Stimulations-
und Suppressionsuntersuchungen bei Gesunden benötigt.
Diese sind aber nur in begrenztem Umfang verfügbar.
Deshalb werden zusätzlich Meßwerte von Kaninchen und
Hunden herangezogen. Weil diese Tiere, wie bereits
diskutiert, einen ähnlich großen Milzspeicher wie der
Mensch haben, können ihre Plättchen- und Megathrombozytenzahlen zum qualitativen Vergleich mit den Modellkurven verwendet werden.

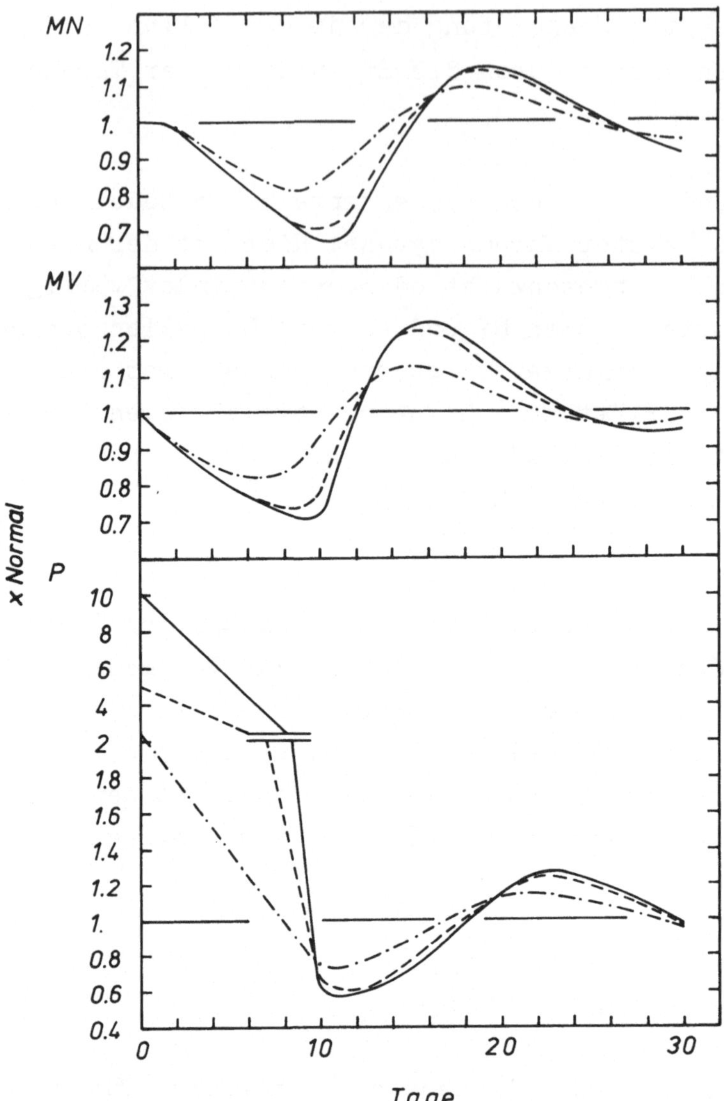

Abb. 8.6 Standardmodell der Thrombopoese des Menschen: Modellergebnis. Reaktion des Modells auf erhöhte Gesamtplättchenzahlen P vom 2fachen (– – –), 5fachen (–·–··–) und 10fachen (————) Normalwert. MN: Megakaryozytenzahl, MV: Megakaryozytenvolumen.

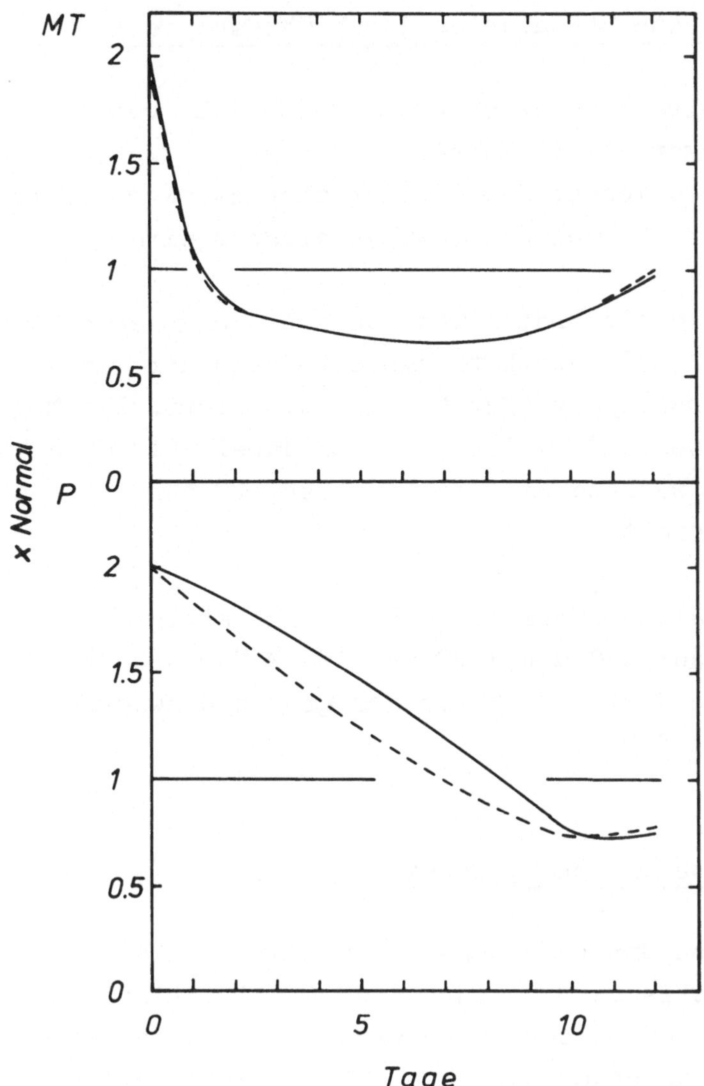

Abb. 8.7 Standardmodell der Thrombopoese des Menschen:
Modellergebnis. Reaktion der Megathrombozyten- und
Plättchenzahlen im zirkulierenden Blut (MTC, PC: ———)
und im Milzspeicher (MTS, PC: − − −) auf eine akute
Thrombozytose vom 2fachen Normalwert.

8.4.1 Direkte Stimulation durch Thrombopoetin

Hierbei wird die Thrombopoese durch Gabe von Thrombopoetin angeregt. Im Modell wird diese Situation dadurch beschrieben, daß der Thrombopoetinwert TP für den entsprechenden Zeitraum vergrößert wird.

In Abb. 8.8 sind Daten von Kaninchen angegeben. Durch Gabe von Plasma stark thrombozytopenischer Tiere wurde die Thrombopoese für 4 Tage stimuliert. Die Megathrombozyten MTC im Blut steigen dabei auf 200 % bis 400 % an, während die Plättchenzahl PC nur 140 % bis 180 % erreicht.

Bei maximaler Stimulation für 4 Tage steigen im Modell MTC auf 310 % und PC auf 150 % Normalwertes an. Sie liegen damit innerhalb des großen Schwankungsbereichs der Daten.

8.4.2 Akute Thrombozytopenie

Hier werden Untersuchungen verwendet, bei denen der thrombopoetische Stimulus durch Abfiltration oder Aggretation von Thrombozyten verursacht wurde. Im Modell wird angenommen, daß dieser Eingriff die Plättchenzahlen PS und PC in gleicher Weise betrifft. Die Anfangswerte in diesen Compartments werden deshalb auf den initialen Meßwert im Blut gesetzt.

Abb. 8.9 zeigt wiederum einen qualitativen Vergleich mit Tierdaten. KRAYTMAN (1973) senkt bei 6 Hunden durch extrakorporale Zirkulation und Thrombozytenaggretation die Plättchenzahl im Blut unter 5 % des Normalwertes und bestimmt die Plättchen sowie die

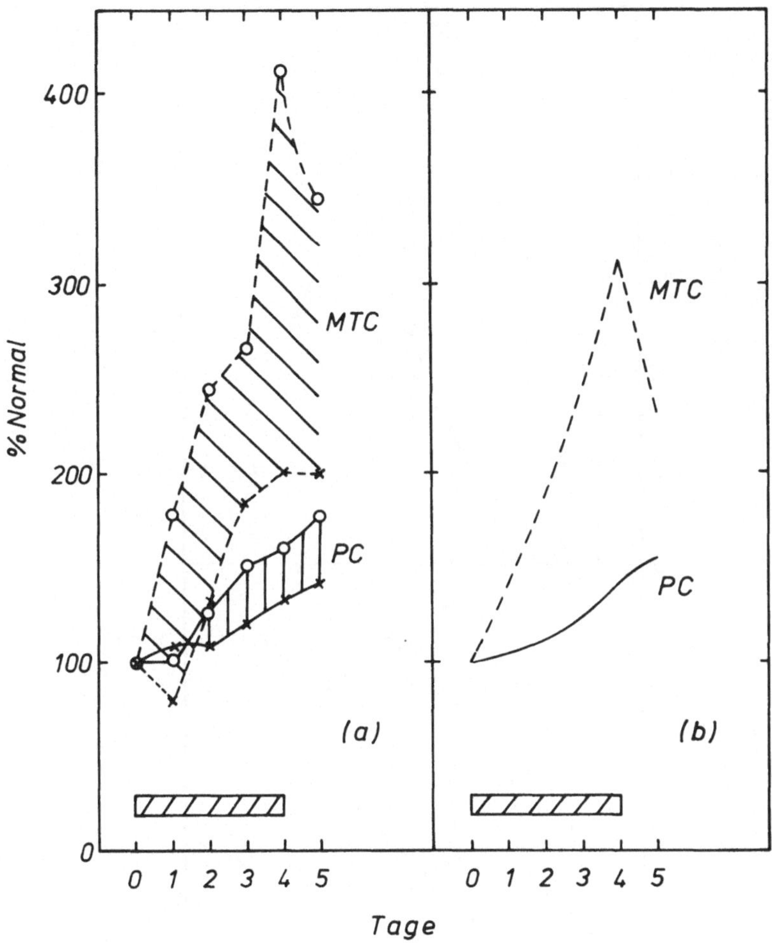

Abb. 8.8 Standardmodell der Thrombopoese des Menschen: Qualitative Modellprüfung. Dauerstimulation der Thrombopoese für 4 Tage. (a): Daten bei Kaninchen von WEINTRAUB und KARPATKIN (1974) (**X** , n = 9) und WEINTRAUB et al. (1976) (**O** , n = 10). (b): Modellkurven (——— zirkulierende Plättchen PC; – – – zirkulierende Megathrombozyten MTC). ▨ : Dauer der Stimulation).

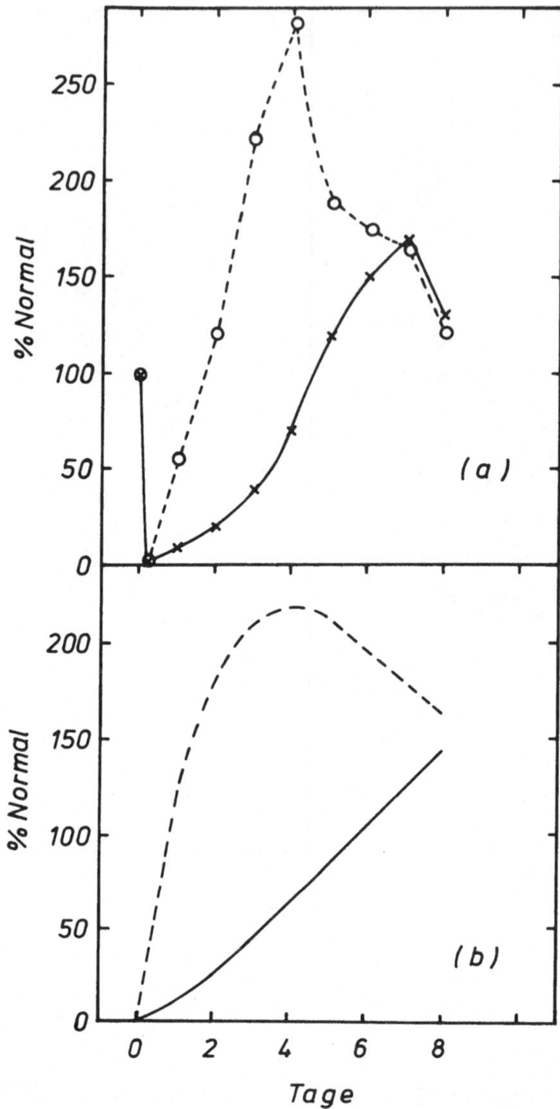

<u>Abb. 8.9</u> Standardmodell der Thrombopoese des Menschen: Qualitative <u>Modellprüfung</u>. Stimulation der Thrombopoese durch <u>Plasmapherese</u>. (a): Daten bei <u>Hunden</u> von KRAYTMAN (1973) (n = 6, ✗ zirkulierende Plättchen, O zirkulierende 'große' Plättchen). (b): Modellkurven (———— zirkulierende Plättchen PC; – – – zirkulierende Megathrombozyten MTC).

Zahl der 'großen' Thrombozyten (die qualitativ mit den Megathrombozyten nach der Definition von KARPATKIN 1972 vergleichbar sind).

Als Reaktion auf die Thrombozytopenie wachsen die Zahl der 'großen' Thrombozyten auf ein Maximum von fast 300 % am 4. Tag und die Plättchenzahl auf 170 % am 7. Tag. Die Modellkurven zeigen für MTC und PC einen ähnlichen Verlauf.

In Abb. 8.10 ist eine quantitative Prüfung der Modellannahmen möglich. Hier ist bei gesunden Freiwilligen eine Thrombozytopenie durch Plasmapherese induziert worden. Man sieht, daß das Modell den initialen Anstieg der Plättchenzahl reproduziert.

Ein langer Vergleichszeitraum steht in Abb. 8.11 zur Verfügung. SULLIVAN et al. (1977) beobachten zwei Gesunde nach Plasmapherese drei Wochen lang. Die zirkulierenden Plättchenzahlen PC überschreiten den Ausgangswert am 5. - 6. Tag und erreichen das Maximum von 140 % am 11. bis 12. Tag. Im Modell werden der Ausgangswert am 6. - 7. Tag und das Maximum von 160 % am 10. Tag erreicht. Abgesehen vom höheren Überschießen entspricht der Verlauf der Modellkurven somit demjenigen der Daten.

Abschließend sollen die Daten einer Studie zur Thrombopoese nach Zellseparation ausgewertet werden, welche an der Medizinischen Universitätsklinik Köln durchgeführt wurde (LINKER et al. 1981). Bei 15 Spendern wird jeweils die Hälfte der Thrombozyten absepariert und entnommen. Die Reaktion von Megakaryozytenzahl und -volumen wird dann simultan für 7 Tage (n=3) bzw. 2 Tage (n=12) nach Zellseparation untersucht und mit der

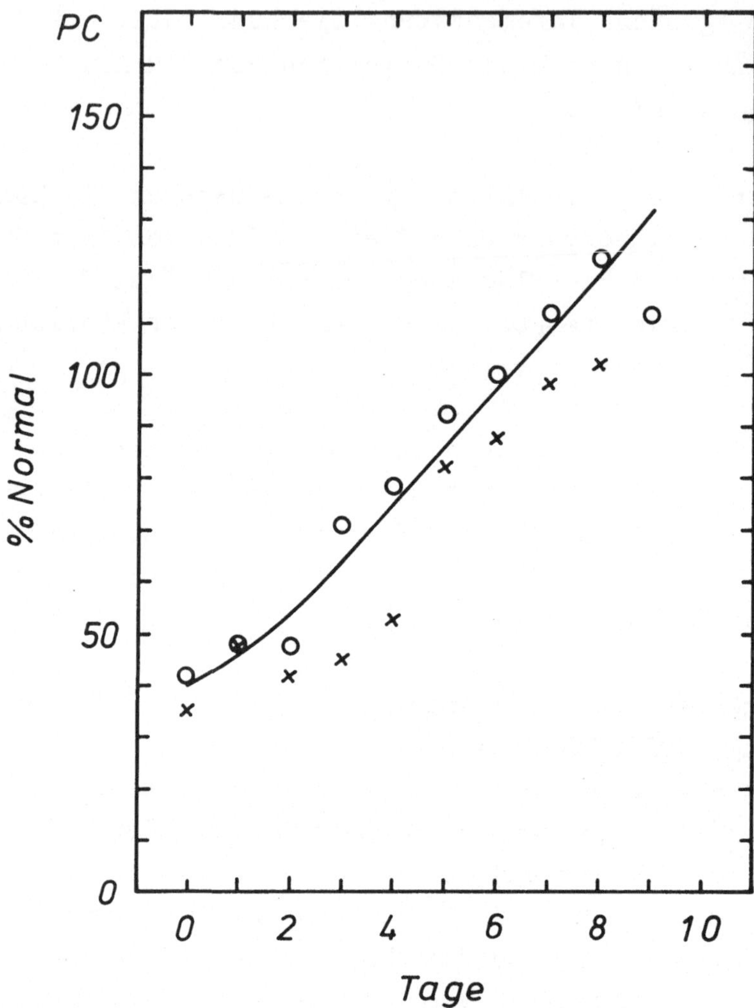

Abb. 8.10 Standardmodell der Thrombopoese des Menschen:
Modellprüfung. Thrombozytopenie durch Plasmapherese.
Vergleich der Daten von SHULMAN et al. (1968) (O , X
je ein Gesunder) mit der Modellkurve (———) für die
Plättchenzahl PC im Blut.

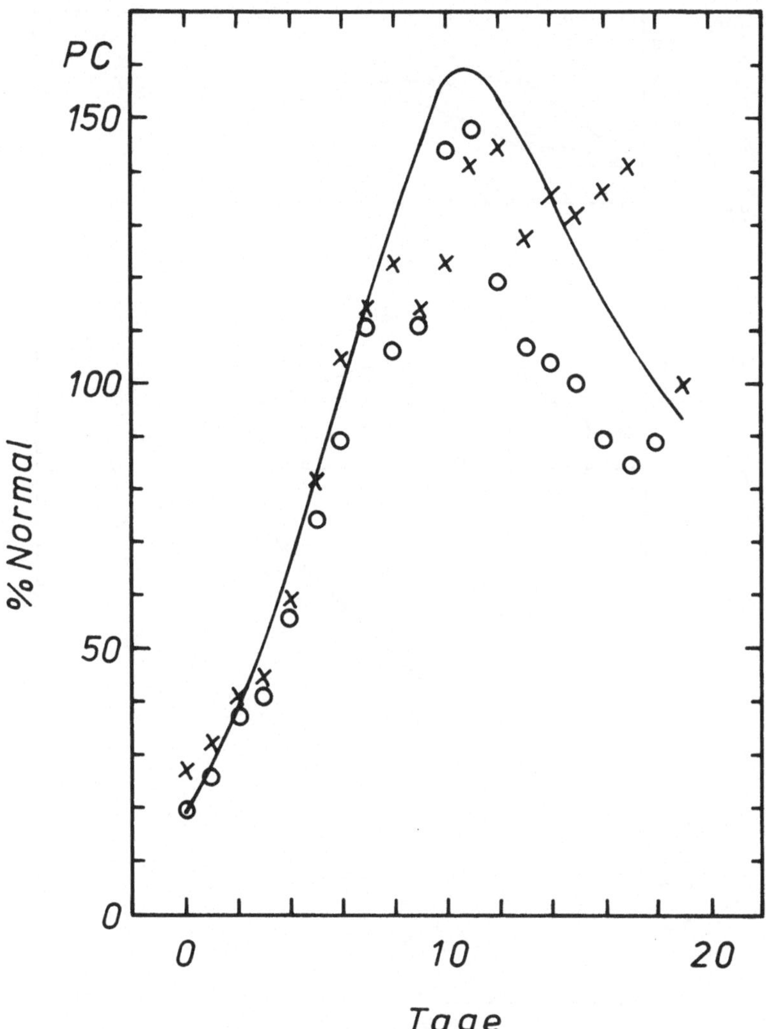

Abb. 8.11 Standardmodell der Thrombopoese des Menschen: Modellprüfung. Thrombozytopenie durch Plasmapherese. Vergleich der Daten von SULLIVAN et al. (1977) (O , ✗ je ein Gesunder) mit der Modellkurve (————) für die Plättchenzahl PC im Blut.

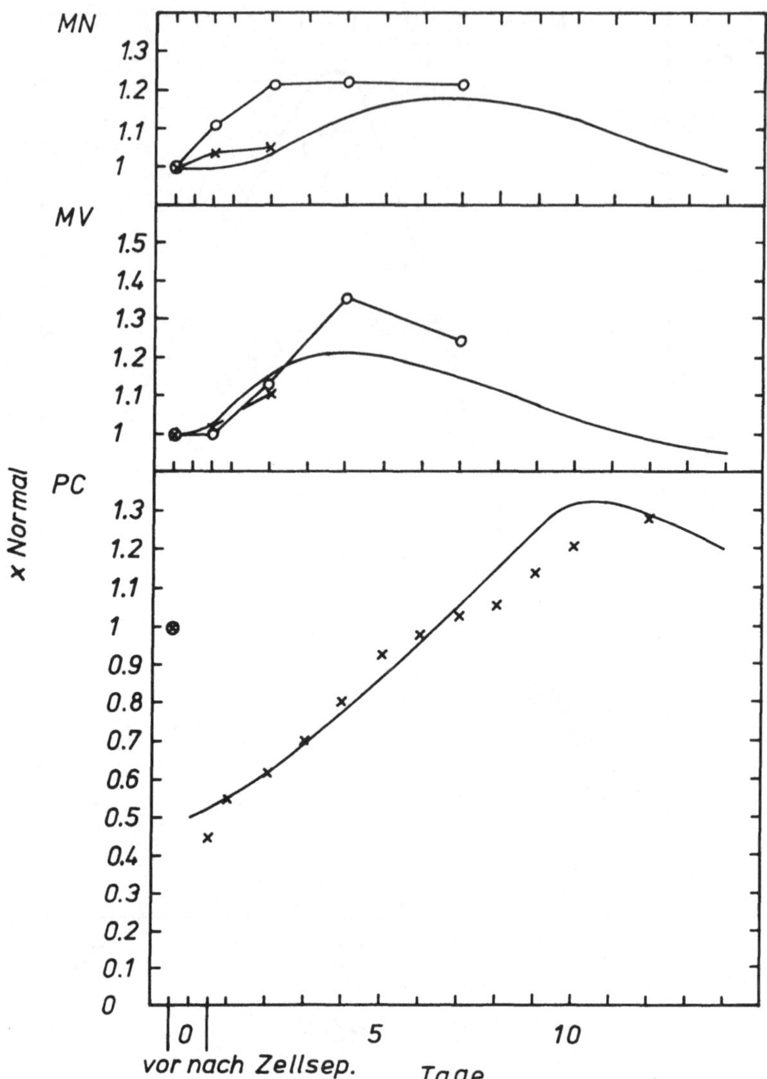

Abb. 8.12 Standardmodell der Thrombopoese des Menschen: Modellprüfung. Akute Thrombozytopenie durch Zellseparation. Vergleich der Daten von LINKER et al. (1981)(O : 3 Spender, X : 12 Spender) mit den Modellkurven (————) für die Megakaryozytenzahl MN, das Megakaryozytenvolumen MV und die Plättchenzahl im Blut PC.

Thrombozytenzahl (12 Tage, n = 13) verglichen.

Die Analyse der Daten mit dem Standardmodell beim
Menschen ist in Abb. 8.12 dargestellt. Die Anfangswerte von PS und PC werden auf 50 % des Normalwerts
gesetzt. Als Reaktion auf den Stimulus steigen das
Megakaryozytenvolumen MV und mit Verzögerung die Anzahl MN im Modell auf ca. 120 % des Normalwerts an,
gefolgt von einem Überschießen der zirkulierenden
Plättchenzahl PC auf 130 % des Normalwertes.

Das Modell reproduziert die Meßdaten für den mittleren
Plättchenanstieg aller Spender (n = 15)sowie das Verhalten der Megakaryozyten in den ersten beiden Tagen,
welches bei 12 Spendern bestimmt wurde. Lediglich bei
3 Spendern wurden die Bestimmungen im Knochenmark für
7 Tage durchgeführt, und hier zeigt sich eine Diskre-
panz bei der Megakaryozytenzahl.

8.4.3 Diskussion

Die Abbildungen 8.8 und 8.9 unterstreichen nochmals,
daß die Megathrombozyten mit den jungen Plättchen identisch sind. Nur dadurch ist es möglich, daß ihre Zahl
unmittelbar nach Stimulation der Knochenmarkproliferation
tion so stark ansteigt. Ferner zeigen die Abbildungen,
daß die Modellannahmen hierzu realistisch sind.

Der eigentliche Vergleich der Modellergebnisse mit den
Daten bei Gesunden (Abb. 8.10 und 8.11) ergibt für die
zirkulierenden Thrombozyten nach Plasmapherese eine
gute Übereinstimmung. Die Anstiegssteilheit der Plättchenzahl sowie die Lage und die Höhe des Maximums sind
Ausdruck der Gesamtproliferation im Knochenmark, welche

sich in der Megakaryozytenmasse widerspiegelt. Zumindest ihr zeitliches Verhalten scheint im Modell somit richtig beschrieben zu werden.

Die Prüfung der Frage, wieweit die separate Regulation von Megakaryozytenzahl (MN) und -volumen (MV) ebenfalls adäquat vom Modell erfaßt wird, ließe sich im Prinzip am Vergleich mit den Daten in Abb. 8.12 durchführen. Hierbei zeigt sich zwar durchaus eine qualitative Übereinstimmung bei MN und MV, wegen der kleinen Fallzahlen (n = 3 bzw. n = 12) und fehlender Meßwerte zu späteren Zeitpunkten erlaubt dieser Vergleich aber keine weitergehenden Schlußfolgerungen.

Die Tatsache, daß im Modell der Anfangswert von PS mangels Information gleich dem von PC gesetzt wurde, ist von untergeordneter Bedeutung, da veränderte Anfangswerte von PS im wesentlichen zu den gleichen Ergebnissen führen.

Um den Einfluß der Milzhypothese und der Rückkopplungshypothese zu analysieren, wurden zusätzlich zur Rechnung mit dem Standardmodell weitere Rechnungen mit den übrigen Hypothesen der Kapitel 6 und 7 durchgeführt. Die Verlaufskurven, welche sich dabei ergeben, weichen nicht entscheidend von den Kurven des Standardmodells ab.

III Pathophysiologische Mechanismen

Nach der physiologischen Regulation der Thrombopoese
sollen nun einige pathophysiologische Zusammenhänge
untersucht werden. Hierzu zählen der Einfluß einer
verkürzten Thrombozytenlebensdauer, die Stimulation
der Thrombopoese durch operative Eingriffe oder Verbrennungen sowie akute Veränderungen des Milzspeichers.

9 Verkürzte Thrombozytenlebensdauer

Bei zahlreichen Krankheiten oder bei äußeren Eingriffen
ist die mittlere Aufenthaltsdauer der Thrombozyten im
Blut verkürzt. Diese Tatsache beruht jedoch nicht auf
einem altersabhängigen Absterben mit gleichmäßig verkürzter Lebensdauer aller Plättchen. Vielmehr kommt
zum bestehenden physiologischen altersabhängigen Abbau
ein altersunabhängiger Anteil hinzu, der proportional
zur Zahl vorhandener Plättchen ist. Dies läßt sich daran ablesen, daß die nahezu linear abfallenden Markierungskurven bei verkürzter Plättchenlebensdauer in einen exponentiellen Abfall übergehen.

9.1 Beschreibung im Modell

Der Proportionalitätsfaktor für den altersunabhängigen
Plättchenverlust wird mit 1 bezeichnet. Seine Berücksichtigung führt auf die Modellgleichungen und Formeln
in Tabelle 9.1, welche den Beziehungen (2.11), (3.21),
(3.27) (3.37) aus Kapitel 2 und 3 entsprechen.

Tabelle 9.1 Standardmodell der Thrombopoese des Menschen:
Modellannahmen, Modellgleichungen, Markierungskurven und
Megathrombozytenanteil bei verkürzter Plättchenlebensdauer. Parameterwerte siehe Tabelle 8.1 .

Modellgleichungen

P	Plättchen	$\dot{P}(t)=n_0(t)-n_0(t-\tau_P)e^{-1\tau_P}-1\cdot P(t)$
PS	Milz	$\dot{PS}(t)=s_{in}n_0(t)-s_{out}\cdot n_0(t-\tau_P)e^{-1\tau_P}-$
		$\qquad -(1+1_{SC})PS(t)$
PC	Zirkulation	$PC(t)=P(t)-PS(t)$
MT	Megathrombozyten	$\dot{MT}(t)=n_0(t)-n_0(t-\tau_{MT})e^{-1\tau_{MT}}-1\ MT(t)$
MTS	Milz	$\dot{MTS}(t)=s_{in}n_0(t)-s_{MT}n_0(t-\tau_{MT})e^{-1\tau_{MT}}-$
		$\qquad -(1+1_{SC})MTS(t)$
MTC	Zirkulation	$MTC(t)=MT(t)-MTS(t)$

Markierungskurven (im Gleichgewicht) $(0\leq t \leq\tau_P)$

$$Cr^*(t)=\frac{\overset{\text{autolog}}{(1_{SC}+1)(e^{-1t}-e^{-1\tau_P})-s_{in}1(e^{-1t}-e^{-(1_{SC}+1)\tau_P+1_{SC}t})}}{(1_{SC}+1)(1-e^{-1\tau_P})-s_{in}1(1-e^{-(1_{SC}+1)\tau_P})}$$

Bei Vernachlässigung der altersabhängigen Milzspeicherung $(1_{SC}=0)$

$$Cr^*(t)=\frac{e^{-1\tau_P}-e^{-1t}}{e^{-1\tau_P}-1}$$

Speziell für große 1 $(1\cdot\tau_P\gg 1)$ $\qquad Cr^*(t)=e^{-1t}$

Tabelle 9.1 Fortsetzung

homolog

$$Cr^*(t)=e^{-1t}\,\frac{1_{SC}(\tau_P-t)-s_{in}(1-e^{-1_{SC}(\tau_P-t)})}{1_{SC}\,\tau_P-s_{in}(1-e^{-1_{SC}\,\tau_P})}$$

Bei Vernachlässigung der altersabhängigen Milzspeicherung ($1_{SC}=0$)

$$Cr^*(t)=e^{-1t}(1-\frac{t}{\tau_P})$$

Bestimmung von 1 aus der (gemessenen) Halbwertzeit $\tau_{1/2}$ durch iterative Lösung von $Cr^*(\tau_{1/2})=0,5$

Megathrombozytenanteil in der Zirkulation (im Gleichgewicht)

Aus der Altersverteilung (2.13) folgt

$$\frac{MTC}{PC}=\frac{\int_0^{\tau_{MT}} n_0\cdot(1-s_{in}\,e^{-1_{SC}\,a})\,e^{-1a}\,da}{\int_0^{\tau_P} n_0\,(1-s_{in}\,e^{1_{SC}\,a})\,e^{-1a}\,da}$$

mit der Lösung

$$\frac{MTC}{PC}=\frac{(1_{SC}+1)(1-e^{-1\tau_{MT}})-s_{in}1(1-e^{-(1_{SC}+1)\tau_{MT}})}{(1_{SC}+1)(1-e^{-1\tau_P})-s_{in}1(1-e^{-(1_{SC}+1)\tau_P})}$$

Bei zahlreichen akuten Ereignissen ist die Thrombozytenlebensdauer nur vorübergehend verkürzt und normalisiert sich nach einiger Zeit wieder. In den Modellrechnungen werden diese Situationen vereinfacht durch
einen exponentiell verschwindenden Abbauparameter l(t)
der Form

$$l(t) = l_0\, e^{-a_1 t} \qquad\qquad\qquad (9.1)$$

simuliert. Der initiale Wert l_0 wird aus der Thrombozytenhalbwertzeit unmittelbar nach dem akuten Ereignis
berechnet, während sich der Parameter a_1 aus dem zeitlichen Verhalten von $\tau_{1/2}$ ergibt. Die Modellgleichungen
in Tabelle 9.1 modifizieren sich dadurch entsprechend der
Formel (1.31) aus Kapitel 1.3.3 .

9.2 Modellergebnisse

9.2.1 Unterschied zwischen autologer und homologer Plättchenmarkierung

Der Unterschied zwischen der (homologen) Transfusion
markierter Fremdthrombozyten Gesunder und der (autologen) Retransfusion markierter Eigenthrombozyten besteht in der Altersstruktur der infundierten Plättchen.
Die homologen Plättchen gesunder Spender weisen eine
normale Altersverteilung auf. Demgegenüber sind die
Eigenthrombozyten überwiegend junge Zellen, denn die
älteren Zellen waren der Noxe, welche für die Lebens-
dauerverkürzung verantwortlich ist, länger ausgesetzt
und sind stärker dezimiert worden. Dadurch findet bei
den autologen Plättchen kaum ein altersabhängiger Abbau
statt. Die homologen Plättchen hingegen unterliegen
nach der Transfusion einerseits dem Einfluß der Noxe

(wie die autologen Zellen), andererseits aber werden die alten Zellen, die einen relativ großen Anteil ausmachen, nach ihrer normalen Lebensdauer abgebaut. Insgesamt resultiert durch diesen zusätzlichen Zellverlust für die homologen Thrombozyten eine niedrigere Halbwertzeit als für die autologen Zellen.

In Abb. 9.1 ist dies an einem Beispiel erläutert. Beim Gesunden (a) ist der Anteil der alten Thrombozyten im Blut wegen der bevorzugten Milzspeicherung junger Zellen etwas höher als derjenige der jungen Thrombozyten. Die Altersverteilung ist daher leicht ansteigend. Bei einem Patienten mit verkürzter Thrombozytenlebensdauer (b) und der damit verbundenen Thrombozytopenie ist demgegenüber die Plättchenproduktion erhöht (im Beispiel verdoppelt), und durch den Zufallsabbau ergibt sich eine exponentiell fallende Altersverteilung.

Retransfundiert man nun bei diesem Patienten mit der Altersverteilung (b) seine eigenen (autologen) Plättchen, so ergibt sich die autologe Markierungskurve in (c) mit der Halbwertzeit $\tau_{1/2} = 2$ d. Infundiert man jedoch die (homologen) Plättchen eines gesunden Spenders mit der Altersverteilung (a), dann ergibt sich eine stärker abfallende homologe Markierungskurve, da der altersabhängige Abbau der 10 Tage alten Thrombozyten hier erheblich größer ist. Im Beispiel ergibt sich eine homologe Halbwertzeit von 1,5 d.

Selbst wenn man die altersabhängige Plättchenspeicherung in der Milz vernachlässigen würde (was zu einer kastenförmigen Altersverteilung in (a) führen würde),

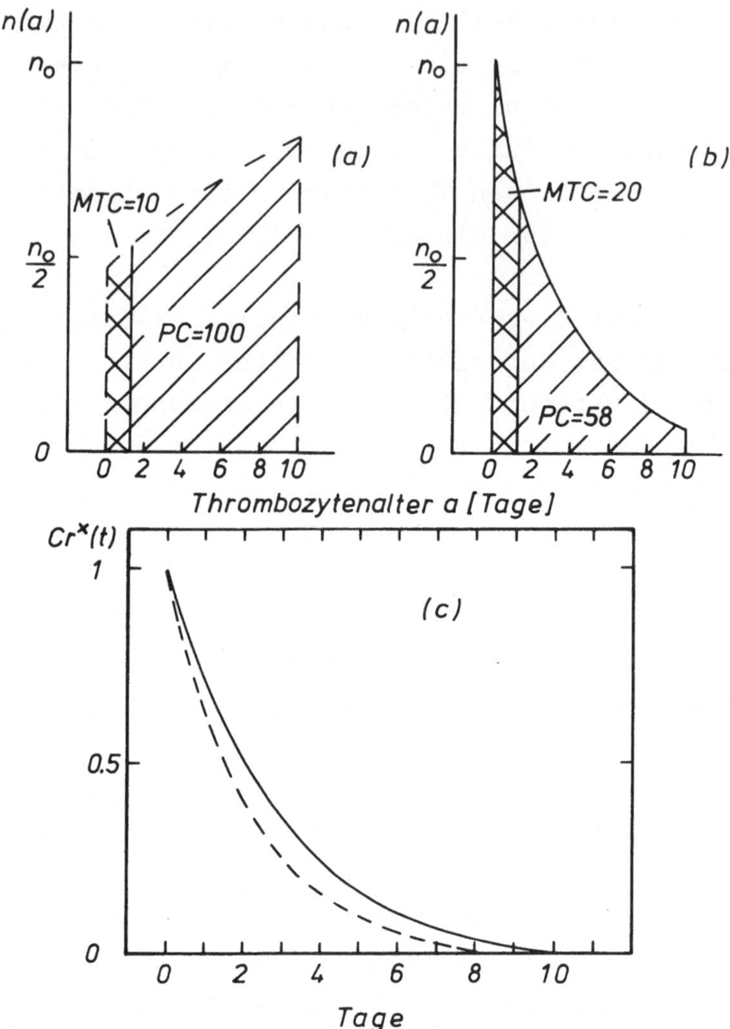

Abb. 9.1 Standardmodell der Thrombopoese des Menschen: Modellergebnis zum Unterschied zwischen autologer und homologer Thrombozytenmarkierung (im Gleichgewicht). (a) Altersverteilung der zirkulierenden Plättchen PC bei normaler Thrombopoese (Halbwertzeit $\tau_{1/2}$ = 4,3 d) (b) Altersverteilung bei einem Patienten mit verkürzter Thrombozytenlebensdauer ($\tau_{1/2}$ = 2 d) (c) zugehörige Markierungskurven beim Patienten (b) bei autologer Markierung (——) und bei homologer Markierung (- -). Während die autologe Markierung die 'wahre' Halbwertzeit $\tau_{1/2}$ = 2 d liefert, ist die Halbwertzeit bei homologer Markierung auf $\tau_{1/2}$ = 1,5 d verkürzt.

ergäbe sich dieser systematische Unterschied zwischen
autologer und homologer Halbwertzeit in etwa der gleichen Stärke, so daß die Modellannahmen zum Milzspeicher
hier keinen nennenswerten Einfluß haben.

Der Begriff 'homolog' ist hierbei auf den am häufigsten
vorkommenden Fall der Fremdthrombozyten gesunder Spender eingeschränkt, soweit nicht ausdrücklich etwas anderes bemerkt wird. Bei Spendern mit verkürzter Plättchenlebensdauer gelten diese Aussagen natürlich nicht
mehr. Im Gegenteil, wenn z.B. die Thrombozyten des Patienten in Abb. 9.1 (b) markiert und dem gesunden Empfänger in (a) infundiert würden, würde sich die Halbwertzeit vergrößern, da der Anteil der jungen Zellen
in (b) groß ist und nach der Transfusion nur der altersabhängige Abbau wirksam wäre.

In Abb. 9.2 ist der Unterschied der Halbwertzeiten bei
autologer und homologer Markierung aufgezeichnet, wie
er sich aus dem Modell ergibt. Bei leicht verkürzten
Überlebenszeiten ($\tau_{1/2} \geqslant 4$ d) ist er gering, denn die
Altersverteilung der Plättchen ist beim Spender und
beim Empfänger nahezu gleich. Das entsprechende gilt
für kleine Halbwertzeiten ($\tau_{1/2} < 1$ d). Obwohl hier der
relative Unterschied bei beiden Markierungsarten sehr
groß werden kann, wird der absolute Unterschied wegen
der kleiner werdenden Halbwertzeiten unbedeutender.

Die größte Abweichung der homologen von der autologen
Halbwertzeit tritt somit im mittleren Bereich zwischen
2 und 3,5 Tagen auf. Sie beträgt hier ca. 12 h.

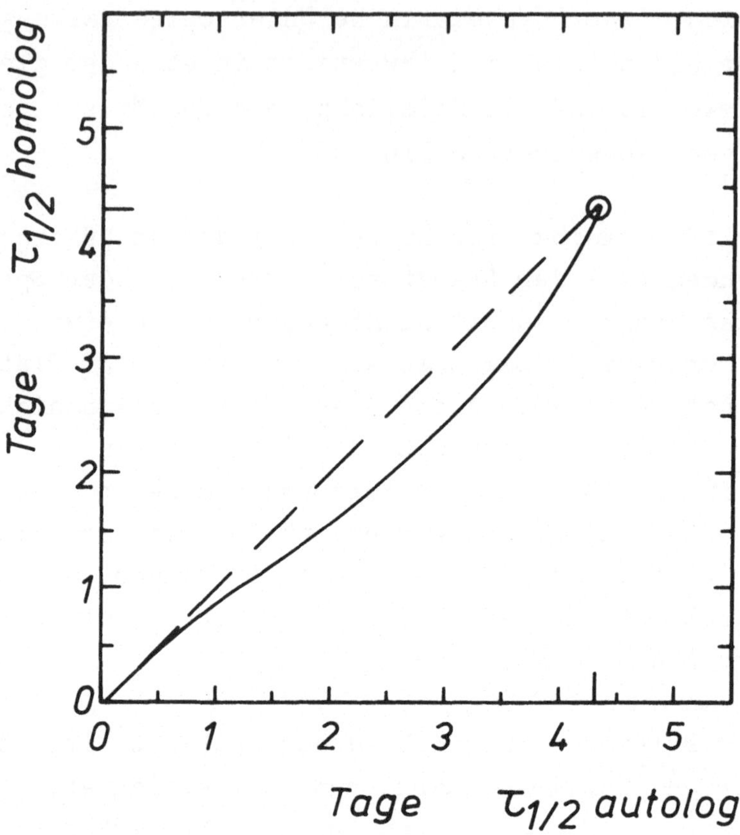

Abb. 9.2 Standardmodell der Thrombopoese des Menschen: Modellergebnis zum Unterschied zwischen autologer und homologer Thrombozytenmarkierung (im Gleichgewicht). Umrechnung der homologen Halbwertzeiten in die zugehörigen autologen Werte. (⊙ : Normalwert im Modell).

9.2.2 <u>Bestimmung des Abbauparameters aus der Thrombo-
zytenhalbwertzeit</u>

Der Zusammenhang zwischen der (autologen oder homologen) Thrombozytenhalbwertzeit $\tau_{1/2}$ und dem Abbauparameter l ergibt sich unmittelbar aus den Formeln (3.37)
und (3.43) für die Markierungskurven. Auf diese Weise
lassen sich die Funktionen $l(\tau_{1/2})$, die in Abb. 9.3
dargestellt sind, numerisch gewinnen.

Zusätzliche Rechnungen zeigen, daß die Milzhypothesen außer in der Nähe des Normalwertes keinen großen
Einfluß auf diese Kurven haben. Für $\tau_{1/2} < 2$ d liefern alle drei Milzhypothesen sogar genau die gleichen Ergebnisse.

Abb. 9.3 scheint zunächst nur eine theoretische Aussage zu enthalten. Es zeigt sich aber, daß die Abbildung
von großer modelltechnischer Bedeutung ist, denn sie
wird immer dann benötigt, wenn die Thrombopoese bei
verkürzter Plättchenlebensdauer analysiert werden
soll.

9.2.3 <u>Nomogramm zur Bestimmung der Thrombozytenproli-
feration</u>

Hat man mittels Abb. 9.3 aus der Halbwertzeit den Abbauparameter l ermittelt, dann läßt sich hieraus mit
Hilfe der Gleichung

$$n_0 = P \cdot l \: / \: (1 - e^{-lt_P}) \tag{9.2}$$

die Thrombozytenproliferation n_0 (im Gleichgewicht) bestimmen. Diese Gleichung folgt unmittelbar durch Umfor-

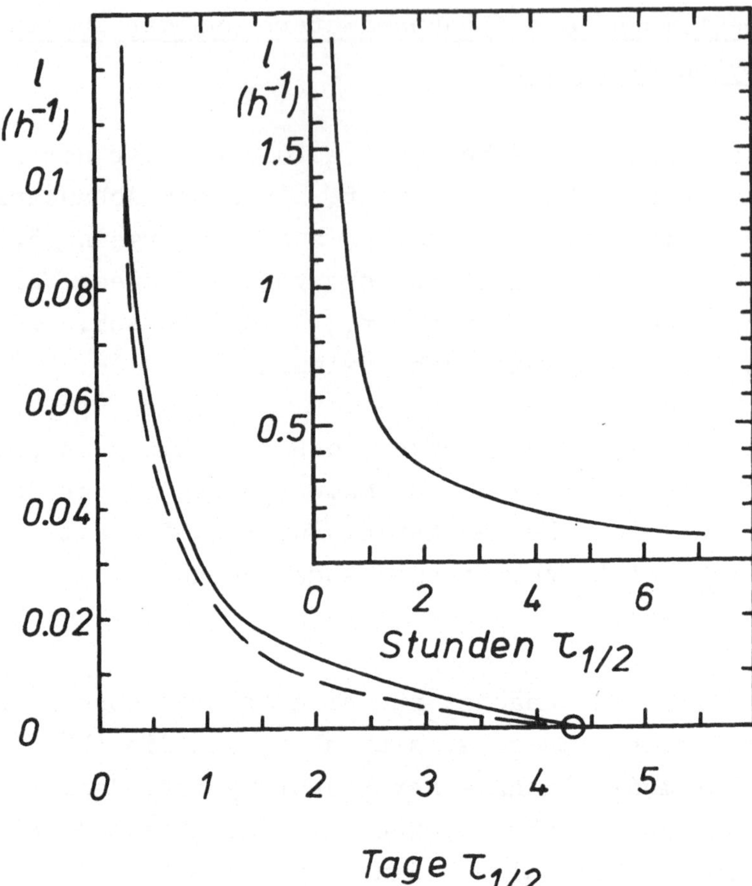

Abb. 9.3 Standardmodell der Thrombopoese des Menschen: Modellergebnis zur Umrechnung der gemessenen autologen oder homologen Thrombozytenhalbwertzeit $\tau_{1/2}$ in den Abbauparameter l. (—— autolog, — — homolog, ⊙ Normalwert) Für $\tau_{1/2} < 8$ h fallen beide Kurven zusammen.

mung aus Gleichung (2.12).

Das Ergebnis dieser Berechnung ist in Abb. 9.4 zusammengefaßt. Das angegebene Nomogramm gestattet es, in einfacher Weise durch Eintragen der Patientenwerte für die Gesamtplättchenzahl P und die Halbwertzeit $\tau_{1/2}$ die zugehörige Thrombozytenproliferation n_0 abzulesen. Der Wert von P muß lediglich zuvor aus der zirkulierenden Plättchenzahl PC und dem Recovery-Wert berechnet werden.

Mit Hilfe des Nomogramms ist es möglich, allein aus Meßwerten im Blut Aussagen über die Proliferation im Knochenmark zu machen. Es kann somit als Hilfsmittel zur Quantifizierung der Megakaryozytopoese dienen, wenn eine direkte Messung im Knochenmark nicht möglich ist. Hierbei sei darauf hingewiesen, daß Abb. 9.4 keinerlei Annahmen über Rückkopplungsmechanismen enthält und lediglich das Zusammenwirken von Milzspeicherung, altersabhängigem und altersunabhängigem Thrombozytenabbau berücksichtigt.

9.2.4 Nomogramm zum Sollwertvergleich der Thrombozytenproliferation

Berücksichtigt man die Regulationsannahmen des Modells, dann läßt sich ferner ein Nomogramm zur Bestimmung der Proliferationsverhältnisse im Vergleich zum Sollwert erstellen. Dies ist in Abb. 9.5 angegeben und folgt, wenn man die Gleichgewichtskurve zur Thrombozytenproliferation mit der Halbwertzeitberechnung kombiniert (Abb. 8.2, Abb. 9.3 und Formel (9.2)).

Die Anwendung des Sollwertnomogramms geschieht analog

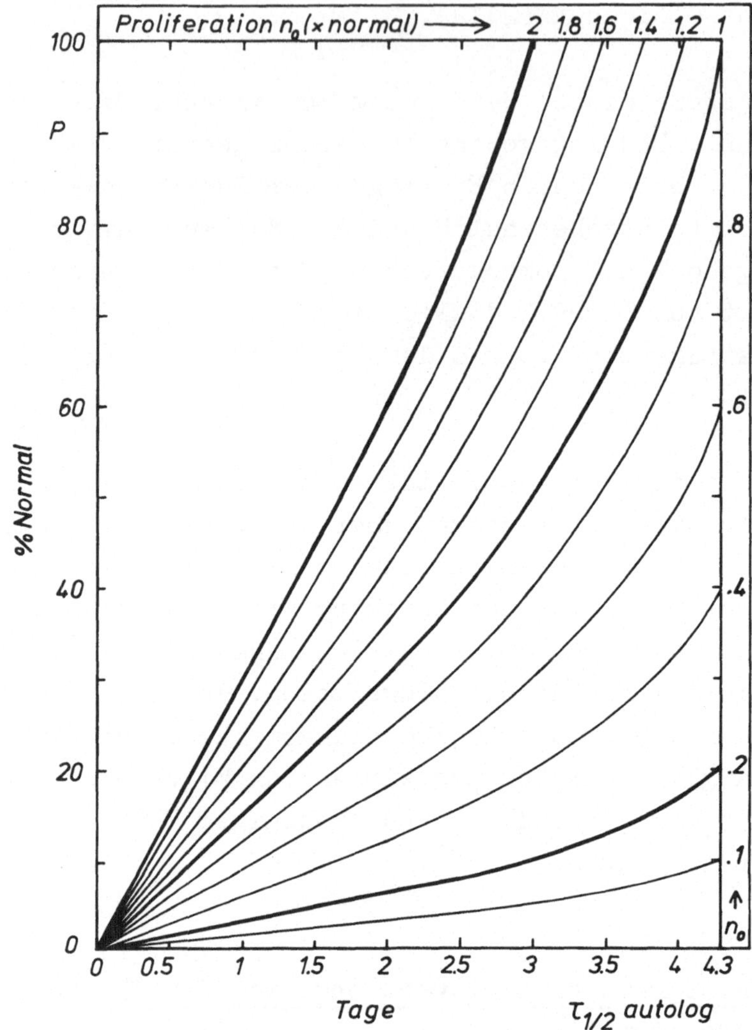

Abb. 9.4 Standardmodell der Thrombopoese des Menschen:
Modellergebnis. Nomogramm zum Abschätzen der Thrombozytenproliferation bei verkürzter Lebensdauer der Plättchen. Aus der Gesamtplättchenzahl P (=zirkulierende
Plättchenzahl x Recovery-Wert / 90 %, normiert) und
der autologen Thrombozytenhalbwertzeit $\tau_{1/2}$ eines Patienten läßt sich seine Thrombozytenproliferation n_0
im Vergleich zum Normalwert (= 1) ermitteln.

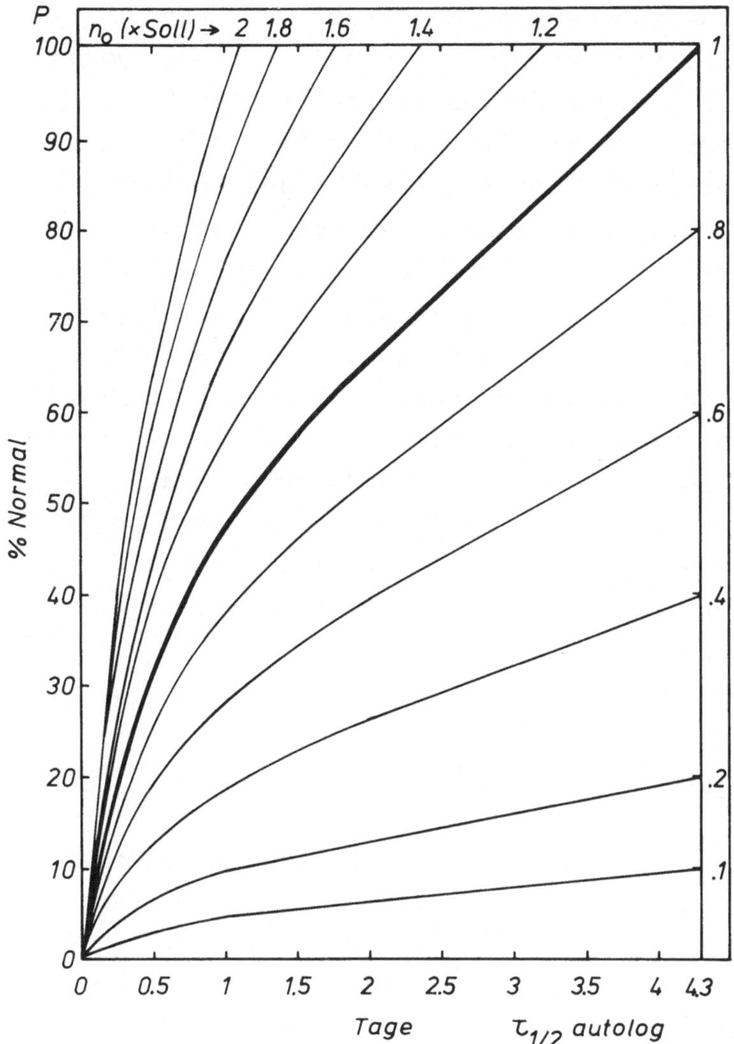

Abb. 9.5 Standardmodell der Thrombopoese des Menschen: Modellergebnis. Nomogramm zum Sollwertvergleich der Thrombozytenproliferation bei verkürzter Lebensdauer der Plättchen. Aus der Gesamtplättchenzahl P (= zirkulierende Plättchenzahl x Recovery-Wert / 90 %, normiert) und der autologen Thrombozytenlebensdauer $\tau_{1/2}$ eines Patienten läßt sich seine Thrombozytenproliferation n_0 im Verhältnis zum Sollwert (= 1) ablesen. (Patientenwert < 1: relative Hypoproliferation, > 1: relative Hyperproliferation).

zum Normalwertnomogramm: Man trägt den Meßpunkt, der
sich aus der Plättchenzahl P und der Thrombozytenhalbwertzeit $\tau_{1/2}$ eines Patienten ergibt, ins Nomogramm
ein und liest die Proliferationsrate als Vielfaches
des Sollwertes ab. Liegt der Punkt des Patienten nahe
bei der Sollwertkurve, dann kann man annehmen, daß die
thrombopoetische Proliferation adäquat auf den Stimulus anspricht. Liegt er deutlich unter der Kurve, so
ist die Proliferation zu schwach oder ineffektiv.
Liegt der Punkt dagegen deutlich über der Kurve, so
könnte ein zusätzlicher Stimulus oder eine autonome
Proliferation vorliegen. Das Nomogramm in Abb. 9.5
geht somit über die reine Abschätzung der Thrombozyten-
bildungsrate hinaus und erlaubt eine Aussage darüber,
ob eine ausreichende Proliferationsreserve im Knochenmark vorhanden ist.

9.3 Modellprüfung

Die Prüfung der Modellaussagen beschränkt sich an dieser Stelle auf Markierungskurven und Angaben zur Megathrombozytenzahl. Für den Vergleich zwischen autologen
und homologen Halbwertzeiten liegen nur Daten zur idiopathischen Thrombozytopenie vor (ADAM 1974), die aber
wegen der Überlagerung durch immunologische Einflüsse nicht
verwendbar sind. Die Prüfung der sonstigen Modellergebnisse zur verkürzten Thrombozytenlebensdauer geschieht
in den nächsten Kapiteln, in denen zusätzliche Störungen der Thrombopoese betrachtet werden. Das gleiche
gilt für die Nomogramme, die zur Prüfung von Hypothesen über die Ursache pathologischer Veränderungen eingesetzt werden (vgl. Kapitel 11.2).

Für ^{51}Cr-Markierungskurven bei verkürzter Thrombozyten-

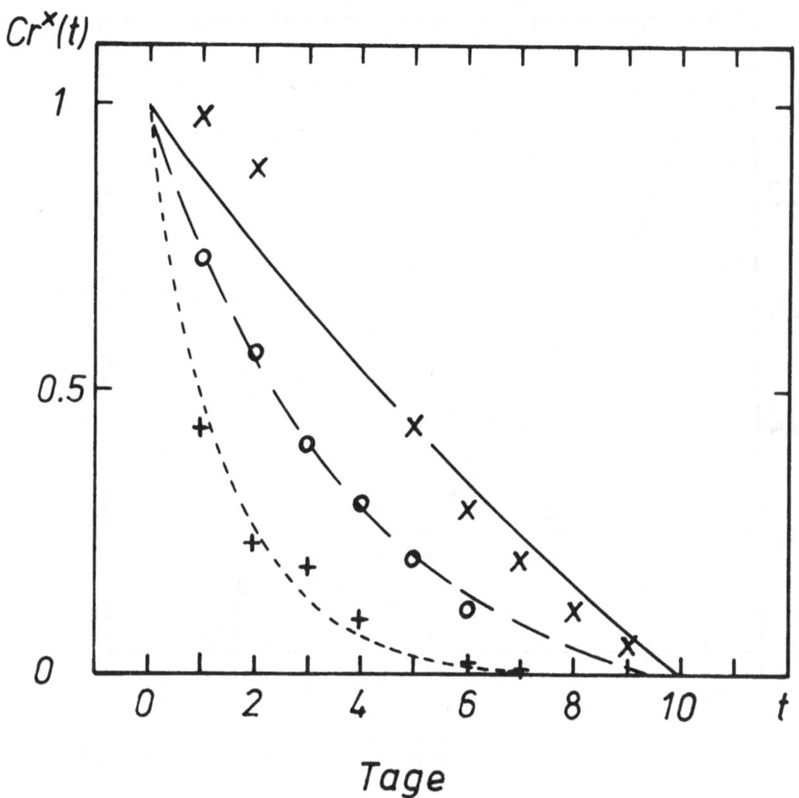

Abb. 9.6 Standardmodell der Thrombopoese des Menschen: Modellprüfung. Exemplarischer Vergleich der homologen ^{51}Cr-Markierungsdaten von WALSH et al. (1969) für 2 Patienten mit künstlichen Aortenklappen mit entsprechenden Modellkurven für gleiche Halbwertzeit.

(**X** : Normalperson $\tau_{1/2}$ = 4,3 d, ————),
(o : Patient 1 $\tau_{1/2}$ = 2,5 d, — — —),
(+ : Patient 2 $\tau_{1/2}$ = 1,0 d, - - - -).

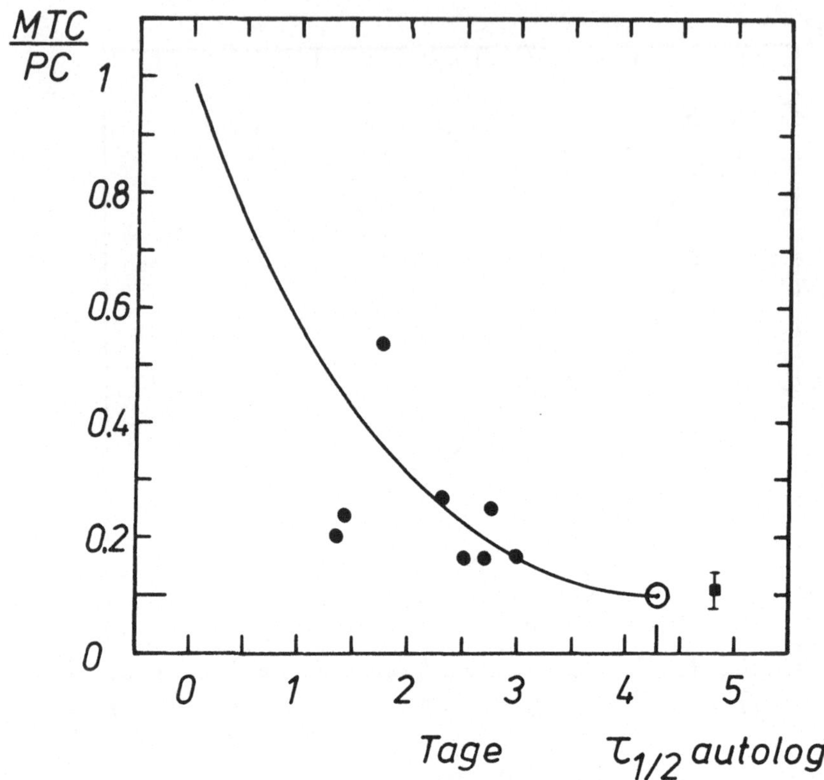

Abb. 9.7 Standardmodell der Thrombopoese des Menschen: Modellprüfung. Quotient MTC/PC aus Megathrombozytenzahl und Plättchenzahl (= relative Megathrombozytenzahl) im Blut in Abhängigkeit von der (autologen) Thrombozytenhalbwertzeit $\tau_{1/2}$. Vergleich der Daten von KARPATKIN (1972) für 8 Patienten (●) mit verschiedenen Erkrankungen (▮ : Normalwert) mit der Modellkurve (————). (⊙ : Normalwert im Modell).

lebensdauer gibt es eine Fülle von Daten. In Abb. 9.6
sind exemplarisch die Kurven von zwei Patienten dargestellt, bei denen der erhöhte Plättchenabbau durch
künstliche Aortenklappen verursacht wurde. Gibt man
den Abbauparameter l vor, der sich aus der homologen
Halbwertzeit ergibt, dann zeigt sich eine gute Übereinstimmung zwischen den Modellkurven und den Daten-
punkten.

In Abb. 9.7 ist die relative Megathrombozytenzahl MTC/
PC in der Zirkulation in Abhängigkeit von der (autologen) Halbwertzeit $\tau_{1/2}$ dargestellt. Die Modellkurve ergibt sich aus der Gleichung in Tabelle 9.1, die Daten
stammen von KARPATKIN (1972). Dieser Vergleich kann
nur als Prüfung der Annahme der Megathrombozyten als
junge Subpopulation und des altersunabhängigen Plätt-
chenabbaus verstanden werden, da die restlichen Modellannahmen an dieser Stelle nicht eingehen. Es zeigt sich
eine weitgehende Übereinstimmung zwischen Modell und
Experiment, wenn auch für kleine Halbwertzeiten die
entsprechenden Daten fehlen.

9.4 Diskussion

Unterschiedlichste mechanische, konsumptive oder immunologische Einflüsse können Ursache für einen zusätzlichen Thrombozytenabbau sein. Dieser betrifft alle
Zellen in etwa der gleichen Weise und ist altersunabhängig, im Gegensatz zum physiologischen Absterben der
Zellen (GINSBERG und ASTER 1969, HARKER 1977). Im Modell wird der zusätzliche Abbau durch einen Term berücksichtigt, der proportional zur vorhandenen Zellzahl
ist. Der Proportionalitätsfaktor l kann dabei konstant
oder zeitabhängig sein und gestattet es, eine dauerhaft

oder nur vorübergehend verkürzte Lebensdauer zu simulieren.

Speziell für den Gleichgewichtszustand lassen sich für jedes l die ^{51}Cr-Markierungskurven berechnen und die zugehörigen Thrombozytenhalbwertzeiten angeben. Dabei ergeben sich Formeln, welche diejenigen von DORNHORST (1951) als Spezialfälle enthalten.

Wie die Analyse zeigt, liegen die theoretisch berechneten Halbwertzeiten bei Verwendung homologer Thrombozyten von gesunden Spendern systematisch unter den entsprechenden Halbwertzeiten für autologe Thrombozyten. Als Grund hierfür ist die unterschiedliche Altersstruktur der markierten Zellen anzusehen. Diese ist bei gesunden Spendern nahezu rechteckig, was bedeutet, daß der Anteil junger und alter Zellen etwa gleich groß ist. Bei autologen Zellen eines Patienten mit verkürzter Thrombozytenlebensdauer ist die Altersverteilung aber exponentiell fallend, so daß es erheblich mehr junge als alte Zellen gibt. Nach Transfusion der homologen Thrombozyten sterben diese sowohl altersunabhängig (durch die Noxe) als auch altersabhängig (durch die Altersstruktur) ab, während die autologen Zellen im wesentlichen nur durch die Noxe absterben, da es kaum alte Zellen gibt. Insgesamt folgt, daß die homologen Halbwertzeiten stets kleiner als die autologen Werte sind. Dieser Unterschied kann bis zu einem halben Tag betragen.

Die Modellrechnungen gestatten eine Umrechnung von homologen in autologe Halbwertzeiten und umgekehrt. Sind bei einem Patienten zudem gleichzeitig autolog und homolog gewonnene Halbwertzeiten bestimmt worden, dann lassen sich diese zum Aufspüren weiterer Einflüsse auf die Thrombopoese einsetzen. Weisen die autologen und homologen Werte die erwartete Differenz auf, dann sind keine zusätzlichen Einflüsse nachzuweisen. Liegen die homologen Werte dagegen deutlich tiefer als vorhergesagt, dann könnte dies z.B. auf immunologische Einflüsse zurückzuführen sein, welche einen stärkeren Abbau homologer Plättchen bewirken. Ein Beispiel hierfür sind die Daten von ADAM (1974) zur idiopathischen Thrombozytopenie. Hier ist die Differenz zwischen autologen und homologen Halbwertzeiten deutlich größer, als man auf Grund der theoretischen Berechnung erwarten würde. Liegt andererseits der homologe Wert über dem autologen, dann deutet dies z.B. auf einen intrakorpuskulären Defekt der autologen Thrombozyten hin, wie er beim Wiskott-Aldrich-Syndrom vorliegt (BALDINI 1971).

Es gibt zahlreiche andere Ansätze zur mathematischen Beschreibung der Altersstruktur und der Überlebenszeiten von Zellpopulationen, die sich auf die Thrombozyten anwenden lassen. So werden für die Überlebenszeiten Exponential- oder Gauß-Verteilungen angenommen (DORNHORST 1951, MUSTARD et al. 1964, DAVEY 1966). Eine Verallgemeinerung dieser Verfahren ist das 'Multiple Hit'-Modell (MURPHY und FRANCIS 1969, 1971), welches annimmt, daß eine Zelle abstirbt, wenn sie eine Mindestzahl von 'Mikrotraumen' erfahren hat. Mathematisch führt diese Annahme auf einen Satz von n gewöhnlichen Differentialgleichungen mit einer Gamma-Verteilung für das Alter der Zellen. Speziell für $n = 1$ ergibt sich eine Exponentialverteilung und für $n \longrightarrow \infty$ eine Rechteckverteilung. Diese beiden Extremfälle entsprechen dem reinen Zufallsabbau und dem reinen altersabhängigen Abbau im vorliegenden Modell.

Die zitierten Verfahren berücksichtigen jedoch nicht
die bevorzugte Speicherung junger Thrombozyten in der
Milz. Deshalb benötigen sie zur Erklärung des Durch-
hängens der normalen ^{51}Cr-Markierungskurven zusätzliche Annahmen. Die Hypothese eines Markierungsverlustes
wurde von DAVEY (1966) widerlegt. Die Hypothese eines
physiologischen Plättchenverbrauchs (ADAM 1974) führt
auf einen Zufallsabbau von mehr als 50 % der Zellen,
was im Widerspruch zu den Modellrechnungen der normalen Thrombopoese steht. Durch die Berücksichtigung der
altersabhängigen Milzspeicherung sind derartige Zusatzannahmen verzichtbar.

Da sich Thrombozytenhalbwertzeiten und der Abbauparameter l ineinander umrechnen lassen, ist es mit Hilfe
des Modells ferner möglich, Gleichgewichtskurven für
die Proliferation in Abhängigkeit von $\tau_{1/2}$ anzugeben.
Daraus lassen sich Nomogramme konstruieren, welche eine Abschätzung der Knochenmarkproliferation aus Meßwerten im Blut gestatten. Wenn die zirkulierende Thrombozytenzahl, die ^{51}Cr-Halbwertzeit und der Recovery-
Wert vorliegen, ist es möglich, die thrombopoetische
Proliferation eines Patienten zu bestimmen. Dieses Verfahren ist genauer als die Methode von HARKER und FINCH
(1969), welche die Kenntnis der mittleren Thrombozyten-
überlebenszeit voraussetzt. Letztere ist aber nicht unmittelbar aus den ^{51}Cr-Markierungskurven ablesbar, was
insbesondere bei mäßig verkürzter Lebensdauer zu großen
Fehlern führen kann. Daneben ist mit Hilfe der Nomogramme ein Sollwertvergleich möglich, der zeigt, ob die
thrombopoetische Proliferation beim Patienten adäquat
zum Grad der Thrombozytopenie gesteigert ist.

Die Nomogramme können dazu dienen, einerseits die Proliferationsverhältnisse bei einzelnen Patienten zu quan-

tifizieren, und andererseits Krankheitsbilder zu charakterisieren. So werden bei hypoproliferativen Erkrankungen und bei ineffektiver Thrombopoese die Meßwerte unterhalb und bei Hyperproliferation oberhalb der Sollwertkurve liegen.

Die Prüfung der Modellaussagen ergibt eine gute Übereinstimmung zwischen gemessenen Thrombozytenmarkierungskurven und Modellkurven, die nur exemplarisch an einem Beispiel gezeigt wurde. Ferner werden die gemessenen Megathrombozytenzahlen in Abhängigkeit von der Plättchenlebensdauer im Modell reproduziert.

10 Isolierte thrombopoetische Stimulation im Stamm- zellbereich

Es gibt zahlreiche Hinweise, daß eine Anregung der
thrombopoetischen Proliferation möglich ist,welche unabhängig vom bisher betrachteten Regelkreis erfolgt.
So ist z.B. nach Scheinoperationen von Ratten ein Anstieg der Plättchenzahl zu beobachten, ohne daß zu ir-
gendeinem Zeitpunkt eine Thrombozytopenie vorlag (EB-
BE et al. 1968a, ODELL und MURPHY 1974b, PEDERSEN 1974,
WIDMAN et al. 1971). Nach Operationen beim Menschen
findet man ebenfalls einen starken Thrombozytenanstieg,
der in keinem Verhältnis zum initialen Plättchenverlust
steht (WARREN et al. 1950, PEPPER UND LINDSAY et al.
1960, BRESLOW et al. 1968, ENTICKNAP et al. 1970).
Ähnliche Phänomene werden bei Verbrennungen gefunden,
sowohl bei der Ratte (EURENIUS et al. 1972) als auch
beim Menschen (SIMON et al. 1977).

Zur Erklärung dieser Thrombozytose wird die Hypothese
diskutiert, daß eine erhöhte Stammzellproliferation
erfolgt. Die Stimulation soll dabei entweder durch den
Plättchenverbrauch (EURENIUS et al. 1972)
oder durch Faktoren bewirkt werden, welche bei der
Wundheilung freigesetzt werden (ODELL und MURPHY 1974b,
SIEMENSMA 1981). Zumindest beim Operationstrauma werden
neben der Thrombopoese gleichzeitig Erythropoese und
Granulopoese stimuliert (WIDMAN et al. 1971), was für
eine Anregung der Proliferation der pluripotenten Stammzellen sprechen würde.

Da Erythropoese und Granulopoese im vorliegenden Modell
nicht berücksichtigt werden, soll im folgenden untersucht werden, ob eine isolierte Vermehrung des Zellein-
stroms in das Megakaryozytencompartment ausreichend ist,

um die Thrombozytose nach Operation oder Verbrennung
zu verstehen.

10.1 Beschreibung im Modell

Eine zusätzliche Stimulation der (thrombopoetischen)
Stammzellproliferation wird im Modell durch einen Parameter St beschrieben, welcher unabhängig von der throm-
bopoetinvermittelten Rückkopplung $Z_S(TP)$ wirksam sein
soll. Für die Gesamtproliferation im Stammzellbereich
Z_S' gilt somit

$$Z_S'(t) = Z_S(TP(t)) + St(t) \quad . \tag{10.1}$$

Da über St nichts bekannt ist, wird vereinfacht angenommen, dieser zusätzliche Stimulus sei zu Beginn
(unmittelbar nach dem Operationstrauma oder der Verbrennung) maximal und falle innerhalb der Zeitspanne
t_{St} linear auf Null ab:

$$St(t) = \begin{cases} St_0(1-t/t_{St}) & 0 < t < t_{St} \\ \\ 0 & \text{sonst} \quad . \end{cases} \tag{10.2}$$

Daraus ergibt sich als Anfangswert für die Stammzellproliferation bei ansonsten normaler Thrombopoese

$$Z_S'(t = 0) = Z_S(TP^{norm}) + St_0 = 1 + St_0 \quad . \tag{10.3}$$

Die Parameter St_0 und t_{St} werden durch den gemessenen
Verlauf der Thrombozytose festgelegt.

Bei alleiniger Annahme der Stammzellstimulation durch
St würde das Megakaryozytenvolumen MV gegenregulatorisch

<u>Tabelle 10.1</u> Standardmodell der Thrombopoese bei Rat-
ten oder beim Mensch: Modellparameter zur Stammzellstimulation bei Operationstraumen und Verbrennungen.

<u>Abb. 10.1</u>
mit und ohne Gegenregulation$^+$: $St_0 = 2,5$, $t_{St} = 10d$
verkürzte Halbwertzeit: $\tau_{1/2} = 2d$, $l_0 = 0,013$, $a_1 = 0,01$

<u>Abb. 10.2</u> (Operationstrauma Ratte)
mit und ohne Gegenregulation$^+$: $St_0 = 1,3$, $t_{St} = 10d$

<u>Abb. 10.3</u> (Operationstrauma Ratte)
mit Gegenregulation: $St_0 = 1,8$, $t_{St} = 10d$
ohne Gegenregulation$^+$: $St_0 = 1,3$, $t_{St} = 8d$

<u>Abb. 10.4</u> (mittelschweres Operationstrauma Mensch)
mit Gegenregulation: $St_0 = 1,26$, $t_{St} = 30d$
ohne Gegenregulation$^+$: $St_0 = 1,26$, $t_{St} = 20d$
verkürzte Halbwertzeit: $\tau_{1/2} = 3d$, $l_0 = 0,0066$, $a_1 = 0,02$

<u>Abb. 10.5</u> (schweres Operationstrauma Mensch)
mit Gegenregulation: $St_0 = 3$, $t_{St} = 10d$
ohne Gegenregulation$^+$: $St_0 = 5$, $t_{St} = 10d$
verkürzte Halbwertzeit: $\tau_{1/2} = 0,75d$, $l_0 = 0,0386$, $a_1 = 0,02$

<u>Abb. 10.6</u> (Verbrennungen Ratte)
mit Gegenregulation: $St_0 = 4$, $t_{St} = 30d$
ohne Gegenregulation$^+$: $St_0 = 5$, $t_{St} = 100d$
verkürzte Halbwertzeit: $\tau_{1/2} = 1d$, $l_0 = 0,02$, $a_1 = 0,01$

<u>Abb. 10.7</u> (Verbrennungen Mensch)
mit Gegenregulation: $St_0 = 18$, $t_{St} = 33d$
ohne Gegenregulation$^+$: $St_0 = 11$, $t_{St} = 27d$
verkürzte Halbwertzeit: $\tau_{1/2} = 1,25d$, $l_0 = 0,0229$, $a_1 = 0,001$

<u>Abb. 11.1</u> (Splenektomie Mensch)
ohne Gegenregulation$^+$: $St_0 = 2,5$, $t_{St} = 10d$

<u>Abb. 11.2</u> (Splenektomie Mensch)
wie Abb. 11.1

<u>Tabelle 10.1</u> Fortsetzung

<u>Abb. 11.3</u> (Splenektomie Ratte)
wie Abb. 10.3 ohne Gegenregulation[+]

<u>Abb. 11.4</u> (Splenektomie Mensch)
wie Abb. 10.4 ohne Gegenregulation[+]

+ bei fehlender Gegenregulation ist das Megakaryozytenvolumen konstant ($Z_M(TP) = 1$, Gleichung (10.4)).

verkleinert, sobald die Plättchenzahl erhöht ist. Andererseits gibt es Hinweise, daß MV möglicherweise
unverändert bleibt (z.B. bei Scheinoperationen von
Ratten, EBBE et al. 1968a). Deshalb wird alternativ
die zusätzliche Annahme

$$Z_M(TP) = Z_M^{norm} = 1 \tag{10.4}$$

untersucht, welche ein konstantes Megakaryozytenvolumen
garantiert. Der Vergleich der Modellergebnisse mit den
Daten soll zeigen, welche dieser beiden Alternativen
wahrscheinlicher ist.

Die Stimulationsparameter für die nachfolgenden Modellrechnungen sind in Tabelle 10.1 zusammengefaßt.

10.2 Modellergebnisse

In Abb. 10.1 ist dargestellt, wie sich ein initialer
Stammzellstimulus St_0, der innerhalb von 10 Tagen linear verschwindet, auf die Thrombopoese auswirkt. Es werden 3 Alternativen untersucht.

Bei alleiniger Anregung der Stammzellproliferation
(strichpunktierte Kurven in Abb.10.1) steigt die
Megakaryozytenzahl stark an, gefolgt von einem entsprechenden Plättchenanstieg. Die erhöhte Thrombozytenzahl P führt gegenregulatorisch zum Abfall des Megakaryozytenvolumens MV. Insgesamt findet man erhöhte
Werte für MN und P und erniedrigte Werte für MV.

Betrachtet man zusätzlich zur Stammzellanregung eine
verkürzte Thrombozytenlebensdauer, dann ergeben sich
die durchgezeichneten Kurven in Abb. 10.1. Hier ist

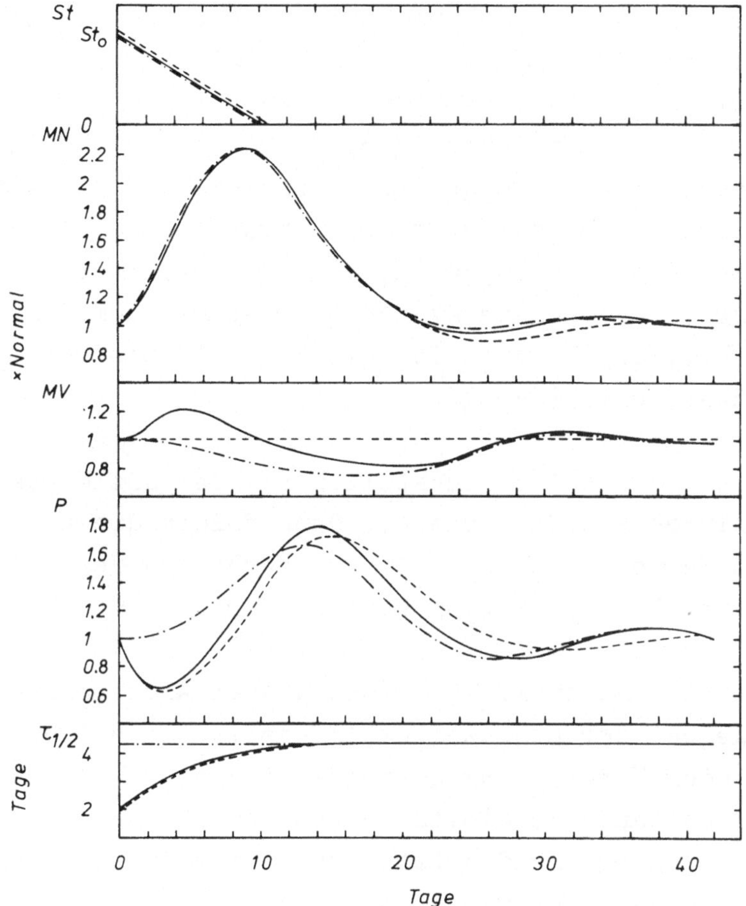

Abb. 10.1 Standardmodell der Thrombopoese des Menschen: Modellergebnis bei stimulierter Stammzellproliferation. —·—: Alleiniger Stammzellstimulus (St), der innerhalb von 10 Tagen verschwindet. ————: Zusätzlich verkürzte (autologe) Thrombozytenhalbwertzeit die sich innerhalb von ca. 10 Tagen normalisiert. – – –: Verkürzte Thrombozytenhalbwertzeit mit Stammzellstimulus, aber ohne gegenregulatorischen Abfall von MV. (Stimulationsparameter siehe Tabelle 10.1).

angenommen, daß die Halbwertzeit sich ebenfalls innerhalb von ca. 10 Tagen wieder normalisiert, eine Situation, wie sie z.B. nach Operationen auftritt. Die verkürzte Lebensdauer führt **zu einem** initialen Abfall der
Plättchenzahl P. Solange diese verkleinert ist, wirkt
zusätzlich zum Stimulus St die 'physiologische' Anregung über das Thrombopoetin, die zu einem Anstieg des
Megakaryozytenvolumens MV führt. Erst nachdem P sich
erholt hat, ergibt sich das gleiche Bild wie bei alleiniger Stammzellanregung.

Nimmt man schließlich zusätzlich an, daß das Megakaryozytenvolumen konstant bleibt, dann folgen die gestrichelten Kurven in Abb. 10.1. Das Verhalten der Zellzahlen MN und P wird hiervon kaum berührt.

Zunächst ist nicht klar, welche dieser Alternativen die
Vorgänge bei der Stammzellproliferation nach Operationstrauma oder Verbrennung am realistischsten beschreibt.
Durch simultanen Vergleich der Kurven für MN, MV, P und
$\tau_{1/2}$ mit entsprechenden Daten soll eine Antwort auf diese Frage gesucht werden. Das folgende Schema faßt die
Entscheidungskriterien nochmals zusammen:

<u>Thrombozytenlebensdauer normal:</u>

MN, MV, P normal : Kein Stammzellstimulus

MN, P erhöht   : Stammzellstimulus

MV erniedrigt   : Gegenregulation durch Thrombopoetin

MV normal   : Keine Gegenregulation

<u>Thrombozytenlebensdauer verkürzt:</u>

MN, P leicht erhöht* : 'Physiologische' Anregung durch
                       Thrombopoetin

MN, P stark erhöht* : Zusätzlicher Stammzellstimulus

MV erniedrigt*   : Gegenregulation durch Thrombopoetin

MV normal   : Keine **wirksame Gegenregulation**

(*: Abgesehen vom initialen Plättchenabfall, bei dem P erniedrigt und MV gegenregulatorisch erhöht ist.)

10.3 Modellprüfung

10.3.1 Operationstrauma

a) Ratten

Zunächst soll untersucht werden, wie groß der Einfluß einer 'Scheinoperation' auf die Thrombopoese ist. Bei den Daten in Abb. 10.2 handelt es sich um Thrombozytenzahlen von Ratten, die bei unterschiedlichen Experimenten als Kontrolltiere verwendet wurden und bei denen Gefäßligaturen oder Gefäßverletzungen mit minimalem Blutverlust durchgeführt wurden. Wegen fehlender Standardbedingungen sind die Daten nur qualitativ miteinander vergleichbar. Es zeigt sich, daß die experimentellen Plättchenzahlen innerhalb von 4 - 8 Tagen auf 130 - 150 % des Ausgangswertes ansteigen und nach 2 - 3 Wochen wieder normalisiert sind.

Für die Modellrechnung wird angenommen, daß durch diesen Eingriff ein mittelstarker Stimulus auf die Stammzellproliferation ausgelöst wird ($St_0 = 1,3$), welcher innerhalb von 10 Tagen verschwindet. Hierdurch steigt die Plättchenzahl an und erreicht bei thrombopoetingesteuerter Gegenregulation ein Maximum von 130 % am 7. Tag. Ohne diese Gegenregulation beträgt das Maximum 150 % und wird am 8. Tag erreicht. Der Vergleich mit den Daten läßt keine Entscheidung zwischen diesen Kurven zu. Lediglich der triviale Fall fehlender Stimula-

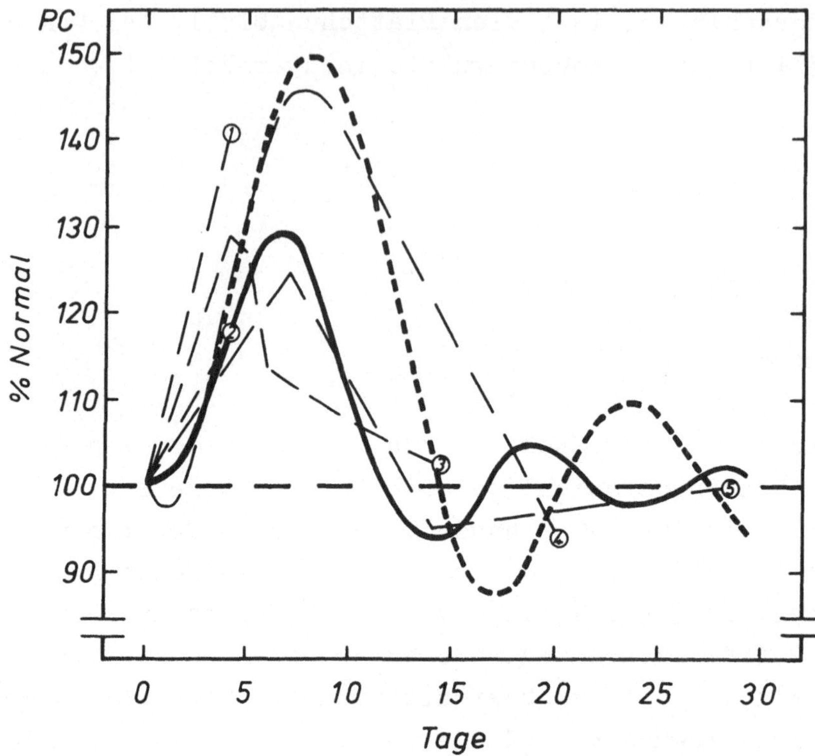

Abb. 10.2 Standardmodell der Thrombopoese bei Ratten:
Prüfung der Hypothese einer Stammzellstimulation bei
chirurgischen Eingriffen. Vergleich der Daten zur
'Scheinoperation' von EBBE et al. (1968a, ①, n=8),
ODELL und MURPHY (1974b, ②, n=10), KRIZSA et al.
(1974, ③, n=50), PEDERSEN (1974, ④, n=20), WIDMAN et
al. (1971, ⑤, n=12) mit den Modellkurven für die
Plättchenzahl PC im Blut. ————: Stammzellstimulation
mit Gegenregulation durch Thrombopoetin. – – –: Stammzellstimulation ohne Gegenregulation (Stimulationsparameter siehe Tabelle 10.1). Ohne Stammzellstimulation
wäre PC trivialerweise unverändert (—— ——).

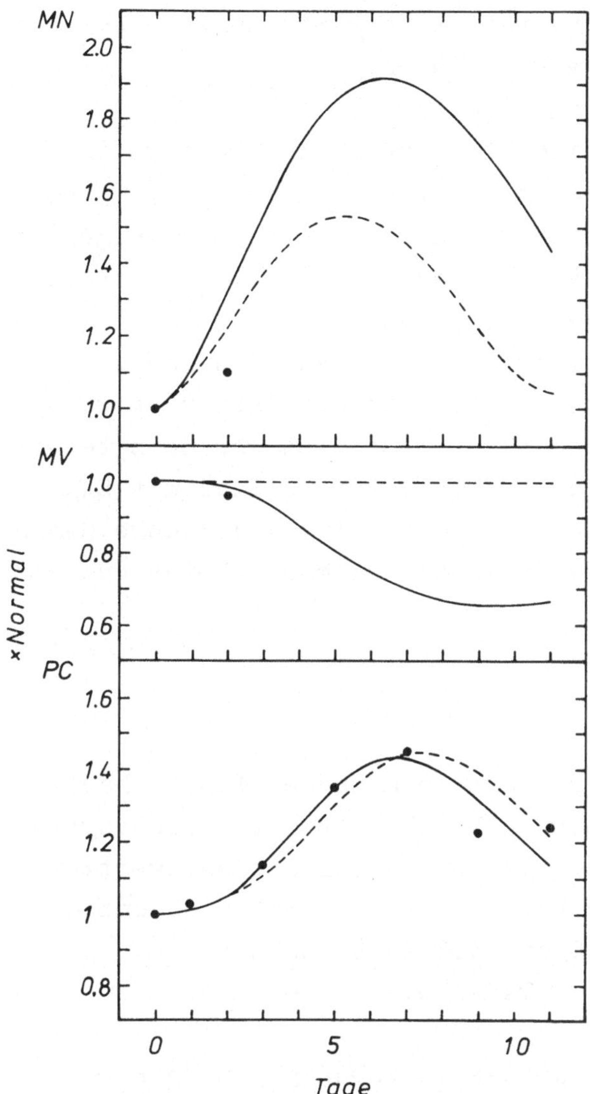

<u>Abb. 10.3</u> Standardmodell der Thrombopoese bei <u>Ratten</u>:
<u>Prüfung</u> der Hypothese einer <u>Stammzellstimulation bei</u>
<u>chirurgischen Eingriffen</u>. Vergleich der Daten von SIE-
MENSMA (1981) nach einseitiger Nephrektomie bei Ratten
(●) mit den Modellkurven für die Megakaryozytenzahl
MN, das Megakaryozytenvolumen MV und die Plättchenzahl
im Blut, PC. Die experimentellen Werte von MV wurden
aus den Kernlappenverteilungen berechnet. ———: Stammzellstimulation mit Gegenregulation durch Thrombopoetin.
- - -: Stammzellstimulation ohne Gegenregulation (Stimulationsparameter siehe Tabelle 10.1).

tion, der zu unveränderten Plättchenzahlen führen würde, läßt sich ausschließen.

In Abb. 10.3 sind die Auswirkungen einer einseitigen
Nephrektomie bei der Ratte auf die Thrombopoese dargestellt. Die Daten von SIEMENSMA (1981) zeigen einen
Anstieg der Plättchenzahl auf 145 % des Normalwertes
am 7. Tag. Megakaryozytenzahl- und volumen wurden nur
am 2. Tag bestimmt und sind nahezu normal. Für die Modellrechnungen wird der Stammzellstimulus wiederum so
gewählt, daß die experimentellen Thrombozytenwerte in
etwa reproduziert werden. Das gelingt mit $St_O = 1,3$
bei Gegenregulation und mit $St_O = 1,8$ ohne Gegenregulation, und beide Varianten stimmen gleich gut mit den
Daten überein.

b) Mensch

Operative Eingriffe beim Menschen führen häufig zu einer vorübergehenden Verkürzung der Thrombozytenlebensdauer. Dies zeigt sich z.B. an den Halbwertzeiten in
Abb. 10.4, die bei unterschiedlichen abdominellen Eingriffen auf 1,5 bis 3,5 Tage absinken und sich innerhalb von 3 bis 8 Tagen wieder normalisieren.

Zur Simulation dieser zeitabhängigen Verkürzung von
$\tau_{1/2}$ wird im Modell ein exponentieller Abfall des Ab-
bauparameters 1 gemäß Formel (9.1) angenommen. Dadurch
kommt es zum initialen Abfall von PC auf 40 %, was den
gemessenen Plättchenzahlen entspricht. Die nachfolgen-
de Thrombozytose wird im Modell durch eine mittelstarke Stammzellstimulation ($St_O = 1,26$) reproduziert, während bei alleinigem thrombozytopenischen Stimulus der
Plättchenanstieg zu schwach wäre.

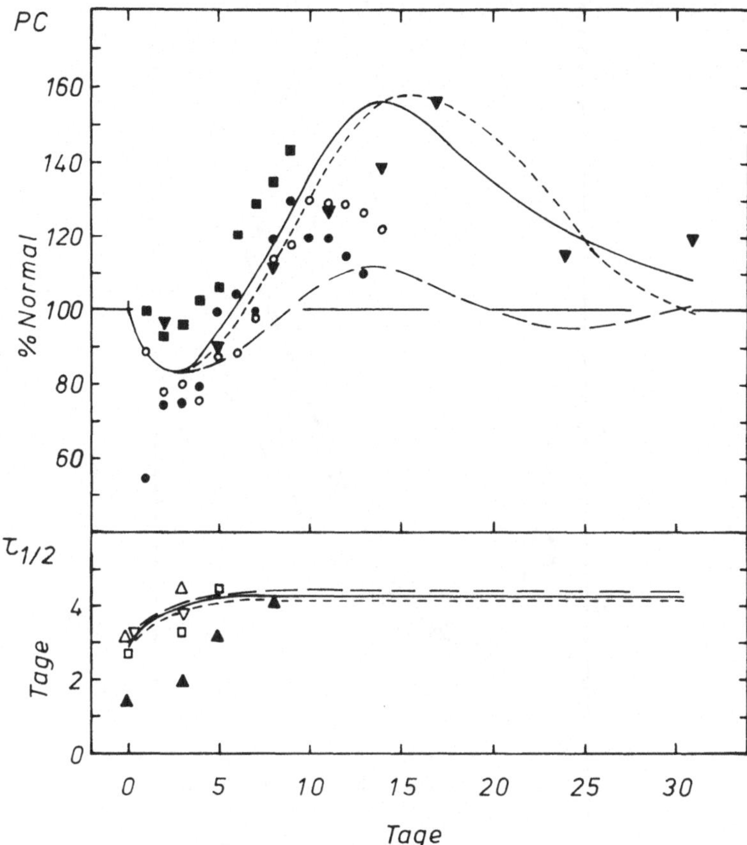

<u>Abb. 10.4</u> Standardmodell der Thrombopoese des <u>Menschen</u>:
<u>Prüfung</u> der Hypothese einer <u>Stammzellstimulation bei</u>
<u>chirurgischen Eingriffen</u>. Vergleich der zirkulierenden
Plättchenzahl (PC) und der autologen Thrombozytenhalbwertzeit $\tau_{1/2}$ bei mittelschweren, überwiegend abdominellen Eingriffen mit den Modellkurven. Plättchenzahlen:
ENTICKNAP et al. (1970, ▼ , n=15), BRESLOW et al. (1968,
■ , n=16), PEPPER et al. (1960,●, n=18), WARREN et al.
(1950,○, n=32). Thrombozytenhalbwertzeit: SLICHTER et
al. (1974,△: Hernienop., n=3, ▽ : Hysterektomie, n=5,
□ : Cholezystektomie, n=4,▲: Nephrektomie, n=4). Modellkurven: Verkürzte Halbwertzeit und Stammzellstimulus mit (———) oder ohne (---) Gegenregulation durch
Thrombopoetin (Stimulationsparameter siehe Tabelle 10.1).
(— —: Vergleichsrechnung ohne Stammzellstimulus).

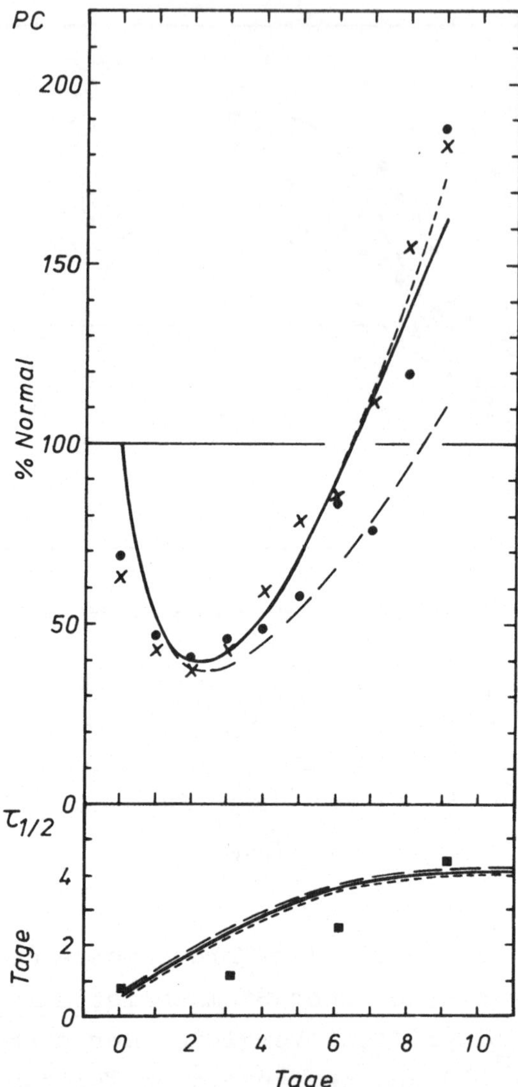

<u>Abb. 10.5</u> Standardmodell der Thrombopoese des <u>Menschen</u>:
<u>Prüfung</u> der Hypothese einer <u>Stammzellstimulation bei</u>
<u>chirurgischen Eingriffen</u>. Vergleich der zirkulierenden
Plättchenzahl (PC) und der autologen Thrombozytenhalbwertzeit $\tau_{1/2}$ bei schweren thorakalen Operationen mit
den Modellkurven. Plättchenzahlen: SCHMIDT et al. (1961,
●, ✕: Herzoperationen, n=141) Thrombozytenhalbwertzeit:
SLICHTER et al. (1974,■, mediastinale Eingriffe, n=4).
— —: Alleinige Verkürzung der Thrombozytenlebensdauer.
————: Zusätzlicher Stammzellstimulus mit Gegenregulation durch Thrombopoetin. - - -: Zusätzlicher Stammzellstimulus ohne Gegenregulation. (Stimulationsparameter
siehe Tabelle 10.1)

Ein ähnliches Bild bietet sich bei thorakalen Eingriffen (Abb. 10.5). Die Daten von 141 Patienten nach herzchirurgischen Operationen stammen von SCHMIDT et al. (1961). Während des Eingriffs wurde der Kreislauf über eine extrakorporale Zirkulation aufrecht erhalten und der Blutverlust durch heparinisiertes Spenderblut ersetzt. Für die Simulation dieser Situation im Modell wird eine Verkürzung der autologen Thrombozytenhalbwertzeit auf $\tau_{1/2}$ = 0,75 Tage angenommen, die sich nach 10 Tagen normalisiert hat. Das entspricht angenähert den Werten, die SLICHTER et al. (1974) bei vergleichbaren Operationen bestimmt haben. Die gemessenen Plättchenzahlen sind reproduzierbar, wenn ein starker Stammzellstimulus (St_0 = 3 bzw. 5) vorgegeben wird (Abb. 10.5 oben); bei alleiniger Vorgabe der Halbwertzeiten jedoch liegt die Modellkurve auch hier zu niedrig.

Ein vergleichbares Verhalten der Thrombozytenzahlen wie SCHMIDT et al. (1961) haben MORIAU et al. (1977) gemessen. Bei 40 Patienten wurden herzchirurgische Eingriffe vorgenommen, die im Mittel nach einer Thrombozytopenie von 30 % am 4. - 6. Tag zu einer Thrombozytose von 200 % am 14. Tag und einem Plättchenabfall auf 130 % am 20. Tag führten. Auch dieser Verlauf läßt sich mit ähnlichen Modellannahmen wie in Abb. 10.5 reproduzieren.

10.3.2 Verbrennungen

a) Ratten

In Abb. 10.6 sind die Meßwerte von EURENIUS et al. (1972) zur Thrombopoese bei Ratten nach Verbrennungen wiedergegeben. Bei diesen Versuchen wurden 30 % der

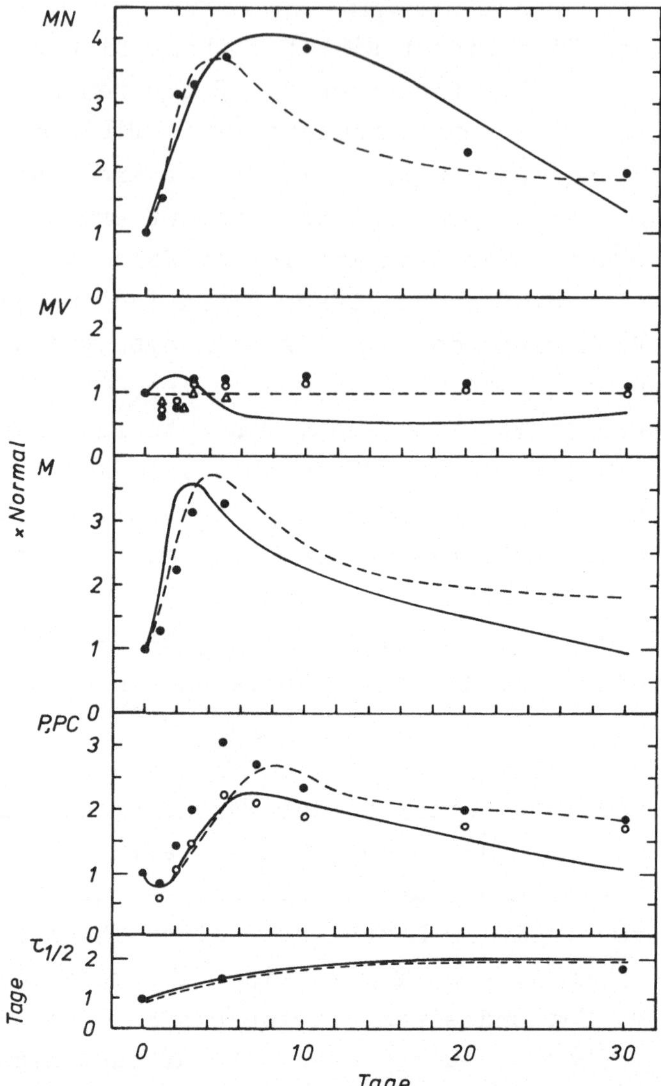

Abb. 10.6 Standardmodell der Thrombopoese bei Ratten: Prüfung der Hypothese eines Stammzellstimulus bei Verbrennungen. Daten von EURENIUS et al. (1972): MN: Megakaryozytenzahl (●), MV: Megakaryozytenvolumen (●: Volumen, berechnet aus dem Durchmesser, ○: Fläche, berechnet aus dem Durchmesser, △: mittlere Anzahl von Kernlappen), M: Megakaryozytenmasse (●: berechnet aus der absoluten Kernlappenverteilung) PC: zirkulierende Plättchenzahl (○), P: Gesamtplättchenzahl (●, berechnet aus PC und dem Recovery-Wert) $\tau_{1/2}$: homologe Plättchenhalbwertzeit. Modellkurven: Verkürzte Halbwertzeit und Stammzellstimulus mit (———) oder ohne (- - -) Gegenregulation durch Thrombopoetin (Stimulationsparameter siehe Tabelle 10.1).

Körperoberfläche zerstört und gleichzeitig Anzahl, Durchmesser und Kernlappenverteilung der Megakaryozyten, die zirkulierende Plättchenzahl, der Recovery-Wert und die Thrombozytenhalbwertzeit bestimmt. Diese Daten lassen sich in MN, MV, M (Megakaryozytenzahl, -volumen und -masse) sowie P, PC (gesamte und zirkulierende Plättchenzahl) umrechnen, so daß, zusammen mit $\tau_{1/2}$, 6 experimentelle Verläufe zur Modellprüfung zur Verfügung stehen.

Im Modell werden das gemessene Verhalten der Thrombozytenhalbwertzeit (Abb. 10.6 unten) und ein starker Stammzellstimulus ($St_0 = 4$ bzw. 5) vorgegeben. Während die Daten für MN, P und PC mit und ohne Gegenregulation durch Thrombopoetin reproduzierbar sind, sprechen die gemessenen Megakaryozytenvolumina, die im wesentlichen konstant sind, gegen eine Thrombopoetinregulation.

Die Modellkurven für die Gesamtplättchenzahl P und die zirkulierende Plättchenzahl PC fallen zusammen, da bei den Modellrechnungen der Recovery-Wert als konstant angesehen wird . Von EURENIUS et al. (1972) wird aber in der ersten Woche ein deutlich verringerter Recovery-Wert gemessen, wodurch die daraus ermittelte Gesamtplättchenzahl P stärker als PC ansteigt. Dieser starke Anstieg der experimentellen P-Werte (Maximum 310 % am 5. Tag) ist auch bei veränderten Recovery-Annahmen im Modell nicht reproduzierbar, die experimentellen PC-Werte (Maximum 220 % am 5. Tag) hingegen stimmen weitgehend mit den Modellkurven überein.

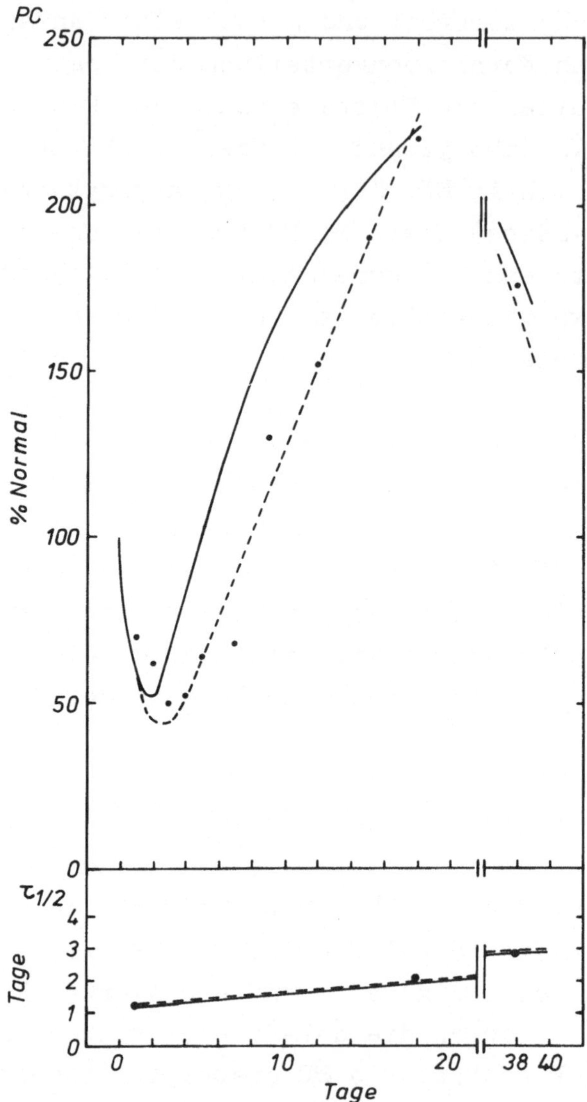

Abb. 10.7 Standardmodell der Thrombopoese des Menschen: Prüfung der Hypothese einer Stammzellstimulation bei Verbrennungen. Daten von SIMON et al. (1977, ●, n=10): PC: zirkulierende Plättchenzahl, $\tau_{1/2}$: autologe Thrombozytenhalbwertzeit. Modellkurven: Verkürzte Halbwertzeit und Stammzellstimulus mit (———) oder ohne (- - -) Gegenregulation durch Thrombopoetin (Stimulationsparameter siehe Tabelle 10.1).

Eingriffen in der Regel zunächst ein Abfall der Thrombozyten, der am 2. - 4. Tag sein Minimum erreicht, welches je nach Schwere des Eingriffs zwischen 40 und 90 % des Normalwertes liegt (ENTICKNAP et al. 1970, BRESLOW et al. 1968, PEPPER et al. 1960, WARREN et al. 1950 , SLICHTER et al. 1974, SCHMIDT et al. 1961, YGGE 1970, MCKENZIE et al. 1969). Dieser Abfall geht mit einer Verkürzung der Thrombozytenhalbwertzeit auf 1 - 3 Tage einher, welche sich innerhalb einer Woche wieder normalisiert (SLICHTER et al. 1974, ABRAHAMSEN 1968). Parallel dazu ist ein Anstieg der Fibrinogenkonzentration (YGGE 1970) und ein erhöhter Fibrinogenverbrauch (SLICHTER et al. 1974) festzustellen. Nach ca. 1 Woche überschreiten die Plättchenzahlen den Normalwert und erreichen am 10. - 18. Tag ihr Maximum von 120 % - 200 % (ENTICKNAP et al. 1970, BRESLOW et al. 1968, PEPPER et al. 1960, WARREN et al. 1950, MCKENZIE et al. 1969).

Messungen zur Megakaryozytopoese sind spärlich. SIEMENSMA (1981) findet einen geringfügigen Anstieg der Megakaryozytenzahl im Knochenmark nach 2 Tagen. PEDERSEN (1974) und BRESLOW et al. (1968) stellen einen deutlichen Anstieg der Megakaryozytenzahl im Blut fest, dabei ist aber offen, wieweit dieser mit einer Produktionssteigerung im Knochenmark einhergeht. Das Megakaryozytenvolumen ist während der ersten 4 Tage unverändert, während es bei Thrombozytopenie in dieser Zeit deutlich ansteigt (EBBE et al. 1968a, SIEMENSMA 1981). Die Marktransitzeit der Megakaryozyten dagegen scheint durch das Operationstrauma verkürzt zu werden (EBBE et al. 1968a).

b) Mensch

Abb. 10.7 zeigt das Verhalten der zirkulierenden Plättchenzahl PC und der autologen Thrombozytenlebensdauer
$\tau_{1/2}$ nach Verbrennungen beim Menschen. Beide Größen
wurden parallel von SIMON et al. (1977) bei 10 Patienten mit Verbrennungen 2. oder 3. Grades bestimmt, wobei mehr als 20 % der Körperoberfläche zerstört waren.
Die gemessenen Halbwertzeiten betragen initial etwa einen Tag und sind auch nach 40 Tagen noch nicht wieder
normalisiert. Für die ausgeprägte Thrombozytose (nach
vorübergehendem Abfall der Thrombozytenzahl auf 50 %)
wird in den Modellrechnungen ein sehr starker Stammzellstimulus (St_0 = 11 bzw. 19) benötigt. Auch hier
zeigt sich, daß die Hypothese einer fehlenden Gegenregulation zu einer besseren Übereinstimmung mit den Daten führt als die Annahme einer zusätzlichen Thrombo-
poetinwirkung.

10.4 Diskussion

10.4.1 Operationstrauma

Für den Anstieg der Thrombozytenzahlen nach chirurgischen Eingriffen gibt es zahlreiche Belege. Bei Ratten findet man nach Scheinoperationen eine Thrombozytose von 120 - 140 % am 5. - 8. Tag (EBBE et al. 1968a,
ODELL und MURPHY 1974b, PEDERSEN 1974, WIDMAN et al.
1971). SIEMENSMA (1981) mißt nach standardisierten
Scheinoperationen oder Organentnahme bei Ratten sogar
Plättchenanstiege bis auf 170 %. Bei diesen Experimenten ist der initiale Blutverlust zu vernachlässigen und
die Plättchenzahlen steigen ohne vorherige Thrombozytopenie an. Beim Menschen zeigt sich nach operativen

Beim Versuch, diese Phänomene mit Hilfe von Modellrechnungen genauer zu verstehen, zeigt sich zunächst, daß
die alleinige Berücksichtigung des Plättchenverbrauchs
nicht ausreichend ist. Erst bei Hinzunahme einer
Stammzellstimulation sind die gemessenen Thrombozy-
tenkurven im Modell reproduzierbar. Hierzu wird je
nach Schwere des Eingriffs ein Anstieg dieser Proliferation auf das 2 - 6fache des Normalwertes benötigt,
der sich innerhalb von 8 - 31 Tagen normalisiert. In
den angegebenen Modellrechnungen wurde ein linearer
Abfall der Stimulationsstärke gewählt, doch ein exponentieller Abfall liefert ähnliche Resultate.

Die Konsequenz des Stammzellstimulus ist ein Anstieg
der Modellkurven für die Megathrombozytenzahl auf den
1,5 bis 5fachen Normalwert am 5. - 10 Tag. Dies ist
mit den wenigen Messwerten verträglich.

Das Megakaryozytenvolumen fällt im Modell entweder auf
Grund der Thrombozytose ab, wenn eine Gegenregulation
durch Thrombopoetin angenommen wird, oder es bleibt
konstant, wenn man eine Gegenregulation ausschließt.
Die Frage, welche dieser beiden Annahmen zutrifft,
läßt sich anhand der Modellrechnungen zum Operationstrauma nicht entscheiden. So bleiben nur die spärlichen
direkten Messungen von MV, die gegen eine Thrombopoetinregulation zu sprechen scheinen.

Zur Erklärung der postoperativen Thrombozytose werden
mehrere Hypothesen angeboten. SIEMENSMA (1981) meint,
daß vermutlich eine Stimulation der megakaryozytären
Vorstufen erfolgt, die additiv zu einer etwaigen Stimulation durch eine Thrombozytopenie auftritt, und ODELL
und MURPHY (1974b) **nehmen an, daß eine**
derartige Stimulation durch den Wundheilungsprozess

ausgelöst werden könnte. Dies steht im Einklang mit
den Modellergebnissen, ebenso wie die Aussage von BRES-
LOW et al. (1968), daß eine Ausschüttung von Plättchen-
speichern zwar stattfindet, aber zur Erklärung der Thrombozytose nicht ausreicht.

10.4.2 Verbrennungen

Im Vergleich zum Operationstrauma ist die Thrombozytose nach Verbrennungen stärker und hält länger an. So
findet man für die Plättchenzahlen bei Ratten ein Maximum zwischen 200 % und 300 % (EURENIUS et al. 1972),
und auch beim Menschen steigt die zirkulierende Plättchenzahl auf 200 % des Normalwertes oder mehr an (SI-
MON et al. 1977, GEHRKE et al. 1971, CURRERI et al.
1970). Die Normalisierung erstreckt sich über einen
langen Zeitraum, nämlich für Ratten über 45 Tage (EU-
RENIUS et al. 1972) und beim Menschen über 70 bis 120
Tage (CURRERI et al. 1970). Ferner findet man initial
eine Thrombozytopenie (60 - 80 % bei Ratten am 1. Tag,
50 - 60 % beim Menschen am 3. - 5. Tag) und eine verkürzte Thrombozytenhalbwertzeit, welche deutlich vom
Ausmaß der Verbrennung abhängt ($\tau_{1/2}$ = 1,4 Tage bei
25 %, 0,8 Tage bei 50 % und 0,3 Tage bei 75 % verbrann-
ter Körperoberfläche, SIMON et al. 1977). Die reduzier-
te Plättchenlebensdauer ist dabei nicht auf eine Schä-
digung der Zellen zurückzuführen - die Plättchen der
Versuchstiere haben normale Überlebenskurven in gesunden Kontrolltieren - sondern auf den starken Plättchenverbrauch in den verbrannten Hautflächen (EURENIUS et
al. 1972, SIMON et al. 1977). Der Recovery-Wert fällt
nach der Verbrennung um 30 % ab und erholt sich innerhalb von 30 Tagen (EURENIUS et al. 1972), im Gegensatz zum Operationstrauma, wo er initial ansteigt
(SLICHTER et al. 1974).

Zur Megakaryozytopoese liegen zahlreiche Messungen
vor. So steigt die Megakaryozytenzahl nach 10 Tagen
auf den 4fachen Normalwert an, das Megakaryozytenvolumen bleibt hingegen unverändert, abgesehen von einem
leichten initialen Abfall (EURENIUS et al. 1972).

Diese Ergebnisse lassen sich insgesamt gut im Modell
reproduzieren, wenn man einen initialen Stammzellstimulus vom 5 - 20fachen Normalwert annimmt, der deutlich stärker und länger wirksam ist als selbst bei
schwerstem Operationstrauma.

Auch die Frage eines gegenregulatorischen Abfalls des
Megakaryozytenvolumens während der Thrombozytose läßt
sich anhand der Verbrennungsdaten besser als anhand
der Operationsdaten beantworten. Eine solche thrombopoetinbedingte Veränderung widerspricht sowohl den von
EURENIUS et al. (1972) gemessenen Zelldurchmessern,
Flächen und Kernlappenverteilungen der Megakaryozyten
bei Ratten als auch den Thrombozytenzahlen von SIMON
et al. (1977) beim Menschen. Würde nämlich während der
initialen verbrauchsbedingten Thrombozytopenie das Megakaryozytenvolumen in gleicher Weise vergrößert, wie
dies z.B. nach einer Thrombozytopenie durch Plasmaaus-
tausch der Fall ist, dann müßten die Thrombozytenzahlen
2 Tage früher ansteigen.

Zusammengefaßt läßt sich feststellen, daß die Meßwerte
zu Operationstraumen und Verbrennungen sich im Modell
reproduzieren lassen, wenn man einen Stammzellstimulus
ohne thrombopoetinbedingte Gegenregulation zugrunde
legt. Diese Annahme soll als Standardhypothese für
weitere Rechnungen verwendet werden.

11 Milzinhibitorhypothese

Nachdem die Rolle der Milz als Thrombozytenspeicher
und der Einfluß der Milzplättchen auf die Rückkopplung
bereits bei der normalen Thrombopoese untersucht wurden, bleibt die Frage zu klären, ob die Milz evtl. einen Inhibitor der Knochenmarkproliferation bildet.
Dessen Existenz wurde postuliert, um die Thrombozytose nach Splenektomie und die Thrombozytopenie bei Splenomegalie zu erklären. Es ist jedoch umstritten, ob er
wirklich existiert (BESSLER et al. 1978, COONEY und
SMITH 1968, ABESADZE et al. 1978, CROSBY 1963, LAUFER
et al. 1978, TARNUZI und SMILEY 1967, HARKER 1974,
STUTTE 1973, SIEMENSMA 1981).

Im Modell kann die Frage des Milzinhibitors erst an
dieser Stelle analysiert werden, da die Beschreibung
des Operationstraumas und der verkürzten Plättchenlebensdauer hierzu benötigt werden.

11.1 Thrombozytose nach Splenektomie

Nach Milzextirpation findet man einen ausgeprägten Anstieg der Thrombozytenzahlen, und es ist zu prüfen,
wie weit der Wegfall des Milzspeichers und das Operationstrauma zum Verständnis dieses Sachverhalts ausreichen. Um die Überlagerung anderer Einflüsse auszu-
schließen, werden dabei nur Daten hämatologisch gesunder Personen mit Splenektomie nach traumatischer Milzruptur verwendet. Bei diesen Patienten erreicht die
Thrombozytose den 3 - 4fachen Normalwert (LAUFER et
al. 1978, WICKRAMASINGHE 1975).

<u>Tabelle 11.1</u> Modellgleichungen zur Simulation der
Splenektomie

<u>Splenektomie zum Zeitpunkt t_{SP} $(t \geq t_{SP})$</u>

$$\dot{P}(t) = n_o(t) - n_o(t-\tau_P)$$

$$\dot{PS}(t) = 0, \ PS(t_{SP}) = 0$$

$$\dot{PC}(t) = n_o(t) - (1-s_P(t)) \ n_o(t-\tau_P) \ e^{-1\tau_P} - 1 \ PC(t)$$

$$s_P(t) = \begin{cases} s_{in} \ e^{-1_{SC}(\tau_P+t_{SP}-t)} & t_{SP} \leq t < t_{SP}+\tau_P \\ \\ 0 & t > t_{SP}+\tau_P \end{cases}$$

$$\dot{MTS}(t) = 0, \ MTS(t_{SP}) = 0$$

$$\dot{MTC}(t) = n_o(t) - (1-s_{MT}(t)) \ n_o(t-\tau_{MT}) \ e^{-1\tau_{MT}} - 1 \ MTC(t)$$

$$s_{MT}(t) = \begin{cases} s_{in} \ e^{-1_{SC}(\tau_{MT}+t_{SP}-t)} & t_{SP} \leq t < t_{SP}+\tau_{MT} \\ \\ 0 & t > t_{SP}+\tau_{MT} \end{cases}$$

11.1.1 Beschreibung im Modell

Die Splenektomie zum Zeitpunkt t_{SP} wird im Modell dadurch simuliert, daß nach dem Eingriff sämtliche neu
gebildeten Blutplättchen in der Zirkulation bleiben
($s_{in} = 0$, $c_{in} = 1$). Ferner gehen die in der Milz gespeicherten Thrombozyten durch den Eingriff verloren
($PS = MTS = 0$). Letzteres entspricht der experimentellen und klinischen Tatsache, daß die Zahl der zirkulierenden Plättchen unmittelbar nach dem Eingriff
unverändert ist. Die erforderlichen Änderungen der
Differentialgleichungen sind in Tabelle 11.1 zusammengestellt.

Eine Splenektomie hat neben dem Verlust des Milzspeichers ein Operationstrauma zur Folge. Dieses wird nach
den Erkenntnissen aus Kapitel 10.1 durch einen zusätzlichen Stammzellstimulus St simuliert, der ohne eine
Gegenregulation durch Thrombopoetin wirksam wird
($MV = const.$). Da die Stimulationsparameter einerseits
das Ausmaß der Thrombozytose im Modell bestimmen, andererseits aber nicht direkt meßbar sind, werden ferner
die Erfahrungen der Modellsimulation des Operationstraumas ausgenutzt: Die Stimulationsparameter, die dort für
mittelstarke abdominelle Eingriffe gefunden wurden, werden auch für die Splenektomie zugrundegelegt . Das gleiche gilt für die Annahmen zur vorübergehenden Verkürzung der Thrombozytenlebensdauer.

11.1.2 Modellergebnisse

In Abb. 11.1 und 11.2 ist dargestellt, wie sich eine
Splenektomie beim Menschen im Modell auswirkt. Bedingt
durch den Stammzellstimulus kommt es zu einem Anstieg

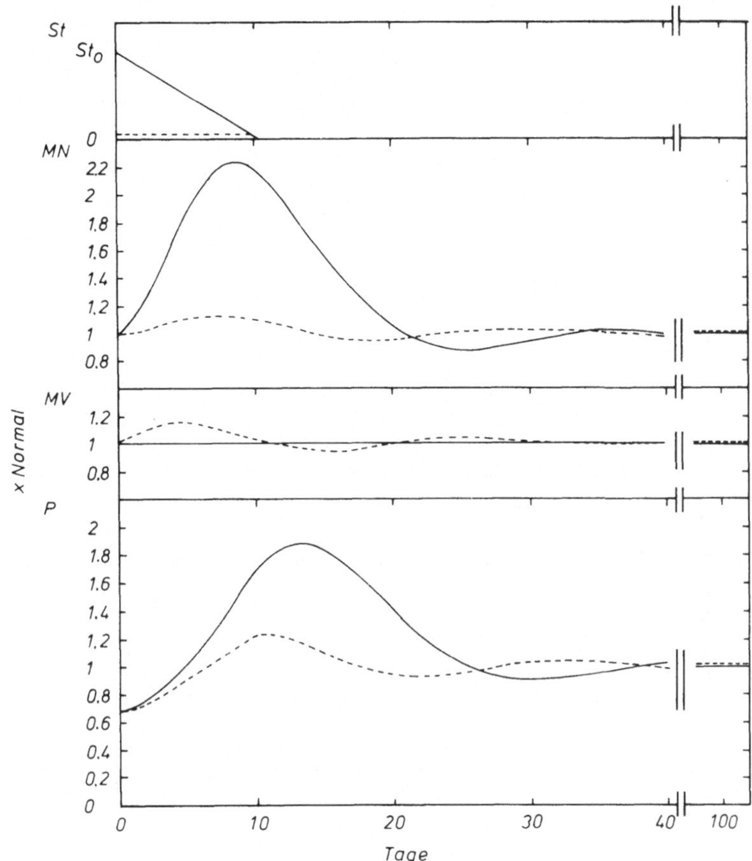

Abb. 11.1 Standardmodell der Thrombopoese des <u>Menschen</u>: Modellergebnis zur <u>Splenektomie</u>. ———: Verlust des Milzspeichers und zusätzliche,operationsbedingte Stammzellstimulation ohne Gegenregulation durch Thrombopoetin (Stimulationsparameter siehe Tabelle 10.1). (----: Vergleichsrechnung ohne Stammzellstimulus). (St: Stammzellstimulus, MN: Megakaryozytenzahl, MV: Megakaryozytenvolumen, P: Gesamtplättchenzahl)

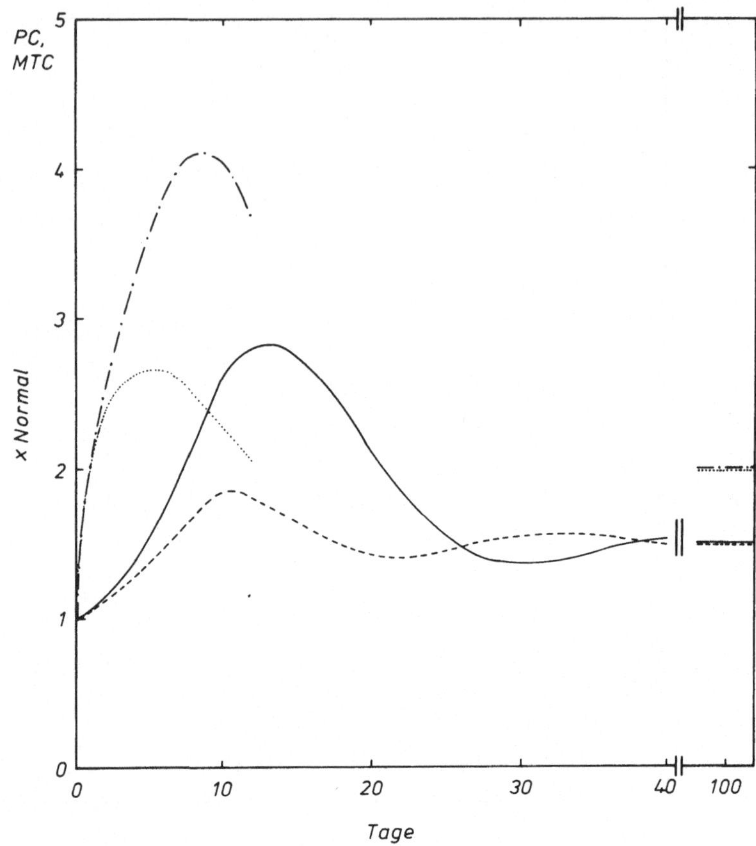

Abb. 11.2 Standardmodell der Thrombopoese des <u>Menschen</u>: <u>Modellergebnis</u> zur <u>Splenektomie</u>. Zirkulierende Plättchenzahl (———: PC) und Megathrombozytenzahl (— — —: MTC) bei Verlust des Milzspeichers und zusätzlicher operationsbedingter Stammzellstimulation ohne Gegenregulation durch Thrombopoetin (Stimulationsparameter siehe Tabelle 10.1). (----: PC, ·····: MTC Vergleichsrechnung ohne Stammzellstimulus).Die Berechnung der Megathrombozytenwerte war aus programmtechnischen Gründen nur bis zum Tag 12 möglich.

der Megakaryozytenzahl auf mehr als das doppelte innerhalb von 8 Tagen, gefolgt von einem ähnlich hohen Maximum der Gesamtplättchenzahl P, welches 4 Tage später
erreicht wird. Die Thrombopoese normalisiert sich wieder nach 1 - 2 Monaten. Hierbei kehrt P, dessen Wert
durch den Verlust des Milzspeicherinhalts (33 %) initial bei 67 % lag, auf 100 % zurück.

In der Zirkulation stellt sich die Situation anders
dar (Abb. 11.2). Die zirkulierende Plättchenzahl ist
nach Splenektomie unverändert, steigt dann auf ein
Maximum von ca. 300 % an und kehrt auf 150 % zurück,
wobei jetzt alle neu gebildeten Plättchen in der Zirkulation bleiben. Dieser Effekt ist noch stärker für
die Megathrombozytenzahl (Milzspeicher 50 %), welche
- nach einem Maximum von über 400 % - den neuen Gleichgewichtswert von 200 % annimmt.

Zum Vergleich ist in Abb. 11.1 und 11.2 angegeben, was
ohne operationsbedingten Stammzellstimulus zu erwarten
wäre: Durch die Thrombozytopenie von 67 % (Verlust der
Milzplättchen) würden via Thrombopoetin Megakaryozytenzahl und -volumen etwas vergrößert, was eine Thrombozytose von 120 % für die Gesamtplättchenzahl P und von
180 % für die zirkulierende Thrombozytenzahl PC zur
Folge hätte, und nach einem Monat hätte sich das System
normalisiert.

11.1.3 Modellprüfung

a) Ratte

Der lienale Thrombozytenspeicher enthält bei der Ratte
ungefähr 15 % der Geamtplättchenzahl. Wie Abb. 11.3

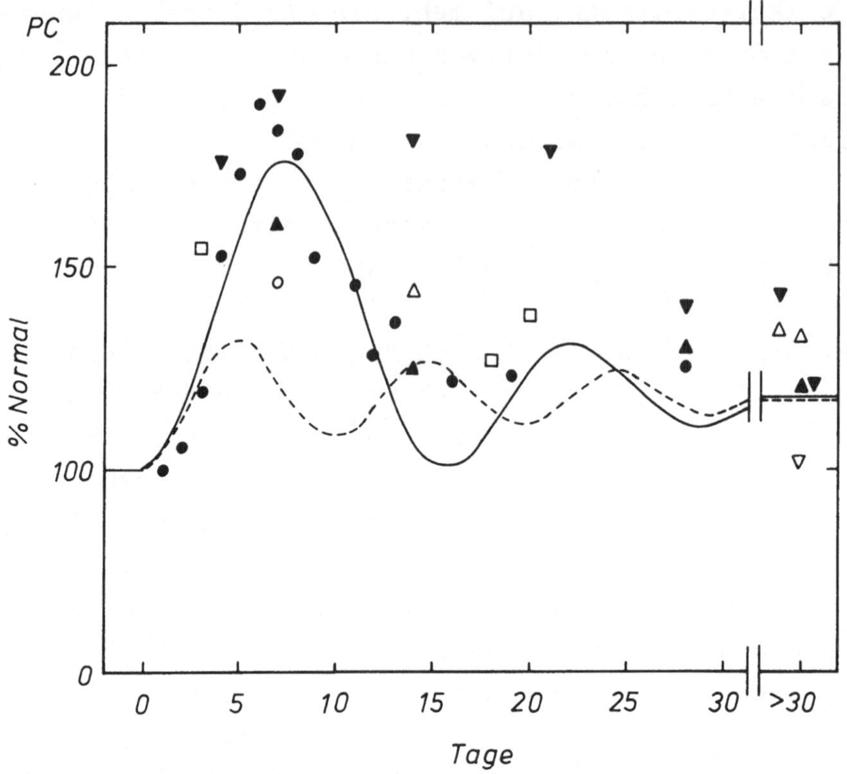

Abb. 11.3 Standardmodell der Thrombopoese bei der Ratte: Modellprüfung bei Splenektomie. Vergleich der zirkulierenden Plättchenzahlen PC von DE GABRIELE und PENINGTON (1967, △, n=6-17), ROLOVIC und BALDINI (1970, ○, n=4), WIDMAN et al. (1971, ▲, n=12), HARKER et al. (1971, ▽, n=10), PEDERSEN (1974, ●, n=5) TARNUZI und SMILEY (1967, □, n=5) mit der Modellkurve (———). Im Modell wird angenommen, daß der Milzspeicher verloren geht und daß durch das Operationstrauma ein zusätzlicher Stammzellstimulus ohne Gegenregulation hervorgerufen wird. Dieser ist gleich stark wie bei einseitiger Nephrektomie gewählt (vgl. Abb. 10.3, Stimulationsparameter siehe Tabelle 10.1). (- - -: Vergleichsrechnung ohne Stammzellstimulus).

zeigt, steigt die zirkulierende Plättchenzahl bei
Verlust dieses Speichers auf ca. 118 % an mit einem
reaktiven Maximum von 132 % am 5. Tag. Nimmt man zusätzlich eine adäquate Stammzellproliferation für das
Operationstrauma an, dann erreicht das Thrombozyten-
maximum 175 % am 7. - 8. Tag. Dieser Wert entspricht
- ebenso wie Anstieg und Abfall der Modellkurve -
weitgehend den experimentellen Messungen.

b) Mensch

Berücksichtigt man bei der Splenektomie des Menschen
nur den Verlust des Milzspeichers und den leichten
Abfall der Thrombozytenhalbwertzeit, der für derartige abdominelle Eingriffe üblich ist, dann ergibt sich
die gestrichelte Kurve in Abb. 11.4.Die Plättchenzahl
PC steigt auf einen Maximalwert von ca. 190 % am 10.
Tag an. Dieser Anstieg reicht nicht aus, um die gemessenen Daten von WICKRAMASINGHE (1975) nach posttraumatischer Splenektomie Gesunder zu reproduzieren. Bei
zusätzlicher Annahme eines Stammzellstimulus, wie er
sich aus vergleichbaren abdominellen Eingriffen ergibt,
gelingt dies jedoch, ohne daß weitere Zusatzannahmen
benötigt würden.

11.2 Proliferation bei Splenomegalie

Hier soll die Frage untersucht werden, ob die Splenomegalie, die ja mit einer Vergrößerung des lienalen Thrombozytenspeichers einhergeht, zusätzliche Einflüsse auf
die Regulation der Thrombopoese (im Sinne einer
Inhibition des Knochenmarks) hat. Die Modellkurven
werden dabei nur mit Daten von Patienten mit Leberzirr-

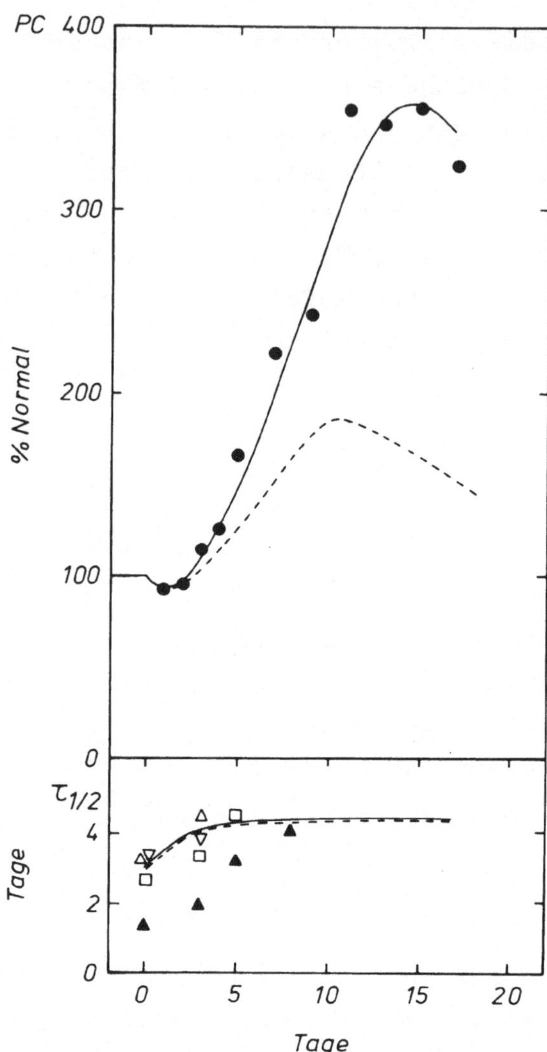

Abb. 11.4 Standardmodell der Thrombopoese des Menschen:
Modellprüfung bei Splenektomie. Vergleich der zirkulierenden Thrombozytenzahl PC von WICKRAMASINGHE (1975, ●,
n=8) bei Gesunden mit traumatischer Milzruptur mit der
Modellkurve (——). Im Modell wird außer dem Verlust
des Milzspeichers eine leichte Verkürzung der Thrombozytenhalbwertzeit und ein zusätzlicher Stammzellstimulus ohne Gegenregulation durch Thrombopoetin angenommen.
Die beiden letzten Annahmen entsprechen denjenigen zum
Operationstrauma bei vergleichbaren abdominellen Eingriffen (Symbole für $\tau_{1/2}$ wie in Abb. 10.4, Stimulationsparameter siehe Tabelle 10.1).(- - -: Vergleichsrechnung
ohne Stammzellstimulus).

hose verglichen, bei denen eine 'passive' Milzvergrößerung durch Rückstau auf Grund des intrahepatischen
Blocks vorliegt.

11.2.1 Modellannahmen, Modellergebnisse und Modellprüfung

Zusätzliche Modellannahmen sind nicht erforderlich,
denn es wird lediglich das Sollwertnomogramm aus Kapitel 9.2.4 benötigt. In Abb. 11.5 ist für 16 Patienten
mit Splenomegalie bei Leberzirrhose die Abhängigkeit
zwischen Gesamtplättchenzahl P und Halbwertzeit $\tau_{1/2}$
in das Nomogramm eingetragen. Hierbei zeigt sich, daß
die Plättchenproduktion zwischen 50 % und 180 % des
Sollwertes liegt und etwa gleichmäßig um die Sollwertkurve streut. Es gibt somit keinen Hinweis auf eine
'Knochenmarksdepression', denn bei dieser müßten die
Meßpunkte systematisch unterhalb der Sollwertkurve liegen.

11.3 Diskussion

11.3.1 Thrombozytose nach Splenektomie

Bei der Ratte steigen die Thrombozytenzahlen nach
Splenektomie auf Maximalwerte von 150 - 190 % am 6. -
8. Tag an (ROLOVIC und BALDINI 1970, PEDERSEN 1974,
WIDMAN et al. 1971, TARNUZI und SMILEY 1967). Nach
mehr als 30 Tagen stabilisieren sie sich bei den mei-
sten Autoren auf einem erhöhten Niveau (120 % bei
WIDMAN et al. 1971, 135 % bei DE GABRIELE und PENING-
TON 1967, 120 - 160 % bei TARNUZI und SMILEY 1967).
Nur bei HARKER et al. (1971) kehren sie auf den An-

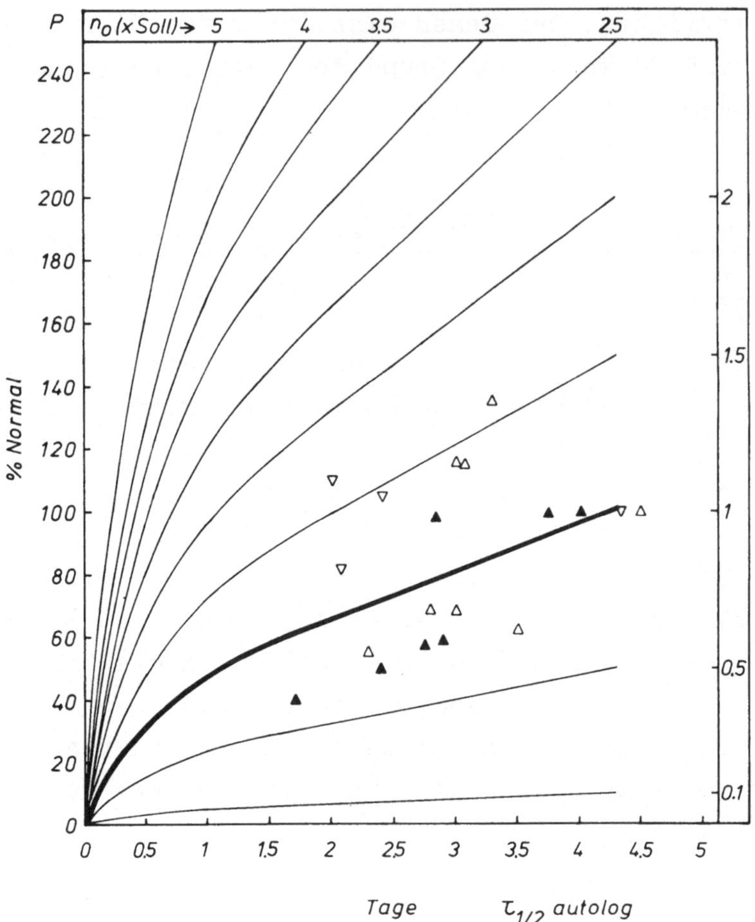

Abb. 11.5 Standardmodell der Thrombopoese des Menschen: Modellprüfung zur Thrombozytenproliferation bei Splenomegalie. Vergleich der Daten von ADAM (1974, ▽, n=1; Normalwert $\tau_{1/2}$=4,3 d, n=12), BURGER und SCHMELCZER (1973, △, n=1; Normalwert $\tau_{1/2}$=4,5 d, n=25), KOTILAINEN (1969, ▲, n=1; Normalwert $\tau_{1/2}$= 4 d, n=10) bei Leberzirrhose mit der Sollwertkurve (n_0 = 1) des Modells.

fangswert von 100 % zurück.

Nimmt man im Modell an, daß zusätzlich zum Verlust
des Milzspeichers ein operationsbedingter Stammzellstimulus wirksam ist, dann findet man bei diesem Versuchstier ein Plättchenmaximum von 175 % am 7. Tag und
einen neuen Gleichgewichtswert von ca. 120 %. Während
der Gleichgewichtswert aus dem Verlust des Milzspeichers (im Modell 15 %) zu verstehen ist, ist die an-
fängliche starke Thrombozytose überwiegend auf den
Stammzellstimulus zurückzuführen. Der Verlust des Milzspeichers würde lediglich einen Thrombozytenanstieg
auf 130 % am 5. Tag bewirken und damit zur Erklärung
der Daten nicht ausreichen.

In noch stärkerem Maße gilt dies für den Menschen.
Nach Splenektomie hämatologisch gesunder Personen
(z.B. nach Milzruptur) werden Thrombozytenzahlen von
300 - 400 % am 11. - 16. Tag erreicht (WICKRAMASINGHE
1975, LAUFER et al. 1978). Der Verlust des Milzspeichers läßt aber im Modell nur ein Maximum von 190 %
erwarten. Durch Hinzunahme eines Stammzellstimulus in
einer Stärke, wie er zur Erklärung der postoperativen
Thrombozytose nach vergleichbaren chirurgischen Eingriffen verwendet wurde, ist der gemessene Anstieg indes im Modell zu reproduzieren.

Daraus ergibt sich, daß die Thrombozytose nach Splenektomie hämatologisch Gesunder vollständig durch den
Milzspeicherverlust (samt Inhalt) und die übliche,
operationsbedingte Stimulation zu verstehen ist. Die
Annahme eines lienalen Inhibitors, der durch den Eingriff wegfiele, wird nicht benötigt. Im übrigen spricht
die Tatsache, daß die Thrombozytenzahlen sich nach einiger Zeit im oberen Normbereich stabilisieren (COONEY

und SMITH 1968, GÜTGEMANN et al. 1961, KUTTI et al.
1975, MAC PHERSON 1959), ebenfalls für eine temporäre
Stimulation und nicht für eine Dauerstimulation, wie
sie beim Wegfall eines Inhibitors zu erwarten wäre.

Auch die wenigen Knochenmarkbefunde sprechen durchaus für die Annahme, daß die Thrombozytose überwiegend
operationstraumatisch bedingt ist. So findet SIEMENSMA
(1981) quantitativ nahezu das gleiche Verhalten von
Megakaryozytenzahl MN und -größe MV 2 Tage nach Splenektomie bzw. einseitiger Nephrektomie,und
WIDMAN et al. (1971)   beobachten neben der Thrombozytose eine erhöhte Proliferation der Erythropoese
und Granulopoese, wie sie auch nach anderen Operationstraumen gefunden wurde.

Im Modell steigt die Megakaryozytenzahl auf mehr als
das doppelte des Normalwerts an. Das Megakaryozytenvolumen bleibt dagegen unverändert. Nach Erreichen des
neuen Gleichgewichtes sind MN und MV im Modell wieder
normal, in Übereinstimmung mit den Daten von EBBE et
al. (1981) und im Widerspruch zu HARKER et al. (1971),
bei dem MN und MV etwas erniedrigt sind.

Die Thrombozytenhalbwertzeit ist nach Splenektomie
bei Ratten unverändert (ASTER 1969), beim Menschen dagegen fällt sie während der ersten Woche zwischenzeitlich etwas ab (ABRAHAMSEN 1972). Auch diese Tatsache
ist bei vergleichbaren Operationen festgestellt worden. Ihre Berücksichtigung im Modell hat aber keinen
großen Einfluß.

Bei Ratten und Mäusen findet man nach Splenektomie
normale oder leicht verkleinerte Thrombozyten
(LAYENDECKER und MCDONALD 1982, SIEMENSMA 1981). Ähn-

liches wurde bei der postoperativen Thrombozytose anderer Genese beobachtet. Die Tatsache, daß beim Menschen im Gegensatz dazu die Plättchengröße nach Splenektomie deutlich ansteigt (LAUFER et al. 1978), dürfte demgegenüber eine andere Ursache haben. Wegen der bevorzugten Speicherung junger (großer) Thrombozyten in der Milz erwartet man nach Wegfall des Milzspeichers einen Anstieg der mittleren Plättchengröße. Im Modell steigt die Megathrombozytenzahl, als Maß für die Plättchengröße, etwa anderthalbmal so stark wie die Plättchenzahl an.

Im Vergleich zur posttraumatischen Milzextirpation führt die Splenektomie bei Patienten mit hämatologischen Erkrankungen häufig zu einer stärkeren postoperativen Thrombozytose,und die **Plättchenzahlen** sind gelegentlich auch nach Jahren noch deutlich erhöht (z.B. HIRSH et al. 1966). Eine Analyse dieser Daten ist in der vorliegenden Arbeit jedoch nicht angestrebt, da zuvor die Auswirkungen der jeweiligen Erkrankung auf die Thrombopoese in Modellsimulationen untersucht werden müßten.

11.3.2 Proliferation bei Splenomegalie

Die Vergrößerung der Milz geht in der Regel mit einer Vergrößerung des lienalen Thrombozytenspeichers einher (BURGER et al. 1976). Da die Milz aber auch ein wichtiger Abbauort der Thrombozyten ist, könnte die Vergrößerung des Organs gleichzeitig zu einem verstärkten Zellabbau führen. Diese Vermutung bestätigt sich bei hämatologisch gesunden Patienten mit Splenomegalie bei Leberzirrhose,(BURGER und SCHMELCZER 1973, ADAM 1974, KOTILAINEN 1969), bei denen die Thrombozytenhalbwertzeit 1,6 bis 3,8 Tage beträgt. Selbst wenn bei Splenomegalie der Anteil junger Plättchen in der Milz sehr groß wäre, was keinesfalls sicher ist, ließe sich dadurch eine derartige Verkürzung der Halbwertzeit nicht erklären, so daß ein erhöhter Zellabbau angenommen werden muß.

Vergleicht man die gemessenen Thrombozytenzahlen und Halbwertzeiten mit dem Sollwertnomogramm für die Plättchenproduktion, dann findet man eine symmetrische Streuung der Patientendaten um den Sollwert. Dieses Ergebnis spricht für eine normale Proliferationsreserve im Knochenmark und gegen eine Markhemmung bei Splenomegalie, denn bei dieser müßten die Meßpunkte systematisch unter der Sollwertkurve liegen.

Insgesamt lassen sich die Daten zur Splenomegalie hämatologisch Gesunder in Übereinstimmung mit ASTER (1967) und GEHRMANN et al. (1972) somit allein aus der Vergrößerung des Milzspeichers und einem leicht erhöhten Thrombozytenabbau erklären.

12 Diskussion

12.1 Mathematischer Teil

12.1.1 Mathematische Beschreibung von Zellsystemen

Zur mathematischen Beschreibung zellulärer Vorgänge findet die ganze Vielfalt von Simulationsmethoden Verwendung. Dies sind gewöhnliche Differentialgleichungen (lineare oder nichtlineare, mit oder ohne Retardierung), partielle Differentialgleichungen, Differenzengleichungen,deterministische oder stochastische Ansätze und Monte-Carlo-Methoden, von denen jedoch die meisten einen bevorzugten Anwendungsbereich haben. So werden für kleinere Zellzahlen und bei der Analyse des Entstehens maligner Populationen vorwiegend stochastische Modelle verwendet (IOSIFESCU und TAUTU 1973, SCHUERGER und TAUTU 1976), während bei großen Zellzahlen in der Regel deterministische Verfahren gewählt werden. Bei der Analyse von Zellsystemen im Gleichgewicht , wie z.B. in der Ferrokinetik, reichen oftmals lineare Modelle aus (z.B. WELLNER und KUTZIM 1971), während bei Regulationsvorgängen nichtlineare Methoden benötigt werden. Wenn altersabhängige Einflüsse eine Rolle spielen, finden vielfach retardierte Gleichungen oder auch partielle Differentialgleichungen Verwendung (z.B. FELDMANN 1979).

12.1.2 Spezielle Methodik für hämopoetische Regulationsmodelle

Bei der Simulation der Blutbildung werden überwiegend nichtlineare, gewöhnliche Differentialgleichungen mit

oder ohne Retardierung eingesetzt. Die Retardierung
symbolisiert dabei die Tatsache, daß Teilung und Reifung der hämopoetischen Vorstufen altersabhängig verlaufen und daß ferner einige Funktionszellen (Erythrozyten, Thrombozyten) nach einem weitgehend festen Alter
absterben. Während der Absterbevorgang sich mit konstanten Retardierungen gut beschreiben läßt, werden für
die Reifungsvorgänge im Knochenmark variable Zeitverzö-
gerungen benötigt, denn die Marktransitzeiten hängen
vom Stimulationszustand des Systems ab.

Die adäquate Beschreibung wäre mithin durch ein Differentialgleichungssystem gegeben, welches nebeneinander
feste und variable Retardierungen enthält. Ein solches
System bringt aber zahlreiche, insbesondere numerische,
Probleme mit sich, und deshalb empfiehlt es sich, nach
Vereinfachungen zu suchen. So kann die variable Retardierung in vielen praktischen Fällen durch den variablen Übergangskoeffizienten einer gewöhnlichen Differentialgleichung ersetzt werden (WICHMANN und THOMAS 1978).
Ein anderer Weg besteht darin,in Analogie zum Verfahren
von KENDALL (1948) und TAKAHASHI (1966) die verzögerte
Differentialgleichung durch einen Satz linearer Gleichungen zu ersetzen (AARNAES 1977, STEINBACH et al.
1980, PABST et al. 1981). Die Transitzeit ist in diesem
Fall gammaverteilt.

Eine Methode zur geschlossenen Herleitung der verschiedenen Gleichungstypen, die für Hämopoesemodelle benötigt
werden, wurde durch VON FOERSTER (1959) eingeführt und
zwischenzeitlich von anderen Autoren weiterentwickelt
(TRUCCO 1965, RUBINOW und LEBOWITZ 1975, COLLI FRANZONE
et al. 1978, WICHMANN 1979). Dieses Verfahren wird in
der vorliegenden Arbeit verwendet, einerseits um die
fundamentalen Grundgleichungen für Stammzellen, proliferierende und reifende Vorstufen und Funktionszellen

herzuleiten, andererseits um spezielle Gleichungstypen
zu finden, welche für die Thrombopoese eine besondere
Rolle spielen.

Beim VON FOERSTER - Ansatz wird die Altersverteilung
und deren zeitliche Veränderung für die Zellen eines
Zellcompartments betrachtet. Hierbei können beliebige
zeit- und altersabhängige Verlust- und Zuwachsfunktionen
berücksichtigt werden, welche das Absterben, den Verbrauch
oder die Proliferation der Zellen charakterisieren. Diese
Zusammenhänge werden als partielle Differentialgleichungen
formuliert, wobei die Anfangsverteilung, die Zuflußrate
aus dem Vorläufercompartment und die Abwanderungsrate
ins Folgecompartment als Anfangs- und Randbedingungen
eingehen.

Für eine Vielzahl von Verlust- oder Zuwachsfunktionen
lassen sich aus den partiellen gewöhnliche Differentialgleichungen mit oder ohne Retardierung ableiten. Wenn
dies nicht gelingt, bleiben Integrodifferentialgleichungen
zu lösen. Die besonders wichtigen Spezialfälle eines
fehlenden Zellverlustes bzw. eines Zellverlustes mit
konstanter Verlustfunktion liefern konstante Retardierungen bzw. lineare Abwanderungsraten. Daneben werden
exponentiell verschwindende Verlustfunktionen, Zellüber-
gänge in parallelgeschalteten Compartments, zusätzliche
Zellteilungen und Kombinationen dieser Größen betrachtet
und die entsprechenden Differentialgleichungen hergeleitet.
Diese werden benötigt, um verschiedene Hypothesen zur
Thrombozytenspeicherung in der Milz zu testen, um den
Plättchenverbrauch zu simulieren, um die vorübergehende
Verkürzung der Thrombozytenlebensdauer nach operativen
Eingriffen zu berücksichtigen etc.

Da die Parameter im VON FOERSTER - Ansatz in der Regel

direkt biologisch interpretiert werden können,kann man auch
die entsprechenden Terme in den abgeleiteten Differentialgleichungen leicht in ihrer biologischen Bedeutung
erkennen, obwohl diese Gleichungen häufig recht kompli-
ziert aussehen. Dadurch wird die praktische Arbeit
erheblich erleichtert.

Einige Hilfsgrößen machen den Formalismus noch handlicher.
So läßt sich durch Alters- und Verweilfunktionen eine
Separation der Variablen für die innere Struktur des
Compartments (charakterisiert durch Verlust- und Zuwachsfunktionen) von den vorgegebenen Randbedingungen (Zustrom-
rate und Anfangsverteilung) durchführen. Diese Hilfsfunktionen eignen sich besonders zur Identifizierung zellkine-
tischer Meßgrößen innerhalb des Modells und ermöglichen
die Umrechnung abstrakter Modellparameter in meßbare
Parameter wie mittlere Lebensdauern, Halbwertzeiten,
Verdopplungszeiten.

Die Technik ist auch zur Herleitung der Beziehungen für
Markierungssysteme im Gleichgewicht anwendbar. Diese
Kurven entstehen dadurch, daß eine Probe markierter
Zellen in ein Compartment unmarkierter Zellen eingebracht
wird. Die markierten Zellen können dabei einer Population
mit der gleichen ('autologen') oder einer anderen ('homologen') Altersverteilung entstammen. Es zeigt sich, daß
für homologe Zellen, die aus einer 'Normalpopulation'
ohne Zellverlust in eine 'Patientenpopulation' mit Zellverlust eingebracht werden, die Markierungskurven systematisch schneller abfallen als die entsprechenden autologen
Markierungskurven. Ein weiterer interessanter Aspekt ergibt
sich bei parallelgeschalteten Compartments, zwischen denen
ein Zellübergang möglich ist. Die Markierungskurven werden
durch diesen Übergang verändert, wobei der Effekt für
kleine und große Werte des Übergangskoeffizienten schwach

und für mittlere Werte am stärksten ausgeprägt ist. In
all diesen Fällen läßt sich die Bedeutung der Ergebnisse
jedoch erst richtig bei der Anwendung auf die konkrete
biologisch- medizinische Fragestellung erkennen.

12.1.3 Numerische Lösungsverfahren

Obwohl numerische Lösungsverfahren für partielle Differentialgleichungen zunehmend entwickelt werden (MEIS
und MARKOWITZ 1978) und auch schon einige Programmpa-
kete verfügbar sind, finden diese Methoden bei Blutbildungsmodellen bisher kaum Anwendung. Der Grund dafür
dürfte in der komplizierten Struktur und im großen Rechenaufwand dieser Programme liegen. Auch die Lösung gewöhnlicher Differentialgleichungen mit variabler Retardierung macht erhebliche numerische Probleme und wird
daher erst in Einzelfällen verwendet (THOMAS und WICH-
MANN 1978, WICHMANN und THOMAS 1978, BOCK und SCHLOEDER
1980). Für Gleichungen mit fester Retardierung gibt es
hingegen leistungsfähige Verfahren, von denen das Programm von THOMAS (1973) in den eigenen Modellarbeiten
benutzt wird. Es basiert auf dem Extrapolationsverfahren von BULIRSCH und STOER (1966) mit Schrittweitensteuerung, welches sich wiederum bei Differentialgleichungen ohne Retardierung bewährt hat (WICHMANN 1976,
WICHMANN et al. 1976).

12.1.4 Stabilitätsverhalten

Die vollständige Analyse des Stabilitätsverhaltens dynamischer Systeme ist bis auf wenige Ausnahmen nur für
lineare Systeme möglich. Schon bei nichtlinearen Differentialgleichungen ohne Retardierung ist man im allgemeinen auf Linearisierungsverfahren angewiesen, welche

nur lokale Stabilitätsaussagen erlauben (LIAPUNOV 1949,
CESARI 1959, WILLEMS 1973, WICHMANN und KOEPPEN 1978).
Bei retardierten Gleichungen werden bereits komplizier-
tere Linearisierungsmethoden oder Verfahren aus der
Theorie der Funktionaldifferentialgleichungen benötigt
(HALE 1977, CUSHING 1977, MACDONALD 1978, AN DER HEIDEN
1979).

Die Stabilitätsanalyse von Blutbildungsmodellen zeigt
zunächst, daß retardierte Gleichungen leichter als gewöhnliche Differentialgleichungen zu Oszillationen führen und daß ein Gleichungssystem mit wachsender Zeitverzögerung instabiler wird (AN DER HEIDEN 1979). Das
bedeutet aber nicht, daß Retardierungen für die Existenz von Oszillationen unabdingbare Voraussetzung
sind. Insbesondere bei der Stammzellregulation können
auch bei gewöhnlichen Gleichungen Bereiche asymptotischer Stabilität, periodischer Schwingungen und komplexer Oszillationen nebeneinander bestehen. Zum Verständnis der zyklischen Hämopoese sind daher zumindest zwei
modelltheoretische Ansatzpunkte, nämlich veränderte Re-
gulationsparameter und vergrößerte Retardierungen, zu
diskutieren (GLASS und MACKEY 1979, KAZARINOW und VAN
DEN DRIESSCHE 1979, WICHMANN 1980b).

Bei Modellen der reiferen Blutbildung wird nur dann
über die Möglichkeit ungedämpfter Oszillationen berich-
tet, wenn die Marktransitzeiten durch retardierte Gleichungen beschrieben werden (AN DER HEIDEN 1979, MACKEY
1979), während der Gleichungstyp für das Funktionszell-
compartment keinen großen Einfluß auf das Stabilitäts-
verhalten des Gesamtsystems hat (WICHMANN 1976, WICH-
MANN und THOMAS 1978).

12.1.5 Parameterschätzung

In der vorliegenden Arbeit sind die Modellparameter
größtenteils aus Gleichgewichtsmeßwerten geschätzt worden. Dadurch war es möglich, weitgehend zwischen Daten
zur Modellkonstruktion und Daten zur Modellprüfung zu
unterscheiden, wobei letztere i.a. den zeitlichen Verläufen von Zellzahlen nach Störung des Systems entsprechen. Diese Trennung zwischen dem Konstruieren und dem
Testen des Modells vereinfacht naturgemäß die statisti-
schen Probleme bei der Parameterunterschätzung erheblich.

Dieses Vorgehen läßt sich allerdings nur für Parameter
anwenden, welche entweder direkt der Messung zugänglich
sind oder aus anderen Gleichgewichtsmeßwerten berechnet
werden können. Es funktioniert insbesondere dann nicht,
wenn die Parameter aus Zeitverläufen geschätzt werden
müssen. In diesem Fall werden numerische Parameteroptimierungsverfahren benötigt.

Bei der Parameterschätzung werden überwiegend Gradientenverfahren (z.B. FLETCHER und POWELL 1963), Gauss-
Newton-Verfahren (z.B. DEUFLHARD und APOSTOLESCU 1978)
und Zufallssuchstrategien (z.B. BREMERMANN 1970) eingesetzt. Erst in jüngster Zeit gibt es Versuche, Opti-
mierungsmethoden zu entwickeln, die speziell auf Diffe-
rentialgleichungssysteme zugeschnitten sind (BOCK 1981a).

12.2 Normale Thrombopoese

12.2.1 Regulation der Knochenmarkproliferation

Im Modell wird angenommen, daß die thrombopoetische
Regulation drei Angriffspunkte im Knochenmark hat, nämlich die determinierten thrombopoetischen Stammzellen,
die endomitotische Aktivität der Megakaryozyten und ihre Marktransitzeit. Der Einfluß auf die Marktransitzeit
ist dabei von untergeordneter Bedeutung und wird nur berücksichtigt, weil er experimentell belegt ist (EBBE et
al. 1968b, ODELL 1974a, HARKER 1970).

Wichtig für die Bedarfsanpassung der Thrombopoese sind
die Regulationseinflüsse auf die determinierten Stammzellen, welche nach einer gewissen Verzögerung zu veränderten Megakaryozytenzahlen führen, und auf die megakaryozytären Endomitosen, welche sich im vergrößerten
oder verkleinerten Zellvolumen widerspiegeln (CRADDOCK
et al. 1955, MATTER et al. 1960, EBBE et al. 1966b,
1968a,b, HARKER 1968b, HARKER und FINCH 1969, ODELL
et al. 1967, 1976).

Die unreifsten Zellen, die im Modell berücksichtigt werden, sind die determinierten thrombopoetischen Stammzellen. Es wird darauf verzichtet, den Einfluß der Thrombopoese auf die pluripotenten Stammzellen und auf die
Erythropoese und die Granulopoese einzubeziehen. Man
weiß zwar, daß derartige Wechselwirkungen bestehen (z.B.
MCDONALD 1978, EBBE et al. 1971, JACKSON et al. 1974),
über die zugrundeliegenden Mechanismen ist aber zu wenig bekannt. Ferner zeigen Untersuchungen zur Stammzellregulation bei erythropoetischen **Stimuli**,daß diese nur
indirekt auf die pluripotenten Zellen und die **nicht-**
erythropoetischen Entwicklungsreihen wirken und in erster

Näherung vernachlässigt werden können (LOEFFLER und
WICHMANN 1980). Entsprechendes dürfte auch für die
thrombopoetischen Stimuli gelten.

Die zellkinetischen Eigenschaften der determinierten
thrombopoetischen Stammzelle sind nahezu unbekannt, da
diese morphologisch nicht identifiziert werden kann.
Erst in jüngster Zeit ist eine Zellkulturtechnik entwickelt worden, welche sogenannte 'CFU-M' (Colony For-
ming Unit of Megakaryocytopoiesis) mißt, die den ge-
suchten Zellen entsprechen sollen (NAKEFF und BRYAN 1978,
MAZUR et al. 1981, LEVIN und LEVIN 1981). Zur Festlegung der Zellparameter ist man aber auf indirekte Angaben angewiesen.

Im Modell wird angenommen, daß die thrombopoetische
Stammzelle unter Regulationsbedingungen ihre Proliferation maximal auf das Vierfache steigern kann, was
zwei zusätzlichen Teilungen entspricht. Die Basisproliferation bei fehlendem Stimulus beträgt demgegenüber
40 % des Normalen. Diese Werte sind aus den Megakaryozytenzahlen von HARKER bei Ratten(HARKER 1968b)und beim Menschen (HARKER und FINCH 1969, HARKER 1974) abgeschätzt.

Angaben zur normalen Anzahl von Teilungen werden nicht
benötigt, da mit relativen Zellzahlen gerechnet wird.
Nimmt man aber in Analogie zu den determinierten Stammzellen der Erythropoese und Granulopoese 5 - 10 Teilungen (LOEFFLER und WICHMANN 1980) bei Generationszeiten von 10 - 15 h (EBBE 1971) an, dann ergibt sich
eine Transitzeit von 50 - 150 h. Diese Abschätzungen
sind recht ungenau. Andererseits zeigen Simulationsrechnungen aber, daß Variationen dieser Parameter um bis zu
50 % keinen großen Einfluß auf das Regulationsverhalten
haben, zumindest soweit die Thrombozytenzahlen betroffen
sind.

Bei den Megakaryozyten werden im Modell die Anzahl und
das mittlere Zellvolumen getrennt betrachtet. Das Produkt dieser beiden Größen entspricht der Megakaryozytenmasse. Die Anzahl wird durch den Zelleinstrom aus
dem Stammzellbereich bestimmt (HARKER 1968b, ODELL
1974a), während das Megakaryozytenvolumen den Regula-
tionseinflüssen direkt unterliegt und sich zwischen
dem doppelten und halben Normalwert bewegt. Biologisch
entspricht letzteres der Annahme, daß die Megakaryozyten nicht mehr teilungsfähig sind, sondern stattdessen
nur Endomitosen durchführen und ausreifen, wobei es
durch maximale Stimulation zu einer zusätzlichen Endomitose kommt, während bei fehlendem Stimulus eine Endomitose wegfällt (EBBE 1970, HARKER 1974, ODELL 1974b,
PENINGTON et al. 1974). Die Ausreifung ist dabei auf
den Ploidy-Stufen (4N), 8N, 16N und 32N möglich (EBBE
1970, ODELL 1974a, NAKEFF und BRYAN 1978) und besteht
in der Vermehrung des Zytoplasmas. EBBE (1970) und HAR-
KER (1974) unterscheiden 3 Reifungsstufen (Megakaryo-
blast, basophiler und granulärer Megakaryozyt), bei
denen die Kern/Plasma-Relation mit zunehmendem Alter
abnimmt und die endgültige Zytoplasmamenge der DNA-Menge
proportional ist (HARKER 1974). Diese Zusammenhänge
sind zwar morphologisch gut untersucht, die zellkinetischen Eigenschaften der Unterstrukturen sind aber nicht
ausreichend bekannt. Deshalb werden im Modell alle Zell-
typen der Megakaryozytopoese zusammengefaßt.

Die normale Transitzeit der Megakaryozyten wird im Modell
auf 72 h für die Ratte und auf 144 h beim Menschen festgelegt, was den Daten von EBBE et al. (1968b), ODELL
(1974a), DASSIN (1978), ADAM (1974), FINCH et al. (1977)
und WICKRAMASINGHE (1975) entspricht. Bei starker Stimu-

lation kann diese Transitzeit bei der Ratte um 12 h
(ODELL 1974a) und beim Menschen um 24 - 48 h (WILLIAMS
et al. 1972) verkürzt werden. Für fehlenden Stimulus
bleibt sie in der Nähe des Normalwertes (EBBE et al.
1966b) oder wird etwas verlängert (HARKER 1971a). Im
Modell wird eine Verkürzung um 12 h (Ratte) bzw. 48 h
(Mensch) bei maximaler und eine Verlängerung um 3 h(Ratte)
bzw. 24 h (Mensch) bei fehlender Stimulation angenommen.

Die Thrombozyten entstehen durch Zerfall des Zytoplasmas der reifen Megakaryozyten. Trotz unterschiedlicher
Größe der Megakaryozyten, die   von ihrem DNA-Gehalt
abhängt, schwankt die Größe der gebildeten Thrombozyten nur geringfügig. Im Mittel werden dabei 150 - 200
Plättchen pro Kerneinheit gebildet und die Gesamtpro-
duktion ist zur zerfallenden Megakaryozytenmasse proportional (HARKER 1974). Dies wird auch im Modell angenommen, wobei wegen der Rechnung mit relativen Zellzahlen der Proportionalitätsfaktor nicht explizit berücksichtigt zu werden braucht.

12.2.2 Zirkulierende und gespeicherte Thrombozyten

Im Modell wird angenommen, daß die Thrombozyten physiologischerweise altersabhängig abgebaut werden. Dies entspricht den Messungen von ASTER (1967), ABRAHAMSEN
(1968) und KOTILAINEN (1969) und widerspricht den Ergebnissen von EBBE et al. (1966a) und MURPHY et al. (1967).
Vereinfacht wird dabei für alle Zellen eine feste Lebensdauer von 4,5 Tagen bei Ratten (ASTER 1969, EBBE et
al. 1970, ODELL 1974a) und von 10 Tagen beim Menschen
(KARPATKIN 1972, HARKER 1974, FINCH et al. 1977) gewählt.
Die Modellannahme einer festen Thrombozytenlebensdauer

steht in Einklang mit der Messung (nahezu) linear ab-
fallender ^{51}Cr-Markierungskurven. Zusätzliche Simulationsrechnungen zeigen ferner, daß der Modus des Thrombozytenabbaus erhebliche Auswirkungen auf die Erholungskurven bei akuten Thrombozytopenien oder Thrombozytosen
hat. Schon ein Anteil von 50 % altersunabhängig abgebau-
ter Zellen verändert die berechneten Erholungskurven so
stark, daß sie den Daten widersprechen. Auch dieses Modellergebnis stützt die Annahme eines überwiegend altersabhängigen Thrombozytenabbaus bei Versuchstieren
und bei Gesunden.

Während sich bei der Ratte die Thrombozyten überwiegend
in der Zirkulation befinden, wird beim Menschen etwa ein
Drittel der Zellen in der Milz gespeichert. Hierbei werden bevorzugt die jungen Plättchen in der Milz zurück-
gehalten (KARPATKIN 1972, AMOROSI et al. 1971, SHULMAN
et al. 1968). Dies sind vor allem die großen Zellen oder
'Megathrombozyten', denn die Thrombozyten werden mit dem
Alter kleiner (MCDONALD und CHARMATZ 1969, KARPATKIN
1972, AMOROSI et al. 1971, KRAYTMAN 1973).

Im Modell wird angenommen, daß beim Menschen 54 % der
neu gebildeten Thrombozyten in der Milz festgehalten
werden. Mit wachsendem Alter sind sie zunehmend häufi-
ger in der Zirkulation zu finden, so daß sich von den
alten Zellen nur noch 19 % in der Milz aufhalten. Daraus errechnet sich ein Milzspeicher von 33 % für die
Thrombozyten und von 50 % für die Megathrombozyten (bei
einer Megathrombozytenlebensdauer von 32 h).

Für die Ratte wird im Modell ein Milzspeicher von 15 %
angenommen (ASTER 1967, HARKER 1971b). Wegen seiner
geringen Größe wird keine Altersabhängigkeit der gespeicherten Thrombozyten betrachtet. Dadurch sind die Verhältnisse in Milz und Zirkulation proportional, so daß
für viele Situationen der Milzspeicher vernachlässigt
werden kann.

Diese Modellannahmen lassen sich direkt anhand von Experimenten prüfen, bei denen der Milzspeicher, z.B. durch körperliche Anstrengung oder durch Gabe von Adrenalin, entleert wird. Die Daten zur Ausschüttung des Thrombozytenspeichers (LIBRE et al. 1968, BRANEHÖG et al. 1973) und des Megathrombozytenspeichers (FREEDMAN et al. 1977) beim Menschen unterstützen die Modellannahmen ebenso wie entsprechende Messungen beim Hund oder Kaninchen (FREEDMAN et al. 1977), die einen ähnlich großen Milzspeicher wie der Mensch haben.

Einen indirekten Hinweis auf die bevorzugte Milzspeicherung der jungen Thrombozyten liefern die ^{51}Cr-Kurven markierter, zirkulierender Thrombozyten. Diese hängen beim Gesunden leicht durch (z.B. ABRAHAMSEN 1968, KOTILAINEN 1969, KUMMER und BUCHER 1971) und werden nach Splenektomie angenähert linear (ASTER und JANDL 1964, KUMMER und BUCHER 1971). Bei der Ratte hingegen, die nur einen kleinen Milzspeicher hat, sind sie von Anfang an linear und bleiben nach Splenektomie unverändert (ASTER 1969).

Im Modell läßt sich dieses Phänomen durch die relative Überalterung der markierten Zellen erklären, welche aus der Zirkulation entnommen wurden. Bei einer Thrombozytenlebensdauer von 10 Tagen sterben somit in den ersten 5 Tagen mehr markierte Zellen ab als in den zweiten 5 Tagen. Im Modell errechnet sich eine Halbwertzeit von 4,3 Tagen, die sich bei Wegfall des Milzspeichers auf 5 Tage verlängert. Die gemessenen Halbwertzeiten liegen demgegenüber zwischen 3,8 und 4,7 Tagen für Gesunde und zwischen 4,5 und 5,2 Tagen für Splenektomierte nach Milztrauma (Tabelle 6.5).

Über die Mechanismen, welche bei der altersabhängigen
Milzspeicherung wirksam sind, werden im Modell keine
Annahmen gemacht. Insbesondere erlauben die Modellrech-
nungen keine Aussage darüber, ob ein Zusammenhang zwi-
schen dieser Altersstruktur und der Rolle der Milz als
Abbauort der alten Thrombozyten besteht.

Neben der Milz scheinen andere Thrombozytenspeicher
unbedeutend zu sein (ASTER 1966), und insbesondere die
früher diskutierte Rolle der Lunge als Produktionsstätte
und Speicher von Thrombozyten (HOWELL und DONAHUE 1937)
läßt sich nicht aufrechterhalten. Die in der Lunge ge-
fundenen Megakaryozyten sind über die Blutbahn dorthin
gelangt und die aus diesen freigesetzten Thrombozyten
stellen nur einen verschwindenden Anteil der Gesamtproliferation dar (KAUFMAN et al. 1965).

12.2.3 Thrombopoetin

Im Modell wird für die thrombopoetische Rückkopplung
nur eine Rückkopplungsgröße betrachtet, die gleichzeitig für die drei beschriebenen Wirkungen im Knochenmark
(zusätzliche Mitosen der determinierten Stammzellen und
Endomitosen der Megakaryozyten sowie verkürzte Marktransitzeit) verantwortlich gemacht wird. MCDONALD hat in
zahlreichen Versuchen die Existenz des Thrombopoetins
oder 'Thrombopoiesis Stimulating Factor' (TSF) nachge-
wiesen und genauer charakterisiert. Das Hormon findet
sich in serumfreien Nierenzellkulturen, ist relativ
hitzestabil, säurefest bei pH-Werten von 1 - 8, wird
durch Trypsin inaktiviert und kann gereinigt und
angereichert werden (z.B. MCDONALD et al. 1981).

Da über die Bildung des Thrombopoetins bei Stimulation und Suppression keine quantitativen Angaben vorliegen, wird in Anlehnung an das Erythropoetin der Erythropoese im Modell eine exponentielle Abhängigkeit der Hormonbildung vom Regulator des Thrombozytenbedarfs angenommen, wobei eine maximale Steigerung auf den 10 bis 100fachen Normalwert möglich sein soll. Die Umsatzzeit des Thrombopoetins wird, ebenfalls in Anlehnung an das Erythropoetin, auf 6 Stunden festgesetzt.

Während eine Parametervariation der maximalen Proliferationsrate sich nicht sehr stark auf das Modellverhalten auswirkt, geht die Thrombopoetinumsatzzeit empfindlicher ein. Die Modellrechnungen zeigen, daß Werte oberhalb von 12 - 24 h nicht mit den Daten vereinbar sind, da der Regelkreis in diesem Fall zu träge reagiert. Das Modell liefert somit eine obere Abschätzung für die Thrombopoetinumsatzzeit, welche nicht direkt bestimmbar ist.

Ferner ist ungeklärt, ob ein Stimulator allein für die Wirkung im Knochenmark verantwortlich ist (MCDONALD 1973), ob Mitosen der determinierten Stammzellen und Endomitosen der Megakaryozyten durch zwei unabhängige Stimulatoren geregelt werden (HARKER 1974) oder ob ein Inhibitor die entscheidende Rolle spielt (CRONKITE et al. 1961). Für die Modellbetrachtungen ist das ohne Bedeutung, solange sich die Wirkung aller Stimulatoren und Inhibitoren zu einer Gesamtwirkung zusammenfassen läßt, die dann dem 'Thrombopoetin' des Modells entspricht. Es gibt aber pathophysiologische Einflüsse, die auch im Modell die Annahme zusätzlicher Regulationsgrößen erforderlich machen (s.u.).

12.2.4 <u>Regulatoren der Thrombopoetinbildung</u>

Als Regulatoren der Thrombopoetinbildung werden die Gesamtthrombozytenzahl (DE GABRIELE und PENINGTON 1967)
und die zirkulierende Thrombozytenzahl (HARKER und
FINCH 1969, HARKER 1971a) diskutiert. Bei kleinem oder
fehlendem lienalem Speicher sind diese beiden Hypothesen praktisch identisch, bei großem Thrombozytenspeicher aber führt die Frage, ob sein Inhalt an der Rückkopplung beteiligt ist oder nicht, zu erheblichen Auswirkungen auf die megakaryozytäre Proliferation.

Nimmt man an, daß die Gesamtthrombozytenzahl für die
Rückkopplung verantwortlich ist, dann hat die Entfernung oder Vergrößerung des Milzspeichers keine Konsequenzen für die Proliferation: Im neuen Gleichgewicht
müßten Megakaryozytenzahl und -volumen sowie die Gesamtthrombozytenzahl normal sein. Lediglich die Zahl
zirkulierender Thrombozyten müßte sich nach Splenektomie bei 150 % des Normalwertes stabilisieren und bei
Splenomegalie je nach Ausmaß der Milzvergrößerung verkleinert werden.

Bei der Regulation durch die zirkulierende Plättchenzahl
dagegen müßte die Splenektomie, die ja die zirkulierende Plättchenzahl wegen des Wegfalls des Speichers vergrößert, zu einer verminderten Proliferation führen. Anzahl und Volumen der Megakaryozyten wären ebenso wie
die Gesamtthrombozytenzahl verkleinert und die zirkulierende Zellzahl wäre nur leicht erhöht. Die umge-
kehrten Verhältnisse müßten bei Splenomegalie vorliegen.

Die vorhandenen Daten zur Splenektomie und künstlichen
Splenomegalie bei der Ratte (HARKER 1971b, DE GABRIELE
und PENINGTON 1967, TARNUZI und SMILEY 1967, ROLOVIC
und BALDINI 1970, PEDERSEN 1974, EBBE et al. 1981) sind
teilweise kontrovers und erlauben keine eindeutige Aussage. Die Daten hämatologisch Gesunder (Splenektomie
nach traumatischer Milzruptur bzw. Splenomegalie durch
intrahepatischen Stau bei Leberzirrhose) von KUTTI et
al. (1975), BURGER und SCHMELCZER (1973), KOTILAINEN
(1969) und ADAM (1974) sprechen dagegen deutlich gegen
eine Rückkopplung durch die zirkulierende Thrombozytenzahl und für eine Rückkopplung durch die Gesamtthrombozytenzahl. Letztere Annahme wurde deshalb für die weiteren Modellrechnungen zugrundegelegt.

Neben diesen beiden Regulationshypothesen werden andere
Alternativen diskutiert. So stellt ASTER (1966) zur Diskussion, daß der Plättchenverbrauch die Proliferation regu-
lieren könnte. Die alleinige Rückkopplung über den
Thrombozytenabbau müßte aber z.B. bei einer Hypertransfusion zu einer Proliferationssteigerung statt zur verminderten Proliferation führen, und auch in anderen
Situationen steht diese Hypothese im Widerspruch zu den
Daten, wie Vergleichsrechnungen zeigen. Der Thrombozytenabbau kann also beim Gesunden nur eine untergeordnete Rolle bei der thrombopoetischen Rückkopplung spielen.

Eine Rückkopplung über die Megakaryozytenzahl, wie sie
von EBBE und PHALEN (1979) diskutiert wird, kann allen-
falls zusätzlich zur Regulation über die Thrombozytenzahl wirksam sein, weil sonst die Stabilität des Gesamtsystems nicht aufrecht erhalten werden könnte.

12.2.5 Stimulations- und Suppressionsexperimente

Neben der bereits dargestellten Prüfung einzelner Elemente des thrombopoetischen Regelkreises ist vor allem das Zusammenwirken der Einzelteile der entscheidende Test für die Qualität des Modells. Hierzu eignen sich Stimulations- und Suppressionsuntersuchungen, bei denen die Thrombozytenzahl durch äußeren Eingriff verändert wird. Die Reaktion des Regelkreises auf derartige Thrombozytopenien oder Thrombozytosen spiegelt sich in den megakaryozytären (Anzahl, Größe, Ploidy-Wert) und thrombozytären Meßwerten (Zellkonzentration, Größenverteilung, Recovery-Wert, Überlebensdauer) wider.

Der Regelkreis der Ratte reagiert im Modell auf starke akute Thrombozytopenien mit einem frühen Anstieg des Megakaryozytenvolumens und einem deutlich späteren und schwächeren Anstieg der Megakaryozytenzahl. Als Folge dieser Proliferationssteigerung zeigt die Thrombozytenzahl ein reaktives Überschießen mit einem Maximum nach 5 und einer Normalisierung nach 10 - 15 Tagen. Bei der akuten Thrombozytose findet man ein spiegelbildliches Verhalten: Das Volumen der Megakaryozyten wird deutlich kleiner, während ihre Anzahl nur geringfügig und verspätet abfällt. Die dadurch bedingte reaktive Thrombozytopenie am 5. - 6. Tag ist weniger ausgeprägt als die reaktive Thrombozytose bei verminderter Ausgangszellzahl. Auch hier normalisieren sich die Verhältnisse nach 10 - 15 Tagen. Diese Modellkurven stehen in guter Übereinstimmung mit den Meßwerten. Die Modellanalyse zeigt ferner einen wichtigen Unterschied auf zwischen Thrombozytopenien, welche durch Austauschtransfusion und solchen, welche durch Gabe von Antiplättchenserum erzeugt werden: Während die Daten zur Austauschtransfusion unmittelbar im Modell zu verstehen sind, muß man bei den

Antiplättchenseren eine zusätzliche zerstörerische Wirkung auf die Megakaryozyten oder die neu gebildeten Thrombozyten annehmen. Diese zusätzliche Wirkung ist schon seit längerem vermutet worden (ODELL et al. 1969).

Beim Menschen verläuft die Reaktion des Regelkreises auf eine Thrombozytose und Thrombozytopenie ähnlich wie bei der Ratte, die Zeit bis zur Normalisierung des Regelsystems ist aber etwa doppelt so groß. Die vorliegenden Daten werden dabei ebenfalls vom Modell reproduziert.

Chronische Thrombozytopenien oder Thrombozytosen werden im Modell durch dauerhafte Anhebung oder Absenkung des Thrombopoetinwertes simuliert. Auch hierbei reagiert das Volumen der Megakaryozyten auf die veränderten Stimulationsbedingungen früher als die Anzahl. Langfristig steigt aber die Megakaryozytenzahl stärker an bzw. fällt stärker ab als das Volumen der Zellen.

Der Vergleich mit tierexperimentellen Daten bestätigt die Modellergebnisse. Beim Menschen liegen chronische Thrombozytopenien und Thrombozytosen zwar in großer Anzahl vor, nämlich bei allen Erkrankungen der Thrombopoese, sie können aber erst im Modell ausgewertet werden, wenn die sonstigen pathophysiologischen Auswirkungen dieser Krankheiten auf den Regelkreis analysiert sind.

12.2.6 Sensitivität der Modellannahmen

Neben den Standardmodellannahmen wurde eine Vielzahl von Alternativen zu Rückkopplungseinflüssen, zur lienalen Speicherung, zum Abbau der Thrombozyten und zu den Modellparametern untersucht. Die wichtigsten Ergebnisse dieser Sensitivitätsanalyse sind:

- Bei <u>akuten Stimuli</u> ist der Thrombopoetineinfluß auf die <u>megakaryozytären Endomitosen</u> die entscheidende Größe., Er stellt somit die Sofortreaktion des Regelkreises dar.

- Bei <u>chronischen Stimuli</u> ist der Thrombopoetineinfluß auf die <u>determinierten Stammzellen</u> wichtiger, da diese die größere Proliferationsreserve enthalten.

- Die Verkürzung oder Verlängerung der <u>Knochenmarktransitzeit</u> ist von untergeordneter Bedeutung.

- Der <u>altersabhängige Abbau der Thrombozyten</u> beim Gesunden ist ein wichtiger Faktor, ohne den viele Stimulationsexperimente quantitativ nicht zu verstehen sind.

- Die Annahmen zum <u>Milzspeicher</u> (bevorzugte Speicherung junger Thrombozyten, Beteiligung der Milzthrombozyten an der Rückkopplung) spielen nur bei Situationen eine wichtige Rolle, in denen der lienale Speicher verändert ist (Entleerung, Splenektomie, Splenomegalie). In allen anderen Fällen haben sie keinen großen Einfluß.

- Beim <u>Thrombopoetin</u> spielen die Annahmen zur maximalen und minimalen Hormonbildungsrate eine weniger wichtige Rolle als die Annahmen zur Umsatzzeit. Diese kann nicht größer als 12 - 24 h sein, weil sonst das Rückkopplungssystem träger reagieren würde als dies den tatsächlich gemessenen Erholungskurven für die Zellzahlen entspricht.

12.3 Pathophysiologische Mechanismen

Zusätzlich zur physiologischen Regulation werden einige
wichtige pathophysiologische Einflüsse anhand von Modellrechnungen analysiert. Dadurch ist es möglich, kontro-
verse Hypothesen über die zugrundeliegenden Mechanismen
zu testen und quantitative Aussagen über deren Wirkungen zu machen.

12.3.1 Verkürzte Thrombozytenlebensdauer

Die Verkürzung der Thrombozytenlebensdauer wird im Modell dadurch simuliert, daß zusätzlich zum altersabhängigen Absterben der Thrombozyten (nach 4,5 Tagen bei der
Ratte bzw. nach 10 Tagen beim Menschen) ein altersunabhängiger Anteil hinzukommt, der proportional zur Zellzahl ist. Dieses altersunabhängige Absterben kann z.B.
mechanisch (künstliche Herzklappen), konsumptiv (Plättchenverbrauch bei Wundheilung oder Thrombose) oder im-
munologisch (Autoimmunerkrankung, Antiplättchenserum)
bedingt sein.

Speziell für Gleichgewichtszustände gelingt es, die
^{51}Cr-Markierungskurven in geschlossener Form anzugeben.
Hierbei zeigt sich, daß bei gleich starkem Thrombozytenabbau die Halbwertzeiten homologer Plättchen gesunder
Spender stets kleiner sind als die entsprechenden autologen Halbwertzeiten. Diese Differenz, die bis zu einem
halben Tag betragen kann, erklärt sich aus der unterschiedlichen Altersstruktur der homologen und autologen
Thrombozyten. Eine Umrechnung zwischen beiden Größen ist
möglich.

Es gibt andere Ansätze zur Auswertung von Überlebenskurven, die sich auf die Thrombopoese anwenden lassen

(DORNHORST 1951, MURPHY und FRANCIS 1969, 1971). Für
stark verkürzte Überlebenszeiten sind diese Beschrei-
bungen äquivalent zu dem Verfahren,welches in der vorliegenden Arbeit verwendet wird. Für normale oder nur
geringfügig verkürzte Lebensdauern ergeben sich jedoch
Unterschiede, vor allem, weil die genannten Autoren den
Milzspeicher vernachlässigen und stattdessen Zusatzannahmen wie den teilweisen Verlust der ^{51}Cr-Markierung
oder eine physiologische Plättchenzerstörung am Endothe-
lium betrachten, die aber insgesamt unbefriedigend bleiben (DAVEY 1966, ADAM 1974).

Mit dem Modell ist es ebenfalls möglich, die Gleichge-
wichtsproliferation in Abhängigkeit von der Thrombozytenhalbwertzeit anzugeben und Nomogramme herzustellen, welche es gestatten, aus Messungen im Blut die Knochenmarkproliferation abzuschätzen. Benötigt werden hierzu die
zirkulierende Thrombozytenzahl, die Halbwertzeit und
der Recovery-Wert von markierten Thrombozyten. Diese
Nomogramme eignen sich zunächst, die Proliferation als
Vielfaches des Normalwertes darzustellen und liefern eine Verbesserung der bisherigen Berechnungsformel (HARKER
und FINCH 1969). Vor allem aber gestatten die Nomogramme einen Sollwertvergleich, aus dem sich unmittelbar ablesen läßt, ob die Thrombozytenproliferation dem Bedarf
adäquat angepaßt ist. Dadurch ist eine Aussage über die
'Proliferationsreserve' des Knochenmarks möglich, und
es lassen sich zusätzliche Einflüsse wie ineffektive
Thrombopoese, autonome Proliferation, Hypoproliferation
und Zerstörung von Knochenmarkzellen quantifizieren.

12.3.2 Thrombozytose bei Operationstrauma und Verbrennung

Der Einfluß von Operationstraumen und Verbrennungen auf
die Thrombopoese wird von ASTER (1967), EURENIUS et al.
(1972), ODELL und MURPHY (1974b) und SIEMENSMA (1981)

als Stimulus für die Stammzellproliferation verstanden,
der vermutlich die pluripotenten Stammzellen betrifft,
da Erythropoese und Granulopoese ebenfalls angeregt
werden (WIDMAN et al. 1971). Im Modell wird dieser Zusammenhang vereinfacht durch eine Proliferationssteigerung der thrombopoetischen Stammzellen simuliert. Zusätzlich wird auf Grund der Daten von EBBE et al. (1968a),
SIEMENSMA (1981) und EURENIUS et al. (1972) angenommen,
daß das Megakaryozytenvolumen bei dieser Art der Stimulation konstant bleibt. Der Vergleich der Modellrechnungen
mit den Daten zum Operationstrauma zeigt, daß je nach
Schwere des Eingriffs eine 2 - 6fach erhöhte Stammzellproliferation benötigt wird, um die postoperative Thrombozytose zu verstehen. Die Stimulation ist initial am
stärksten und verschwindet   innerhalb von ein bis
vier Wochen. Ein direkter Zusammenhang mit dem Thrombozytenverbrauch ist nicht nachweisbar. So zeigt sich zwar
bei schweren Operationen ebenfalls eine vorübergehende
Verkürzung der Thrombozytenlebensdauer als Ausdruck des
Plättchenverbrauchs (SLICHTER et al. 1974, ABRAHAMSEN
1968), die postoperative Thrombozytose tritt aber auch
ohne meßbaren Thrombozytenverbrauch auf (EBBE et al.
1968a, ODELL und MURPHY 1974b, PEDERSEN 1974, WIDMAN et
al. 1971).

Nach schweren Verbrennungen ist die Thrombozytose noch
stärker ausgeprägt, und im Modell muß eine 5 - 20fach
gesteigerte Stammzellproliferation über mehr als einen
Monat angenommen werden, um die Daten zu reproduzieren.
Auch hier ist die verkürzte Thrombozytenlebensdauer
(EURENIUS et al. 1972, SIMON et al. 1977) bei weitem
nicht ausreichend, um diesen Effekt zu erklären.

Im Licht dieser Modellergebnisse erscheint der Erklä-

rungsversuch der Thrombozytose durch den Thrombozytenverbrauch (EURENIUS et al. 1972) weniger
wahrscheinlich als die Annahme von ODELL und MURPHY
(1974b) und SIEMENSMA (1981), daß Faktoren bei der
Wundheilung freigesetzt werden, welche das Knochenmark
stimulieren.

Abschließend sei bemerkt, daß der zusätzliche Stammzellstimulus zum Verständnis der Operationsdaten und
der Verbrennungsdaten unabdingbar benötigt wird. Das
konstant gehaltene Megakaryozytenvolumen hingegen spielt
eine weniger wichtige Rolle und wirkt sich vor allem in
den Thrombozytenzahlen nach Verbrennung aus, die ohne
diese Annahme zu früh ansteigen würden.

12.3.3 Splenektomie, Splenomegalie, Milzinhibitor

Die Frage der humoralen Kontrolle der Thrombopoese durch
die Milz wird kontrovers diskutiert. So glauben BESSLER
et al. (1978), COONEY und SMITH (1968), ABESADZE et al.
(1978), CROSBY (1963), LAUFER et al. (1978) und TARNUZI
und SMILEY (1967), daß die Milz einen Inhibitor bildet,
welcher die medulläre Thrombopoese supprimiert. HARKER
(1974), STUTTE (1973) und SIEMENSMA (1981) sehen indes
keinen Hinweis auf eine regulative Funktion der Milz.

Die Milzinhibitorhypothese wurde aufgestellt, um einerseits die starke Thrombozytose nach Splenektomie, andererseits die Thrombozytopenie bei Splenomegalie zu erklären. Für die Splenomegalie ist aber mittlerweile die
Annahme einer Markhemmung durch die vergrößerte Milz
verlassen worden, und man sieht die Ursache für die ver-
ringerte Zahl zirkulierender Plättchen in einer Vergrößerung des lienalen Milzspeichers (DE GABRIELE und

PENINGTON 1967, COONEY und SMITH 1968), kombiniert mit einem verstärkten Plättchenabbau (ASTER 1967, GEHRMANN et al. 1972).

Während einige Autoren glauben, die Thrombozytose nach Splenektomie ließe sich bei Mäusen und Ratten allein durch den Wegfall des Milzspeichers erklären (KRISZA et al. 1970, 1974, ROLOVIC und BALDINI 1970), wird beim Menschen überwiegend angenommen, daß der Wegfall des Milzinhibitors für die Steigerung der Knochenmarkproliferation verantwortlich sei (WICKRAMASINGHE 1975, LAUFER et al. 1978, SHREINER und LEVIN 1973, CROSBY 1963). Daneben gibt es weitere Hinweise auf die Existenz humoraler Milzfaktoren. So finden TARNUZI und SMILEY (1967) bei Ratten eine Suppression der Thrombozytose nach Splenektomie durch Implantation von 10 % der Milz,und BESSLER et al. (1978) erreichen den gleichen Effekt durch die Gabe von Milzlymphozyten nach Splenektomie bei Mäusen. Andererseits finden WIDMAN et al. (1971) nach Splenektomie von Ratten die übliche Thrombozytose, auch wenn zusätzlich 1/4 der Milz in zerkleinerter Form intraperitoneal injiziert wurde,und JOHNSTON und STRIKE(1962)finden bei Meerschweinchen sogar eine gesteigerte Megakaryozytopoese nach Gabe von Milzextrakt. Ferner spricht die Tatsache, daß die Plättchenzahlen 1 bis 12 Jahre nach Splenektomie wegen traumatischer Milzruptur(KUTTI und WEINFELD 1971) oder Splenomegalie bei Leberzirrhose (GÜTGEMANN et al. 1961) wieder im Normbereich liegen, gegen den dauerhaften Fortfall eines Inhibitors und eher für eine vorübergehende Dysregulation des Knochenmarks (LAYENDECKER und MCDONALD 1982). Insgesamt muß man wohl mit STUTTE (1973) festhalten:
'Zur Frage nach den humoralen, das Knochenmark beeinflussenden Milzwirkstoffen ist zu sagen, daß es zur Zeit weder klinische noch experimentelle Befunde gibt, aus de-

nen ein Beweis für die Existenz dieser Stoffe abgeleitet werden könnte'.

Die Modellrechnungen zeigen, daß die Thrombozytopenie bei Splenomegalie durch die Vergrößerung des lienalen Milzspeichers zu verstehen ist, wenn man zusätzlich einen etwas verstärkten Plättchenabbau annimmt. Bei Patienten mit Leberzirrhose und Splenomegalie ohne Thrombosen oder hämatologische Zweiterkrankungen zeigt sich nämlich, daß die thrombopoetische Proliferation um den Sollwert schwankt (50 % - 180 %) und keine systematische Abweichung zeigt. Das spricht gegen eine splenomegale Markhemmung, bei der die Knochenmarkproliferation systematisch verringert sein müßte. Die Modellanalyse unterstützt mithin die Annahme, daß bei Splenomegalie kein Milzinhibitor wirksam ist.

Die Modellrechnungen zur Splenektomie zeigen, daß der alleinige Wegfall des Milzspeichers zur Erklärung der Thrombozytose nicht ausreicht. Der 'normale' thrombopoetische Stimulus, der durch den gleichzeitigen Wegfall der Milzthrombozyten bei Herausnahme des Organs entsteht, ist ebenfalls zu schwach. Durch die Annahme einer vorübergehenden Stammzellstimulation indes läßt sich die beim Versuchstier und beim Menschen gefundene Thrombozytose im Modell reproduzieren. Hierzu reicht ein Stammzellstimulus von der Stärke aus, wie er zur Simulation vergleichbarer chirurgischer Eingriffe benötigt wird. Daraus folgt, daß die massive Thrombozytose beim hämatologisch Gesunden mit Thrombozytenwerten von 300 - 400 % , die nach einiger Zeit wieder in die Nähe des Normalwertes zurückkehren, sich allein aus der Kombination von postoperativer Stammzellproliferation und Wegfall des lienalen Thrombozytenspeichers samt Inhalt quantitativ verstehen läßt. Die zusätzliche Annahme eines Milzinhibitors ist danach auch bei der Splenektomie entbehrlich.

12.4 Weitere Modellanwendungen

Am Beispiel der Thrombopoese konnte gezeigt werden, wie
sich mathematische Modelle in der Hämatologie anwenden
lassen. Sie bieten zunächst die Möglichkeit, das biologisch - medizinische Wissen in kompakter Form zusammen-
zufassen und aufzuzeigen, welches die wichtigsten Einflußgrößen sind. Darüberhinaus erlauben sie, biologische Hypothesen zu testen, indem diese in die Sprache
der Mathematik übersetzt und ihre Konsequenzen berechnet werden. Dadurch ist es möglich, unhaltbare Hypothesen herauszufinden und zu verwerfen. Für die Thrombopoese wurde dies an mehreren Beispielen demonstriert, und
auch für die Erythropoese und die Stammzellregulation
gelingt es mittlerweile, zwischen Hypothesen, die im
Schrifttum kontrovers diskutiert werden,mit Hilfe von
Modellrechnungen Entscheidungen zu treffen (WICHMANN
1982a, WICHMANN und LOEFFLER 1982).

Eine weitere Anwendungsmöglichkeit mathematischer Modelle ist die Planung und Auswertung neuer Experimente.
Durch Simulationsrechnungen ist es nämlich in gewissem
Umfang möglich,den Ausgang dieser Experimente abzuschätzen und dadurch wichtige Informationen zur Präzisierung
der Fragestellungen und zum Erstellen des Versuchsproto-
kolls zu erhalten. Nach Ausführung eines Experiments
zeigt sich dann, wieweit die Modellvoraussagen richtig
waren und ob die Modellannahmen ergänzt oder modifiziert
werden müssen. Hierzu gibt es mehrere Kooperationen der
eigenen Arbeitsgruppe mit experimentellen Hämatologen
und Klinikern, die aber erst zum Teil publiziert sind
(LOEFFLER und WICHMANN 1980b,LINKER et al. 1981, LOEFF-
LER et al. 1982, WICHMANN et al. 1982).

Außer bei Problemen der hämatologischen Grundlagenforschung

ergeben sich Anwendungen der Modelle im klinischen Bereich. Zum einen besteht die Möglichkeit, Störungen, die bei hämatologischen Erkrankungen vorliegen,mit Hilfe von Modellrechnungen genauer zu analysieren. So eignen sich z.B. die in Kapitel 9.2 entwickelten Nomogramme dazu, die kontrovers diskutierte Frage zu unterscheiden, ob bei der idiopathischen thrombozytopenischen Purpura (ITP) neben der Zerstörung der Thrombozyten durch Autoantikörper auch eine ineffektive Thrombopoese vorliegt (HARKER 1970b, BRANEHÖG et al. 1973),oder ob es bei Thrombosen, ähnlich wie bei Operationstraumen oder Verbrennungen, zu einer verstärkten Plättchenbildung kommt (ABRAHAMSEN 1968).

Ein weiterer Anwendungsbereich ist die Therapieplanung. Wie für die Erythropoese gezeigt werden konnte (WICHMANN 1976, WICHMANN et al. 1976, WICHMANN 1982a), lassen sich therapeutische Eingriffe im Modell simulieren, wenn ihr Angriffspunkt im Regelkreis angegeben werden kann. Ausgehend von diesem Konzept sollen in der Zukunft die Auswirkungen zytostatischer Schemata auf die Blutbildung untersucht werden. Dazu ist ein möglichst genaues Verständnis der Wirkprofile der einzelnen zytotoxischen Substanzen erforderlich, welche anhand der Modellanalyse tierexperimenteller Daten erstellt werden sollen. Mit den Vorarbeiten hierzu wurde begonnen (LOEFFLER 1982, WICHMANN und LOEFFLER 1983).

13 Zusammenfassung

Ausgehend von einem Ansatz, den VON FOERSTER (1959)
entwickelt hat, werden allgemeine Modellgleichungen für
Stammzellen, proliferierende und reifende Knochenmarkzellen und ausgereifte Funktionszellen im Blut hergeleitet, die zur Konstruktion mathematischer Regelkreis-
modelle der Blutbildung geeignet sind. Mit dem gleichen
Formalismus werden spezielle Gleichungstypen entwickelt,
die zur Charakterisierung bestimmter Speicherstrukturen
oder Markierungskurven benötigt werden.

Diese mathematischen Hilfsmittel werden exemplarisch auf den Regelkreis der Thrombopoese angewandt.
Zunächst wird ein Modell für die Ratte entwickelt, welches die determinierten thrombopoetischen Stammzellen,
die Megakaryozyten, die Thrombozyten und das Rückkopplungshormon Thrombopoetin berücksichtigt. Das Modell
wird anhand der Daten zu akuter und chronischer Thrombozytopenie und Thrombozytose getestet. Insgesamt ergibt
sich, daß der Regelkreis auf thrombozytopenische Stimuli mit einer schnellen Vergrößerung des Megakaryozytenvolumens und einer langsameren, aber bei lang andauernder Anregung wirkungsvolleren Vergrößerung der Megakaryozytenzahl reagiert.

Bei der Übertragung dieses Modells auf den Menschen muß
zusätzlich der Thrombozytenspeicher in der Milz berücksichtigt werden. Dabei zeigt sich, daß die Milz bevorzugt die jungen Zellen speichert, wodurch sich u.a. das
leichte Durchhängen der Plättchenüberlebenskurven Gesunder erklären läßt. Für die Thrombopoetinbildung scheint
die Gesamtthrombozytenzahl in Zirkulation und Milz verantwortlich zu sein.

Neben der physiologischen Reaktion des Regelkreises
werden einige pathophysiologische Mechanismen untersucht. Dabei zeigt sich, daß bei verkürzter Thrombozytenlebensdauer die Halbwertzeiten homologer Plättchen
systematisch kürzer sind als diejenigen autologer Zellen.
Ferner lassen sich Nomogramme angeben, welche es gestatten, die Knochenmarkproliferation bei verkürzter Thrombozytenlebensdauer aus Messungen im Blut abzuschätzen.

Nach chirurgischen Eingriffen und Verbrennungen kommt es
zur Thrombozytose, die sich quantitativ verstehen läßt,
wenn man annimmt, daß das Trauma zu einer Stimulation im
Stammzellbereich führt. Der gleiche Mechanismus ist ebenfalls in der Lage, die starke Thrombozytose nach Splenektomie quantitativ zu erklären, wobei der Milzspeicherverlust naturgemäß ebenfalls zu berücksichtigen ist. Zur
Erklärung dieses Phänomens wird somit die häufig diskutierte Hypothese eines Milzinhibitors ebensowenig benötigt wie zum Verständnis der Thrombozytopenie bei Splenomegalie. Die Modellrechnungen zeigen nämlich, daß diese aus dem vergrößerten Milzspeicher und einer leicht
verkürzten Thrombozytenlebensdauer zu verstehen ist.

Insgesamt werden in dieser Arbeit 10 unterschiedliche
Stimulations- oder Suppressionseinflüsse untersucht (akute
und chronische Thrombozytopenie und Thrombozytose, Adrenalingabe,Splenektomie, Splenomegalie, verkürzte Thrombozytenlebensdauer, Operationstrauma, Verbrennung). Hierbei
werden über 60 Kurvenverläufe mit entsprechenden experimentellen und klinischen Daten verglichen (über 600 Datenpunkte). Das Modell der Thrombopoese der Ratte enthält 5
Differentialgleichungen mit 12 Parametern, von denen 9
direkt meßbar sind. Lediglich 3 freie Parameter sind
aus 34 Verlaufskurven zu schätzen. Das Modell für den
Menschen enthält 7 Differentialgleichungen mit 15 Parametern. Hiervon sind 5 freie Parameter aus 29 Verlaufskurven zu schätzen.

14 Literaturverzeichnis

1 AARNAES,E.: SOME ASPECTS OF THE CONTROL OF RED BLOOD CELL
PRODUCTION,A MATHEMATICAL APPROACH. THESIS UNIV. OSLO (1977)
1-101

2 AARNAES,E.: A MATHEMATICAL MODEL OF THE CONTROL OF RED BLOOD
CELL PRODUCTION. IN: VALLERON,A.J.,MACDONALD,P.D.M.:
BIOMATHEMATICS AND CELL KINETICS. ELSEVIER/NORTH-HOLLAND
BIOMEDICAL PRESS (1978) 309-321

3 AAS,K.N.;GARDNER,F.H.: SURVIVAL OF BLOOD PLATELETS LABELED
WITH CHROMIUM 51. J.CLIN.INVEST. 37 (1958) 1257-1268

4 ABESADZE,A.I.;BOGVELISHVILI,M.V.;KVERNADZE,M.G.;IOSAVA,G.G.:
THE ROLE OF THE SPLEEN IN THE REGULATION OF THROMBOCYTO-
POIESIS. BIULL.EKSP.BIOL.MED. 86 (1978) 718-720

5 ABRAHAMSEN,A.F.: SURVIVAL OF CR51-LABELLED HUMAN PLATELETS.
UNIVERSITY OF OSLO (1968) 7-53

6 ABRAHAMSEN,A.F.: EFFECTS OF AN ENLARGED SPLENIC PLATELET POOL
IN HODGKIN'S DISEASE. SCAND.J.HAEMAT. 9 (1972) 153-158

7 ADAM,W.: UNTERSUCHUNGEN UEBER DIE THROMBOZYTENKINETIK UND
THROMBOZYTENSUBSTITUTION BEI PATIENTEN MIT THROMBOZYTOPENIE.
HABILITATIONSSCHRIFT ULM (1974) 1-159

8 ALEXANIAN,R.: ERYTHROPOIETIN EXCRETION IN BONE MARROW
FAILURE AND HEMOLYTIC ANEMIA. J.LAB.CLIN.MED. 82 (1973)
438-445

9 AMOROSI,E.;GARG,S.K.;KARPATKIN,S.: HETEROGENEITY OF HUMAN
PLATELETS. 4.IDENTIFICATION OF A YOUNG PLATELET POPULATION
WITH 75SE-SELENOMETHIONINE. BRIT.J.HAEMAT. 21 (1971) 227-232

10 AN DER HEIDEN,U.: DELAYS IN PHYSIOLOGICAL SYSTEMS.
J.MATH.BIOL. 8 (1979) 345-364

11 ASTER,R.H.: POOLING OF PLATELETS IN THE SPLEEN: ROLE IN THE
PATHOGENESIS OF "HYPERSPLENIC" THROMBOCYTOPENIA. J.CLIN.INV.
45 (1966) 645-657

12 ASTER,R.H.: STUDIES OF THE MECHANISM OF "HYPERSPLENIC"
THROMBOCYTOPENIA IN RATS. J.LAB.& CLIN.MED. 70 (1967)
736-751

13 ASTER,R.H.: STUDIES OF THE FATE OF PLATELETS IN RATS AND MAN.
BLOOD 34 (1969) 117-128

14 ASTER,R.H.;JANDL,J.H.: PLATELET SEQUESTRATION IN
MAN. 1.METHODS. J.CLIN.INV. 43 (1964) 843-855

15   BALDINI,M.G.: HEREDITARY INTRINSIC DEFECTS. IN:
     PAULUS,J.M.: PLATELET KINETICS.RADIOISOTOPIC,CYTOLOGICAL,
     MATHEMATICAL AND CLINICAL ASPECTS. NORTH-HOLLAND PUBLISHING
     COMPANY AMSTERDAM. (1971)

16   BAROSI,G.;BERZUINI,C.;CAZZOLA,M.;COLLI FRANZONE,P.;
     MORANDI,S.;STEFANELLI,M.;VIGANOTTI,C.;PERUGINI,S.D.: AN
     APPROACH BY MEANS OF MATHEMATICAL MODELS TO THE ANALYSIS OF
     FERROKINETIC DATA OBTAINED BY LIQUID SCINTILLATION COUNTING
     OF FE59. J.NUCL.BIOL.&MED. 20 (1976) 8-22

17   BAROSI,G.;CAZZOLA,M.;STEFANELLI,M.;PERUGINI,S.:
     ERYTHROPOIESIS AND IRON KINETICS. BRIT.J.HAEMATOL. 40 (1978)
     503-504

18   BELLMAN,R.;COOKE,K.: DIFFERENTIAL DIFFERENCE EQUATIONS.
     ACADEMIC PRESS NEW YORK (1963)

19   BESSLER,H.;MANDEL,E.M.;DJALDETTI,M.: ROLE OF THE SPLEEN AND
     LYMPHOCYTES IN REGULATION OF THE CIRCULATION PLATELET NUMBER
     IN MICE. J.LAB.CLIN.MED. 91 (1978) 760-768

20   BLEIFELD,W.: UEBERLEBENSZEIT UND ABBAU MENSCHLICHER
     THROMBOZYTEN. ACTA MED.SCAND. SUPPL. 498 (1969) 1-90

21   BOCK,H.G.: A MULTIPLE SHOOTING METHOD FOR PARAMETER
     IDENTIFICATION IN NONLINEAR DIFFERENTIAL EQUATIONS. GAMM
     CONFERENCE BRUSSELS (1978)

22   BOCK,H.G.: DERIVATIVE FREE METHODS FOR PARAMETER
     IDENTIFICATION IN NONLINEAR DIFFERENTIAL EQUATIONS.
     DISSERTATION UNIVERSITAET BONN (1981a)

23   BOCK,H.G.: NUMERICAL TREATMENT OF INVERSE PROBLEMS IN
     CHEMICAL REACTION KINETICS. IN:
     EBERT,H.H.,DEUFLHARD,P.,JAEGER,W.: MODELLING OF CHEMICAL
     REACTION SYSTEMS. CHEMICAL PHYSICS 18 SPRINGER HEIDELBERG
     (1981b) 102-125

24   BOCK,H.G.;SCHLOEDER,J.: NUMERICAL SOLUTION OF RETARDED
     DIFFERENTIAL EQUATIONS WITH STATE-DEPENDENT TIME LAGS.
     SONDERFORSCHUNGSBEREICH 72, APPROXIMATION UND OPTIMIERUNG
     UNIVERSITAET BONN (1980) PREPRINT NO. 402

25   BRANEHOEG,I.;WEINFELD,A.;ROOS,B.: THE EXCHANGEABLE SPLENIC
     PLATELET POOL STUDIED WITH EPINEPHRINE INFUSION IN
     IDIOPATHIC THROMBOCYTOPENIC PURPURA AND IN PATIENTS WITH
     SPLENOMEGALY. BRIT.J.HAEMAT. 25 (1973) 239-248

26   BREMERMANN,H.: A METHOD OF UNCONSTRAINED GLOBAL
     OPTIMIZATION. MATH.BIOSC. 9 (1970) 1-15

27 BRESLOW,A.;KAUFMAN,R.M.;LAWSKY,A.R.: THE EFFECT OF SURGERY
    ON THE CONCENTRATION OF CIRCULATING MEGAKARYOCYTES AND
    PLATELETS. BLOOD 32 (1968) 393-401

28 BRONSTEIN,I.N.;SEMENDJAJEW,K.A.: TASCHENBUCH DER MATHEMATIK.
    VERLAG H.DEUTSCH, ZUERICH (1971)

29 BULIRSCH,R.: DIE MEHRZIELMETHODE ZUR NUMERISCHEN LOESUNG VON
    NICHTLINEAREN RANDWERTPROBLEMEN UND AUFGABEN DER OPTIMALEN
    STEUERUNG. CARL CRANZ GESELLSCHAFT, TECHN. REP. (1971)

30 BULIRSCH,R.; STOER,J.: NUMERICAL TREATMENT OF ORDINARY
    DIFFERENTIAL EQUATIONS BY EXTRAPOLATION METHODS. NUM. MATH.
    8 (1966) 1-13

31 BURGER,T.;KELENYI,G.;KETT,K.;KUTAS,J.;SCHMELCZER,M.;
    SZILAGYI,K.: PLATELET STORAGE IN THE SPLEEN IN IDIOPATHIC
    THROMBOCYTOPENIC PURPURA AND CONGESTIVE SPLENOMEGALY. ACTA
    MED.ACAD.SCI.HUNG. 33 (1976) 13-24

32 BURGER,T.;SCHMELCZER,M.: COMPARATIVE STUDY OF PLATELET
    KINETICS WITH 75SE-METHIONINE AND 51CR IN ITP AND CONGESTIVE
    SPLENOMEGALY. FOLIA HAEMATOL. 100 (1973) 278-289

33 CESARI,L.: ASYMPTOTIC BEHAVIOR AND STABILITY PROBLEMS IN
    ORDINARY DIFFERENTIAL EQUATIONS. SPRINGER-VERLAG
    BERLIN-GOETTINGEN-HEIDELBERG (1959)

34 COE,F.L.: MEAN LIFE IN STEADY-STATE POPULATIONS.
    J.THEORET.BIOL. 18 (1968) 171-180

35 COLLI FRANZONE,P.;STEFANELLI,M.;VIGANOTTI,C.: IDENTIFICATION
    OF DISTRIBUTED MODEL FOR FERROKINETICS. IN: RUBERTI,A.:
    DISTRIBUTED PARAMETER SYSTEMS: MODELLING AND
    IDENTIFICATION. LECTURE NOTES IN CONTROL AND INFORMATION
    SCIENCES 1 (1978) 221-235

36 COONEY,D.P.;SMITH,B.A.: THE PATHOPHYSIOLOGY OF HYPERSPLENIC
    THROMBOCYTOPENIA. ARCH.INTERN.MED. 121 (1968) 332-337

37 CRADDOCK,C.G.;ADAMS,W.S.;PERRY,S.;LAWRENCE,J.S.: THE
    DYNAMICS OF PLATELET PRODUCTION AS STUDIED BY A DEPLETION
    TECHNIQUE IN NORMAL AND IRRADIATED DOGS. J.LAB.CLIN.MED. 45
    (1955) 906-919

38 CRONKITE,E.P.;BOND,V.P.;FLIEDNER,T.M.;PAGLIA,D.A.;
    ADAMIK,E.R.: STUDIES ON THE ORIGIN, PRODUCTION AND
    DESTRUCTION OF PLATELETS. IN: HENRY FORD SYMPOSIUM: BLOOD
    PLATELETS. LITTLE, BROWN & CO. (1961) 595-609

39   CROSBY,W.H.: HYPOSPLENISM: AN INQUIRY INTO NORMAL FUNCTIONS
     OF THE SPLEEN. ANN.REV.MED. 14 (1963) 349-370

40   CURRERI,P.W.;KATZ,A.J.;DOTIN,L.N.;PRUITT,B.A.: COAGULATION
     ABNORMALITIES IN THE THERMALLY INJURED PATIENT.
     CURR.TOP.SURG.RES. 2 (1970) 401-411

41   CUSHING,J.M.: INTEGRODIFFERENTIAL EQUATIONS AND DELAY
     MODELS IN POPULATION DYNAMICS. LECTURE NOTES IN
     BIOMATHEMATICS 20 SPRINGER BERLIN (1977)

42   DASSIN,E.;ARDAILLOU,N.;EBERLIN,A.;BOUREBIA,J.;NAJEAN,Y.: USE
     OF (75SE)-METHIONINE AS A TRACER OF THROMBOCYTOPOIESIS. II.
     KINETICS IN NORMAL RATS AND IN PLATELET DISORDERS IN MAN: A
     NEW APROACH. BIOCHEM.BIOPHYS.RES.COMMUN. 81 (1978) 329-335

43   DAVEY,M.G.: THE SURVIVAL AND DESTRUCTION OF HUMAN PLATELETS.
     BIBL.HAEMATOL.FASC. 22 S.KARGER, BASEL, NEW YORK (1966) 64-6

44   DAVIDON,W.C.: VARIABLE METRIC METHOD FOR MINIMIZATION. AEC
     RESEARCH AND DEVELOPMENT REPORT, ANL-5990 (1966)

45   DE GABRIELE,G.;PENINGTON,D.G.: REGULATION OF PLATELET
     PRODUCTION: ´HYPERSPLENISM´ IN THE EXPERIMENTAL ANIMAL.
     BR.J.HAEMATOL. 13 (1967) 384-393

46   DEUFLHARD,P.;APOSTOLESCU,V.: AN UNDERRELAXED GAUSS-NEWTON
     METHOD FOR EQUALITY CONSTRAINED NONLINEAR LEAST SQUARES
     PROBLEMS. IN: STOER,J.: OPTIMIZATION TECHNIQUES. LECTURE
     NOTES CONTROL INF. SCI. 7/2 (1978) 22

47   DORNHORST,A.C.: THE INTERPRETATION OF RED CELL SURVIVAL
     CURVES. BLOOD 6 (1951) 1284-1292

48   DUECHTING,W.: ENTWICKLUNG EINES ERYTHROPOESE-
     REGELKREISMODELLS ZUR COMPUTER-SIMULATION. BLUT 27 (1973)
     342-350

49   DUECHTING,W.: COMPUTER SIMULATION OF ABNORMAL ERYTHROPOIESIS
     - AN EXAMPLE OF CELL RENEWAL REGULATING SYSTEMS.
     BIOMED.TECHN. 21 (1976) 34-43

50   DUNN,C.D.R.; LEONARD,J.I.; KIMZEY,S.L.: INTERACTIONS OF ANI-
     MAL AND COMPUTER MODELS IN INVESTIGATIONS OF THE "ANEMIA" OF
     SPACE FLIGHT. AVIAT. SPACE ENVIRON MED. (1982) IN PRESS

51   DUNN,C.D.R.;SMITH,L.N.;LEONARD,J.I.;ANDREWS,R.B.;LANGE,R.D.:
     ANIMAL & COMPUTER INVESTIGATIONS INTO THE MURINE ERYTHROID
     RESPONSE TO CHRONIC HYPOXIA. EXP.HEMATOL. 8 (1980) 259-282

52 EBBE,S.: MEGAKARYOCYTOPOIESIS. IN: GORDON,A.S.: REGULATION OF HEMATOPOIESIS. APPLETON-CENTURY-CROFTS NEW YORK (1970) 1587-1610

53 EBBE,S.: ORIGIN, PRODUCTION, AND LIFE-SPAN OF BLOOD PLATELETS. IN: JOHNSON,S.A.: THE CIRCULATING PLATELET. ACADEMIC PRESS NEW YORK (1971) 19-43

54 EBBE,S.;PHALEN,E.: DOES AUTOREGULATION OF MEGAKARYOCYTOPOIESIS OCCUR? BLOOD CELLS 5 (1979) 123-138

55 EBBE,S.;PHALEN,E.;OVERCASH,J.;HOWARD,D.;STOHLMAN,F.: STEM CELL RESPONSE TO THROMBOCYTOPENIA. J.LAB.CLIN.MED. 78 (1971) 872-881

56 EBBE,S.;PHALEN,E.;THREATTE,G.;ADRADOS,C.: MEGAKARYOCYTOPOIESIS IN IRRADIATED, SPLENECTOMIZED MICE. EXP.HEMATOL. 9 (1981) 1020-1027

57 EBBE,S.;SAPIENZA,P.;DUFFY,P.;STOHLMAN,F.: DFP LABELING OF PLATELETS DURING RECOVERY FROM THROMBOCYTOPENIA. BLOOD 35 (1970) 613-623

58 EBBE,S.;STOHLMAN,F.;DONOVAN,J.;HOWARD,D.: PLATELET SURVIVAL IN THE RAT AS MEASURED WITH TRITIUM-LABELED DIISOPROPYL-FLUOROPHOSPHATE. J.LAB.CLIN.MED. 68 (1966a) 233-243

59 EBBE,S.;STOHLMAN,F.J.: MEGAKARYOCYTOPOIESIS IN THE RAT. BLOOD 26 (1965) 20-35

60 EBBE,S.;STOHLMAN,F.J.;DONOVAN,J.;HOWARD,D.: MEGAKARYOCYTO-POIESIS IN THE RAT WITH TRANSFUSION-INDUCED THROMBOCYTOSIS. PROC.SOC.EXP.BIOL.MED. 122 (1966b) 1053-1057

61 EBBE,S.;STOHLMAN,F.;DONOVAN,J.;OVERCASH,J.: MEGAKARYOCYTE MATURATION RATE IN THROMBOCYTOPENIC RATS. BLOOD 32 (1968b) 787-795

62 EBBE,S.;STOHLMAN,F.JR.;OVERCASH,J.;DONOVAN,J.;HOWARD,D. MEGAKARYOCYTE SIZE IN THROMBOCYTOPENIC AND NORMAL RATS. BLOOD 32 (1968a) 383-392

63 ENTICKNAP,J.B.;LANSLEY,T.S.;DAVIS,T.: REDUCTION IN BLOOD PLATELET SIZE WITH INCREASE IN CIRCULATING NUMBERS IN THE POSTOPERATIVE PERIOD AND A COMPARISON OF THE GLASS BEAD AND ROTATING BULB METHODS FOR DETECTING CHANGES IN FUNCTION. J.CLIN.PATHOL. 23 (1970) 140-143

64 EURENIUS,K.;MORTENSEN,R.F.;MESEROL,P.M.;CURRERI,P.W.: PLATELET AND MEGAKARYOCYTE KINETICS FOLLOWING THERMAL INJURY. J.LAB.CLIN.MED. 79 (1972) 247-257

65   FELDMANN,U.: WACHSTUMSKINETIK. MEDIZINISCHE INFORMATIK UND
     STATISTIK 11 SPRINGER BERLIN (1979)

66   FINCH,C.A.;HARKER,L.A.;COOK,J.D.: KINETICS OF THE FORMED
     ELEMENTS OF HUMAN BLOOD. BLOOD 50 (1977) 699-707

67   FLETCHER,R.;POWELL,M.J.D.: A RAPIDLY CONVERGENT DESCENT
     METHOD FOR MINIMIZATION. THE COMPUTER JOURNAL 6 (1963)
     163-168

68   FREEDMAN,M.L.;ALTSZULER,N.;KARPATKIN,S.: PRESENCE OF A
     NONSPLENIC PLATELET POOL. BLOOD 50 (1977) 419-425

69   FREEDMAN,M.L.;KARPATKIN,S.: HETEROGENEITY OF RABBIT
     PLATELETS. V.PREFERENTIAL SPLENIC SEQUESTRATION OF MEGA-
     THROMBOCYTES. BR.J.HAEMATOL. 31 (1975) 255-262

70   FUCHS,G.: COMPARTMENTMODELLE IN DER MEDIZIN. METH.INF.MED. 11
     (1972) 137-142

71   GARBY,L.;SCHNEIDER,W.;SUNDQUIST,O.;VUILLE,J.C.: A
     FERRO-ERYTHRO-KINETIC MODEL AND ITS PROPERTIES. ACTA
     PHYSIOL.SCAND. 59 SUPPL. 216 (1963) 4-29

72   GARG,S.K.;WEINER,M.;KARPATKIN,S.: THROMBOCYTE AND
     MEGATHROMBOCYTE KINETICS DURING THROMBOCYTOSIS INDUCED BY
     ACUTE AND CHRONIC BLOOD LOSS AND BY IRON DEFICIENCY DIET.
     HAEMOSTASIS 1 (1972) 121-135

73   GEHRKE,C.F.;PENNER,J.A.;NIEDERHUBER,J.;FELLER,I.:
     COAGULATION DEFECTS IN BURNED PATIENTS. SURG.GYNECOL.OBSTET.
     133 (1971) 613-616

74   GEHRMANN,G.;ELBERS,C.;BERNINGER,F.S.: LIENALE SPEICHERUNG UND
     DESTRUKTION VON THROMBOCYTEN BEI HYPERSPLENISMUS.
     KLIN.WSCHR. 50 (1972) 379-382

75   GINSBURG,A.D.;ASTER,R.H.: CHANGES ASSOCIATED WITH PLATELET
     AGING. CLIN.RES. 17 (1969) 325

76   GLASS,L.;MACKEY,M.C.: PATHOLOGICAL CONDITIONS RESULTING FROM
     INSTABILITIES IN PHYSIOLOGICAL CONTROL SYSTEMS.
     ANN.NY.ACAD.SCI. 316 (1979) 214-235

77   GRAY,W.M.;KIRK,J.: ANALYSIS BY ANALOGUE AND DIGITAL
     COMPUTERS OF THE BONE MARROW STEM CELL AND PLATELET CONTROL
     MECHANISMS. PROCEEDINGS OF THE CONFERENCE ON COMPUTER FOR
     ANALYSIS AND BIOLOGICAL RESEARCH SHEFFIELD (1971)

78   GROTH,T.;SCHNEIDER,W.;SANDEWALL,E.;VUILLE,J.C.: COMPUTER
     SIMULATION OF FERROKINETIC MODELS. COMPUT.PROG.BIOMED. 1
     (1970) 90-104

79 GRUDININ,M.M.;KLOCHKO,A.V.;LUKSHIN,Y.V.;KLOCHKO,E.V.: STUDY
    OF THE KINETICS OF THE FUNCTIONING OF A POPULATION OF
    HAEMOPOIETIC STEM CELLS USING ANALOGUE MODELLING DEVICES.
    BIOPHYSICS 23 (1978) 343-349

80 GUETGEMANN,A.;SCHREIBER,H.W.;SCHRIEFERS,K.H.: UEBER DIE
    SPLENEKTOMIE BEIM PFORTADERHOCHDRUCK DER LEBERZIRRHOSE MIT
    BLUTENDEN VARIZEN. DTSCH.MED.WSCHR. 86 (1961) 2374-2381

81 GUMOWSKI,I.;SOURIAC,P.: COMPUTER ANALYSIS OF THE PLATELET
    CONTROL MECHANISM. INFORMATICA 77 (1977) 1-2

82 HALE,J.: THEORY OF FUNCTIONAL DIFFERENTIAL EQUATIONS.
    SPRINGER NEW YORK (1977)

83 HARKER,L.A.: KINETICS OF THROMBOPOIESIS. J.CLIN.INVEST. 47
    (1968) 458-465

84 HARKER,L.A.: MEGAKARYOCYTE QUANTITATION. J.CLIN.INVEST. 47
    (1968b) 452-457

85 HARKER,L.A.: REGULATION OF THROMBOPOIESIS. AM.J.PHYSIOLOGY
    218 (1970) 1376-1380

86 HARKER,L.A.: THROMBOKINETICS IN IDIOPATHIC THROMBOCYTOPENIC
    PURPURA. BRIT.J.HAEMAT. 19 (1970b) 95-104

87 HARKER,L.A.: PLATELET PRODUCTION AND ITS REGULATION. IN
    PAULUS,J.M.: PLATELET KINETICS. NORTH-HOLLAND PUBLISHING
    COMPANY (1971a) 202-211

88 HARKER,L.A.: THE ROLE OF THE SPLEEN IN
    THROMBOKINETICS. J.LAB.CLIN.MED. 77 (1971b) 247-253

89 HARKER,L.A.: CONTROL OF PLATELET PRODUCTION. ANN.REV.MED. 25
    (1974) 383-400

90 HARKER,L.A.: THE KINETICS OF PLATELET PRODUCTION AND
    DESTRUCTION IN MAN. CLIN. IN HAEMATOL. 6 (1977) 671-693

91 HARKER,L.A.;FINCH,C.A.: THROMBOKINETICS IN MAN.
    J.CLIN.INVEST. 48 (1969) 963-974

92 HIRSCHFELD,W.J.: MODELS OF ERYTHROPOIESIS. IN: GORDON,A.S.:
    REGULATION OF HEMATOPOIESIS. VOLUME 1 RED CELL PRODUCTION.
    APPLETON-CENTURY-CROFTS NEW YORK (1970) 297-316

93 HIRSH,J.;MCBRIDE,J.A.;DACIE,J.V.: THROMBO-EMBOLISM AND
    INCREASED PLATELET ADHESIVENESS IN POST-SPLENECTOMY
    THROMBOCYTOSIS. AUST.ANN.MED. 15 (1966) 122-128

94   HODGSON,G.: APPLICATION OF CONTROL THEORY TO THE STUDY OF
ERYTHROPOIESIS. IN: GORDON,A.S.: REGULATION OF
HEMATOPOIESIS. VOLUME 1 RED CELL PRODUCTION.
APPLETON-CENTURY-CROFTS NEW YORK (1970) 327-337

95   HOWELL,W.H.;DONAHUE,D.D.: THE PRODUCTION OF BLOOD PLATELETS
IN THE LUNGS. J.EXP.MED. 65 (1937) 177-203

96   HRADIL,J.;SMID,A.: A MODEL OF RELATIONSHIPS BETWEEN THE
STEM CELL AND PROERYTHROBLAST COMPARTMENTS. IN
TRAVNICEK,T.,NEUWIRTH,J.: THE REGULATION OF ERYTHROPOIESIS
AND HEMOGLOBIN SYNTHESIS. PRAG (1971) 147-155

97   IOSIFESCU,M.;TAUTU,P.: STOCHASTIC PROCESSES AND APPLICATIONS
IN BIOLOGY AND MEDICINE. II. MODELS. SPRINGER BERLIN (1973)

98   JACKSON,C.W.;EDWARDS,C.C.: PLATELET PRODUCTION CAPACITY AT
INTERVALS AFTER ACUTE THROMBOCYTOPENIA. SCAND.J.HAEMAT. 17
(1976) 285-292

99   JACKSON,C.W.;SIMONE,J.V.;EDWARDS,C.C.: THE RELATIONSHIP
OF ANAEMIA AND THROMBOCYTOSIS. J.LAB.CLIN.MED. 84 (1974)
357-368

100   JOHNSTON,J.B.;STRIKE,T.A.: EFFECT OF CELL-FREE SPLEEN
EXTRACT ON BONE MARROW MEGAKARYOCYTES OF IRRADIATED
GUINEA-PIGS. ACTA HAEMATOL. 28 (1962) 194-197

101   KARPATKIN,S.: HUMAN PLATELET SENESCENCE. ANN.REV.MED. 23
(1972) 101-128

102   KARPATKIN,S.;CHARMATZ,A.: HETEROGENEITY OF HUMAN PLATELETS
I. METABOLIC AND KINETIC EVIDENCE SUGGESTIVE OF YOUNG AND
OLD PLATELETS. J.CLIN.INVEST. 48 (1969) 1073-1082

103   KARPATKIN,S.;GARG,S.K.;FREEDMAN,M.L.: ROLE OF IRON AS A
REGULATOR OF THROMBOPOIESIS. AMER.J.MED. 57 (1974) 521-525

104   KAUFMAN,R.M.;AIRO,R.;POLLACK,S.;CROSBY,W.H.;DOBERNECK,R.:
ORIGIN OF PULMONARY MEGAKARYOCYTES. BLOOD 25 (1965) 767-775

105   KAZARINOFF,N.D.;VAN DEN DRIESSCHE,P.: CONTROL OF
OSCILLATIONS IN HEMATOPOIESIS. SCIENCE 203 (1979) 1348-1349

106   KENDALL,D.G.: ON THE ROLE OF VARIABLE GENERATION TIME IN THE
DEVELOPEMENT OF STOCHASTIC BIRTH PROCESSES.
BIOMETRIKA 35 (1948) 316-330

107   KIEFER,J.: A MODEL OF FEEDBACK-CONTROLLED CELL POPULATIONS.
J.THEORET.BIOL. 18 (1968) 263-279

108 KING-SMITH,E.A.;MORLEY,A.: COMPUTER SIMULATION OF
GRANULOPOIESIS: NORMAL AND IMPAIRED GRANULOPOIESIS. BLOOD 36
(1970) 254-262

109 KIRK,J.;ORR,J.S.;HOPE,C.S.: A MATHEMATICAL ANALYSIS OF RED
BLOOD CELL AND BONE MARROW STEM CELL CONTROL MECHANISMS.
BRIT.J. HAEMATOL. 15 (1968) 35-47

110 KIRK,J.;ORR,J.S.;WHELDON,T.E.;GRAY,W.M.: STRESS CYCLE
ANALYSIS IN THE BIOCYBERNETIC STUDY OF BLOOD CELL
POPULATIONS. J.THEOR.BIOL. 26 (1970) 265-276

111 KOSCHEL,K.: STUDIES OF CONTROLLED CELL POPULATIONS. THESIS
UNIV. MELBOURNE (1975) 1-250

112 KOTILAINEN,M.: PLATELET KINETICS IN NORMAL SUBJECTS AND IN
HAEMATOLOGICAL DISORDERS. SCAND.J.HAEMAT. SUPPL. 5 (1969)
5-97

113 KRAYTMAN,M.: PLATELET SIZE IN THROMBOCYTOPENIAS AND THROMBO-
CYTOSIS OF VARIOUS ORIGIN. BLOOD 41 (1973) 587-598

114 KRETCHMAR,A.: ERYTHROPOIETIN: HYPOTHESIS OF ACTION TESTED BY
ANALOG COMPUTER. SCIENCE 152 (1966) 367-370

115 KRIZSA,F.;BUZAS,E.;RAK,K.: STUDY OF POST-SPLENECTOMY
THROMBOCYTOPOIESIS WITH 75SE-METHIONINE IN MICE. ACTA
HAEMAT. 52 (1974) 77-82

116 KRIZSA,F.;GERGELY,G.;RAK,K.: MECHANISM OF THROMBOCYTOSIS
FOLLOWING SPLENECTOMY IN THE MOUSE. HAEMATOLOGIA 4 (1970)
191-195

117 KUBANEK,B.;HEIT,W.: DIE HAEMOPOETISCHEN STAMMZELLEN. IN
QUEISSER,W.: DAS KNOCHENMARK. THIEME STUTTGART (1978)

118 KUMMER,H.;BUCHER,U.: THROMBOKINETIK. EINFUEHRUNG UND
KLINISCHE ANWENDUNG. SCHWEIZ.MED.WSCHR. 101 (1971) 1520-1524

119 KUTTI,J.;SAFAI-KUTTI,S.: IN VITRO LABELLING OF PLATELETS: AN
EXPERIMENTAL STUDY ON HEALTHY ASPLENIC SUBJECTS USING TWO
DIFFERENT INCUBATION MEDIA. BRIT.J.HAEMAT. 31 (1975) 57-64

120 KUTTI,J.;WEINFELD,A.: PLATELET SURVIVAL IN MAN.
SCAND.J.HAEMAT. 8 (1971) 336-346

121 LAJTHA,L.G.;OLIVER,R.;GURNEY,C.W.: MODEL OF A BONE-MARROW
STEM-CELL POPULATION. BRIT.J.HAEMAT. 8 (1962) 442-460

122 LAUFER,N.;FREUND,H.;CHARUZI,I.;GROVER,N.B.: THE INFLUENCE OF
TRAUMATIC SPLENECTOMY ON THE VOLUME OF HUMAN PLATELETS.
SURG.GYNECOL.OBSTET. 146 (1978) 889-892

123 LAYENDECKER,S.J.;MCDONALD,T.P.: THE RELATIVE ROLES OF THE
     SPLEEN AND BONE MARROW IN PLATELET PRODUCTION IN MICE.
     EXP.HEMATOL. 10 (1982) 332-342

124 LEVIN,J.;LEVIN,F.C.;PENINGTON,D.G.;METCALF,D.: MEASUREMENT
     OF PLOIDY DISTRIBUTION IN MEGAKARYOCYTE COLONIES OBTAINED
     FROM CULTURE: WITH STUDIES OF THE EFFECTS OF
     THROMBOCYTOPENIA. BLOOD 57 (1981) 287-287

125 LIBRE,E.P.;COWAN,D.H.;WATKINS,S.P.;SHULMAN,R.: RELATION-
     SHIP BETWEEN SPLEEN, PLATELETS AND FACTOR VIII LEVELS. BLOOD
     31 (1968) 358-368

126 LINKER,H.;SCHAEFER,H.E.;RUPING,B.;WAIDHAS,W.;GLOECKNER,W.;
     BORBERG,H.;WICHMANN,H.E.;REUTER,H.D.: THROMBOPOESE,
     THROMBOZYTENZAHL UND THROMBOZYTENFUNKTION VOR UND NACH
     ZELLSEPARATION. VERH.DTSCH.GES.INN.MED. 87 (1981) 798-802

127 LJAPUNOV,M.A.: PROBLEME GENERAL DE LA STABILITE DU
     MOUVEMENT (1893). REPRINTED IN: ANNALS OF MATHEMATICAL
     STUDIES 17, PRINCETON UNIVERSITY PRESS (1949)

128 LOEFFLER,M.: UEBERLEGUNGEN ZU EINEM UMFASSENDEN
     KYBERNETISCHEN MODELL DER KINETIK VON HAEMOPOETISCHEN
     STAMMZELLEN UND PROGENITORZELLEN. DISSERTATION KOELN (1982)

129 LOEFFLER,M.;HERKENRATH,P.;WICHMANN,H.E.: DO ERYTHROPOIESIS
     AND GRANULOPOIESIS INTERACT AT THE STEM CELL LEVEL? - A
     FIRST MATHEMATICAL MODEL CALCULATION. EXP.HEMATOL. 9 SUPPL.
     (1981) 53

130 LOEFFLER,M.;HERKENRATH,P.;WICHMANN,H.E.;MONETTE,F.C.;SEIDEL,
     H.J.;KREJA,L.: WERE THE MODEL PREDICTIONS CORRECT? - THE
     PROPOSED EXPERIMENTS ARE PERFORMED. EXP.HEMATOL. 10 SUPPL.
     11 (1982) 249

131 LOEFFLER,M.;WICHMANN,H.E.: A COMPREHENSIVE MATHEMATICAL
     MODEL OF STEM CELL PROLIFERATION WHICH REPRODUCES MOST OF
     THE PUBLISHED EXPERIMENTAL RESULTS. CELL TISSUE KINET. 13
     (1980) 543-561

132 LOEFFLER,M.;WICHMANN,H.E.: HOW TO PLAN EXPERIMENTS BY USE OF
     A MATHEMATICAL MODEL OF STEM CELL PROLIFERATION.
     EXP.HEMATOLOGY 8, SUPPL. 7 (1980b)102

133 MACDONALD,N.: TIME LAGS IN BIOLOGICAL MODELS. LECTURE NOTES
     IN BIOMATHEMATICS 27 SPRINGER BERLIN (1978)

134 MACKEY,M.C.: UNIFIED HYPOTHESIS FOR THE ORIGIN OF APLASTIC
     ANEMIA AND PERIODIC HEMATOPOIESIS. BLOOD 51 (1978) 941-956

135 MACKEY,M.C.: PERIODIC AUTO-IMMUNE HEMOLYTIC ANEMIA: AN
     INDUCED DYNAMICAL DISEASE. BULL.MATH.BIOL. 41 (1979) 829-834

136 MACPHERSON,A.I.S.: THE LATE RESULTS OF SPLENECTOMY. A REVIEW
     OF 243 CASES. J.ROY.CALL.SURG.EDINS. 4 (1959) 305-326

137 MATTER,M.;HARTMANN,J.R.;KAUTZ,J.;DEMARSH,Q.B.;FINCH,C.A.: A
     STUDY OF THROMBOPOIESIS IN INDUCED ACUTE
     THROMBOCYTOPENIA. BLOOD 15 (1960) 174-185

138 MAZUR,E.M.;HOFFMAN,R.;BRUNO,E.: REGULATION OF HUMAN
     MEGAKARYOCYTOPOIESIS. AN IN VITRO ANALYSIS. J.CLIN.INVEST.
     68 (1981) 733-741

139 MCDONALD,T.P.: REGULATION OF THROMBOPOIESIS.
     MEDICINA (B.AIRES) 33 (1973) 459-466

140 MCDONALD,T.P.: PLATELET PRODUCTION IN HYPOXIC AND
     RBC-TRANSFUSED MICE. SCAND.J.HAEMATOL. 20 (1978) 213-220

141 MCDONALD,T.P.;ANDREWS,R.B. CLIFT,R.;COTTRELL,M.:
     CHARACTERIZATION OF A THROMBOCYTOPOIETIC-STIMULATING FACTOR
     FROM KIDNEY CELL CULTURE MEDIUM. EXP.HEMATOL. 9 (1981)
     288-296

142 MCDONALD,T.P.;ODELL,T.T.;GOSSLEE,D.G.: PLATELET SIZE IN
     RELATION TO PLATELET AGE. PROC.SOC.EXP.BIOL.MED. 115 (1964)
     684-689

143 MCKENZIE,F.N.;DHALL,D.P.;ARFORS,K.E.;NORLUND,S.;MATHESON,N.:
     BLOOD PLATELET BEHAVIOUR DURING AND AFTER OPEN-HEART
     SURGERY. BRIT.MED.J. 2 (1969) 795-798

144 MEIS,T.;MARCOWITZ,U.: NUMERISCHE BEHANDLUNG PARTIELLER
     DIFFERENTIALGLEICHUNGEN. SPRINGER BERLIN (1978)

145 MILSTEIN,J.: FITTING MULTIPLE TRAJECTORIES SIMULTANEOUSLY TO
     A MODEL OF INDUCIBLE ENZYME SYNTHESIS. MATH. BIOSCI. 40
     (1978) 175

146 MONICHEV,A.YA.: ORIGON CONDITIONS OF THE AUTOOSCILLATION IN
     THE HEMOPOIETIC SYSTEM. BIOFIZIKA 23 (1978) 682-686

147 MORIAU,M.;MASURE,R.;HURLET,A.;DEBEYS,C.;CHALANT,C.;PONLOT,R.
     JAUMAIN,P.;SERVAYE-KESTENS,Y.;RAVAUX,A.;LOUIS,A.;GOENEN,M.:
     HAEMOSTASIS DISORDERS IN OPEN HEART SURGERY WITH
     EXTRACORPOREAL CIRCULATION. VOX.SANG. 32 (1977) 41-51

148 MURPHY,E.A.;FRANCIS,M.E.: THE ESTIMATION OF BLOOD PLATELET
     SURVIVAL. I.GENERAL PRINCIPLES OF THE STUDY OF CELL
     SURVIVAL. THROMB.DIATH.HAEMORRH. 22 (1969) 281-295

149 MURPHY,E.A.;FRANCIS,M.E.: THE ESTIMATION OF BLOOD PLATELET
     SURVIVAL. II. THE MULTIPLE HIT MODEL. THROMB.DIATH.HAEMORRH
     25 (1971) 53-80

150 MURPHY,E.A.;ROBINSON,G.A.;ROWSELL,H.C.;MUSTARD,J.F.: THE
     PATTERN OF PLATELET DISAPPEARANCE. BLOOD 30 (1967) 26-38

151 MURPHY,S.;OSKI,F.A.;NAIMAN,J.L.;LUSCH,C.J.;GOLDBERG,S.;
     GARDNER,F.H.: PLATELET SIZE AND KINETICS IN HEREDITARY AND
     AQUIRED THROMBOCYTOPENIA. NEW ENG.J.MED. 286 (1972) 499-504

152 MUSTARD,J.F.;MURPHY,E.A.;ROBINSON,G.A.;ROWSELL,H.C.;
     OZGE,A.;CROOKSTON,J.H.: BLOOD PLATELET SURVIVAL.
     THROMB.DIATH.HAEMORRH. SUPPL. 13 (1964) 245-275

153 MYLREA,K.C.;ABBRECHT,P.H.: MATHEMATICAL ANALYSIS AND DIGITAL
     SIMULATION OF THE CONTROL OF ERYTHROPOIESIS. J.THEOR.BIOL.
     33 (1971) 279-297

154 NAKEFF,A.;BRYAN,J.E.: MEGAKARYOCYTE PROLIFERATION AND ITS
     REGULATION AS REVEALED BY CFU-M ANALYSIS. IN:
     GOLDE,D.W.,CLINE,M.J.,METCALF,D.,FOX,C.F.: HEMATOPOIETIC
     CELL DIFFERENTIATION. ACADEMIC PRESS NEW YORK (1978) 241-259

155 NAZARENKO,V.G.: MODIFICATION OF THE MODEL OF A CELL
     POPULATION DEPRESSING ITS MITOTIC ACTIVITY. BIOPHYSICS 23
     (1978) 337-342

156 NECAS,E.;HAUSER,F.;NEUWIRT,J.: COMPUTER MODEL OF
     HAEMOPOIETIC STEM CELL POPULATION TESTING A POSSIBLE ROLE OF
     DNA SYNTHETIZING CELLS IN PROLIFERATION CONTROL. BLUT 41
     (1980) 335-346

157 NEWTON,C.: COMPUTER SIMULATION OF STEM-CELL KINETICS.
     BULLETIN OF MATHEMATICAL BIOPHYSICS 27 (1965) 275-290

158 NEWTON,C.M.: MODELING THE STEM-CELL SYSTEM - CURRENT STATUS.
     ANN. N.Y. ACAD.SCI. 128 (1966) 781-789

159 NOONEY,G.C.: AN ERYTHRON-DEPENDENT MODEL OF IRON KINETICS.
     BIOPHYS. J. 6 (1966) 601-609

160 ODELL,T.T.: MEGAKARYOCYTOPOIESIS AND ITS RESPONSE TO
     STIMULATION AND SUPPRESSION. IN: BALDINI,M.G.,EBBE,S.:
     PLATELETS: PRODUCTION, FUNCTION, TRANSFUSION AND STORAGE.
     GRUNE AND STRATTON NEW YORK (1974a) 11-20

161 ODELL,T.T.;JACKSON,C.W.;MURPHY,J.R.: PLATELET RECOVERY AFTER
     INDUCTION OF ACUTE THROMBOCYTOPENIA. PROC.SOC.EXP.BIOL.MED.
     148 (1975) 829-33

162 ODELL,T.T.;JACKSON,C.W.;REITER,R.S.: DEPRESSION OF THE MEGA-
KARYOCYTE-PLATELET SYSTEM IN RATS BY TRANSFUSION OF
PLATELETS. ACTA HAEMAT. 38 (1967) 34-42

163 ODELL,T.T.;MURPHY,J.R.: EFFECTS OF DEGREE OF THROMBOCYTOPE-
NIA ON THROMBOCYTOPOIETIC RESPONSE. BLOOD 44 (1974b) 147-156

164 ODELL,T.T.;MURPHY,J.R.;JACKSON,C.W.: STIMULATION OF
MEGAKARYOCYTOPOIESIS BY ACUTE THROMBOCYTOPENIA IN RATS.
BLOOD 48 (1976) 765-775

165 ODELL,T.T.JR.;JACKSON,C.W.;FRIDAY,C.W.;CHARSHA,D.E.: EFFECTS
OF THROMBOCYTOPENIA ON MEGAKARYOCYTOPOIESIS. BRIT.J.
HAEMAT. 17 (1969) 91-101

166 ODELL,T.T.JR.;MCDONALD,T.P.;ASANO,M.: RESPONSE OF RAT
MEGAKARYOCYTES AND PLATELETS TO BLEEDING.
ACTA HAEMAT. (BASEL) 27 (1962) 171-179

167 OKUNEWICK,J.P.;KRETCHMAR,A.L.: A MATHEMATICAL MODEL FOR
POST-IRRADIATION HEMATOPOIETIC RECOVERY. RAND CORPORATION
MEMORANDUM RM-5272-PR (1967) 1-32

168 OKUNEWICK,J.P.;KRETCHMAR,A.L.: MATHEMATICAL MODEL FOR
POST-IRRADIATION HAEMOPOIESIS. IN: EFFECTS OF RADIATION ON
CELLULAR PROLIFERATION AND DIFFERENTIATION. IAEA VIENNA
(1968) 259-273

169 PABST,G.;KREJA,L.;SEIDEL,H.J.: REGULATION OF ERYTHROPOIESIS
- A MATHEMATICAL MODEL. EXP.HEMATOL. 9 SUPPL. 9 (1981) 52

170 PAULUS,J.M.: PLATELET SIZE IN MAN. BLOOD 46 (1975) 321-336

171 PEDERSEN,N.T.: THE EFFECT OF SPLENECTOMY ON THE
MEGAKARYOCYTE AND PLATELET COUNT IN THE BLOOD OF RATS.
SCAND.J.HAEMAT. 12 (1974) 291-297

172 PENINGTON,D.G.;OLSEN,T.E.: MEGAKARYOCYTES IN STATES OF
ALTERED PLATELET PRODUCTION: CELL NUMBERS, SIZE AND DNA
CONTENT. BRIT.J.HAEMAT. 18 (1970) 447-463

173 PENINGTON,D.G.;STREATFIELD,K.;WESTE,S.M.: MEGAKARYOCYTE
PLOIDY AND ULTRASTRUCTURE IN STIMULATED THROMBOPOIESIS. IN:
BALDINI,M.G.,EBBE,S.:
PLATELETS: PRODUCTION, FUNCTION, TRANSFUSION AND STORAGE.
GRUNE AND STRATTON NEW YORK (1974) 115-130

174 PEPPER,H.;LINDSAY,S.: RESPONSES OF PLATELETS, EOSINOPHILS
AND TOTAL LEUKOCYTES DURING AND FOLLOWING SURGICAL
PROCEDURES. SURG.GYNEC.OBSTET. 110 (1960) 319-326

175 POLLYCOVE,M.;MORTIMER,R.: THE QUANTITATIVE DETERMINATION OF
     IRON KINETICS AND HEMOGLOBIN SYNTHESIS IN HUMAN
     SUBJECTS. J.CLIN.INVEST. 40 (1961) 755-782

176 PRASSE,W.K.;SEAGRAVE,C.R.;KAEBERLE,L.M.; RAMSEY,K.F.: A
     MODEL OF GRANULOPOIESIS IN CATS. LABORATORY INVESTIGATION 28
     (1973) 292-299

177 RANFT,U.: EIN SIMULATIONSMODELL DER HAEMATOPOESE NACH
     STRAHLENSCHAEDIGUNG. IN: SCHNEIDER,B.,RANFT,U.:
     SIMULATIONSMETHODEN IN DER MEDIZIN UND BIOLOGIE.
     MEDIZINISCHE INFORMATIK UND STATISTIK 8 SPRINGER-VERLAG
     BERLIN (1978b) 334-350

178 RANFT,U.: ZUR MECHANIK UND REGELUNG DES
     HERZKREISLAUFSYSTEMSMEDIZINISCHE INFORMATIK UND STATISTIK 6
     SPRINGER-VERLAG (1978a)

179 REEVE,J.: AN ANALOGUE MODEL OF GRANULOPOIESIS FOR THE
     ANALYSIS OF ISOTOPIC AND OTHER DATA OBTAINED IN THE NON-
     STEADY STATE. BRIT.J.HAEMAT. 25 (1973) 15-33

180 REINCKE,U.; SLATKIN,D.N.: ELEMENTARY MODEL OF A CELL RENEWAL
     POPULATION CONTROLLED BY DIFFERENTIATED CELL DEMAND. 5TH
     MEETING INT.SOC.HAEMATOL. HAMBURG ABSTRACTS 2 (1979) 11

181 RICHTER,O.: MATHEMATISCHE MODELLE FUER DIE KLINISCHE
     FORSCHUNG: ENZYMATISCHE UND PHARMAKOKINETISCHE PROZESSE.
     MEDIZINISCHE INFORMATIK UND STATISTIK 32 SPRINGER BERLIN
     (1982)

182 ROLOVIC,Z.;BALDINI,M.: MEGAKARYOCYTOPOIESIS IN
     SPLENECTOMIZED AND ´HYPERSPLENIC´ RATS. BRIT.J.HAEMAT. 18
     (1970) 257-268

183 RUBINOW,S.I.;LEBOWITZ,J.L.: A MATHEMATICAL MODEL OF
     NEUTROPHIL PRODUCTION AND CONTROL IN NORMAL MAN.
     J.MATH.BIOL. 1 (1975) 187-225

184 RUBINOW,S.I.;LEBOWITZ,J.L.: A MATHEMATICAL MODEL OF THE
     ACUTE MYELOBLASTIC LEUKEMIC STATE IN MAN. BIOPHYS.J. 16
     (1976a) 897-910

185 RUBINOW,S.I.;LEBOWITZ,J.L.: A MATHEMATICAL MODEL OF THE
     CHEMOTHERAPEUTIC TREATMENT OF ACUTE MYELOBLASTIC LEUKEMIA.
     BIOPHYSICAL J. 16 (1976b) 1257-1271

186 SACHER,G.A.;TRUCCO,E.: THEORY OF RADIATION INJURY AND
     RECOVERY IN SELF-RENEWING CELL POPULATIONS. RAD.RES. 29
     (1966) 236-256

187   SCHENZLE,D.: AN AUTOCATALYTIC MODEL FOR PULSATILE RELEASE OF
      GNRH. NEUROENDOCRINOLOGY LETTERS 2 (1980) 25-30

188   SCHMIDT,P.J.;PEDEN,J.C.;BRECHER,G.;BARANOVSKY,A.:
      THROMBOCYTOPENIA AND BLEEDING TENDENCY AFTER EXTRACORPOREAL
      CIRCULATION. NEW ENGL.J.MED. 265 (1961) 1181-1184

189   SCHNEIDER,B.: VERSUCH EINER MEDIZINISCHEN KYBERNETIK.
      METH.INFORM.MED. 3 (1966) 129-135

190   SCHUERGER,K.;TAUTU,P.: A MARKOVIAN CONFIGURATION MODEL FOR
      CARCINOGENESIS. IN: BERGER,J.,BUEHLER,W.,REPGES,R.,TAUTU,P.:
      MATHEMATICAL MODELS IN MEDICINE. LECTURE NOTES IN
      BIOMATHEMATICS VOL. 11 SPRINGER BERLIN (1976) 92-108

191   SHREINER,D.P.;LEVIN,J.: REGULATION OF THROMBOPOIESIS. IN:
      WOLSTENHOLME,G.E.W.,O´CONNOR,M.: HAEMOPOIETIC STEM CELLS.
      ASSOCIATED SCIENTIFIC PUBL. AMSTERDAM (1973) 225-241

192   SHULMAN,N.R.;MARDER,V.J.;WEINRACH,R.S.: SIMILARITIES BETWEEN
      KNOWN ANTIPLATELET ANTIBODIES AND THE FACTOR RESPONSIBLE FOR
      THROMBOCYTOPENIA IN IDIOPATHIC PURPURA. PHYSIOLOGIC,
      SEROLOGIC AND ISOTOPIC STUDIES. ANNALS NEW YORK ACADEMY OF
      SCIENCES 124 (1965) 499-541

193   SHULMAN,N.R.;WATKINS,S.P.;ITSCOITZ,S.B.;STUDENTS,A.B.:
      EVIDENCE THAT THE SPLEEN RETAINS THE YOUNGEST AND
      HEMOSTATICALLY MOST EFFECTIVE PLATELETS.
      TRANS.ASSOC.AMER.PHYS. 81 (1968) 302-312

194   SIEMENSMA,D.C.: EXPERIMENTAL STUDIES CONCERNING REACTIVE
      THROMBOCYTOSIS. PHD.THESIS MELBOURNE (1981) 1-130

195   SIMON,T.L.;CURRERI,P.W.;HARKER,L.A.: KINETIC
      CHARACTERIZATION OF HEMOSTASIS IN TERMAL INJURY.
      J.LAB.CLIN.MED. 89 (1977) 702-711

196   SLICHTER,S.J.;FUNK,D.D.;LEANDOER,L.E.;HARKER,L.A.: KINETIC
      EVALUATION OF HAEMOSTASIS DURING SURGERY AND WOUND HEALING.
      BRIT.J.HAEMAT. 27 (1974) 115-125

197   STACHOWIAK,H.: ALLGEMEINE MODELLTHEORIE. SPRINGER WIEN.
      (1973)

198   STEINBACH,K.H.;RAFFLER,H.;FLIEDNER,T.M.: UNTERSUCHUNGEN ZUR
      SIMULATION EINES MATHEMATISCHEN MODELLS DES GRANULO-
      ZYTAEREN ZELLERNEUERUNGSSYSTEMS. HAEMATOLOGEN-KONGRESS
      FREIBURG (1976)

199   STEINBACH,K.H.;RAFFLER,H.;PABST,G.;FLIEDNER,T.M.: A
      MATHEMATICAL MODEL OF CANINE GRANULOCYTOPOIESIS.
      J.MATH.BIOLOGY 10 (1980) 1-12

200   STUTTE,H.J.: ZUR PATHOGENESE DES HYPERSPLENISMUS.
      DTSCH.MED.WSCHR. 98 (1973) 388-384

201   SULLIVAN,L.W.;ADAMS,W.H.;LIU,Y.K.: INDUCTION OF
      THROMBOCYTOPENIA BY THROMBOPHERESIS IN MAN: PATTERNS OF
      RECOVERY IN NORMAL SUBJECTS DURING ETHANOL INGESTION AND
      ABSTINENCE. BLOOD 49 (1977) 197-207

202   TAKAHASHI,M.: THEORETICAL BASIS FOR CELL CYCLE ANALYSIS. I.
      LABELLED MITOSES WAVE METHOD. J. THEOR. BIOL. 13 (1966)
      202-211

203   TARNUZI,A.;SMILEY,R.K.: HEMATOLOGIC EFFECTS OF SPLENIC
      IMPLANTS. BLOOD 29 (1967) 373-384

204   THOMAS,B.: NUMERISCHE BEHANDLUNG VON RETARDIERTEN
      DIFFERENTIALGLEICHUNGEN MIT HILFE DER EXTRAPOLATIONSMETHODE
      UND ANWENDUNGEN AUF RETARDIERTE RANDWERTPROBLEME.
      DIPLOMARBEIT KOELN (1973)

205   THOMAS,B.;WICHMANN,H.E.: NUMERISCHE BEHANDLUNG VON
      DIFFERENTIALGLEICHUNGEN MIT ZEITVERZOEGERUNGEN. IN:
      SCHNEIDER,B.,RANFT,U.: SIMULATIONSMETHODEN IN DER MEDIZIN UN
      BIOLOGIE. SPRINGER BERLIN (1978) 36-48

206   TRUCCO,E.: MATHEMATICAL MODELS FOR CELLULAR SYSTEMS THE VON
      FOERSTER EQUATION. PART I. BULL.MATH.BIOPHYSICS. 27 (1965)
      285-304

207   VON FOERSTER,H.: SOME REMARKS ON CHANGING POPULATIONS. IN:
      STOHLMAN,F.: THE KINETICS OF CELLULAR PROLIFERATION. GRUNE
      AND STRATTON NEW YORK (1959) 382-407

208   VON FOERSTER,H.: COMPUTATION IN NEUTRAL NETS. CURRENT
      MOD.BIOL. 1 (1967) 47-93

209   VON SCHULTHESS,G.K.;MAZER,N.A.: CYCLIC NEUTROPENIA (CN): A
      CLUE TO THE CONTROL OF GRANULOPOIESIS. BLOOD 59 (1982) 27 -
      37

210   WALSH,J.R.;STARR,A.;RITZMANN,L.W.: HEMOLYTIC DISEASE
      ASSOCIATED WITH CARDIAC VALVE PROSTHESES. IN: BREWER,L.A.:
      PROSTHETIC HEART VALVES. THOMAS PUBLISHER SPRINGFIELD (1969)
      654-662

211   WARREN,R.;AMDUR,M.O.;BELKO,J.;BAKER,D.V.: POSTOPERATIVE
      ALTERATIONS IN THE COAGULATION MECHANISM OF THE BLOOD.
      ARCH.SURG. 61 (1950) 419-432

212   WEINER,M.;KARPATKIN,S.: USE OF THE MEGATHROMBOCYTE TO
      DEMONSTRATE THROMBOPOIETIN. DIATHES.HAEMORRH. (STUTTG.) 28
      (1972) 24-30

213 WEINTRAUB,A.H.;KARPATKIN,S.: HETEROGENEITY OF RABBIT
     PLATELETS. 2. USE OF THE MEGATHROMBOCYTE TO DEMONSTRATE A
     THROMBOPOIETIC STIMULUS. J.LAB.CLIN.MED. 83 (1974) 896-901

214 WEINTRAUB,A.H.;KHAN,I.;KARPATKIN,S.: EVIDENCE FOR A SPLENIC
     RELEASE FACTOR OF PLATELETS IN CHRONIC BLOOD LOSS PLASMA OF
     RABBITS. BR.J.HAEMATOL. 34 (1976) 421-426

215 WELLNER,U.; KUTZIM,H.: COMPARTMENTANALYSE EINES NEUEN
     EISENSTOFFWECHSELMODELLS. NUCL.MED. 9 (1971) 530-537

216 WHELDON,T.E.;KIRK,J.;FINLAY,H.M.: CYCLICAL GRANULOPOIESIS IN
     CHRONIC GRANULOCYTIC LEUKEMIA: A SIMULATION STUDY. BLOOD 43
     (1974) 379-381

217 WICHMANN,H.E.: UNTERSUCHUNG EINES NICHTLINEAREN
     DIFFERENTIALGLEICHUNGSSYSTEMS UND SEINE ANWENDUNG AUF DEN
     REGELKREIS DER BILDUNG ROTER BLUTZELLEN (ERYTHROPOESE) BEIM
     MENSCHEN. DISSERTATION UNIVERSITAT KOELN (1976) 1-106

218 WICHMANN,H.E.: MATHEMATISCHE PROBLEMATIK BEI MODELLEN ZUR
     BLUTBILDUNG. MATH. FORSCHUNGSINST. OBERWOLFACH, MEDIZINISCHE
     STATISTIK ABSTRACTS 8 (1978) 18

219 WICHMANN,H.E.: KONSTRUKTION VON BLUTBILDUNGSMODELLEN MIT
     HILFE DER VON FOERSTER GLEICHUNG. EDV IN MED. U. BIOL. 10
     (1979) 12-16

220 WICHMANN,H.E.: DAS ALLGEMEINE STAMMZELLPROBLEM UND SEINE
     MATHEMATISCHE BEHANDLUNG. MATH. FORSCHUNGSINST. OBERWOLFACH,
     MEDIZINISCHE STATISTIK ABSTRACTS 10 (1980b) 17-18

221 WICHMANN,H.E.: MATHEMATISCHES MODELL DER THROMBOPOESE BEI
     RATTEN. IN: JESDINSKY,H.J.,WEIDTMAN,V.: MODELLE IN DER
     MEDIZIN - THEORIE UND PRAXIS. MEDIZINISCHE INFORMATIK UND
     STATISTIK 22 SPRINGER BERLIN (1980a) 628-644

222 WICHMANN,H.E.: COMPUTER MODELING OF ERYTHROPOIESIS. IN:
     DUNN,C.D.R.: CURRENT CONCEPTS IN ERYTHROPOIESIS. WILEY
     CHICHESTER (1982a) IN PRESS

223 WICHMANN,H.E.: MATHEMATISCHE MODELLE IN DER HAEMATOLOGIE.
     VORTRAG AUF DEM SYMPOSIUM "MODELLE UND REALITAETEN IN DER
     MEDIZIN" KOELN (1982b)

224 WICHMANN,H.E.;GERHARDTS,M.D.: PLATELET SURVIVAL CURVES IN
     MAN CONSIDERING THE SPLENIC POOL. J.THEOR.BIOL. 88 (1981)
     83-101

225 WICHMANN,H.E.;GERHARDTS,M.D.;SPECHTMEYER,H.;GROSS,R.: A
     MATHEMATICAL MODEL OF THROMBOPOIESIS IN RATS. CELL TISSUE
     KINET. 12 (1979) 551-567

226 WICHMANN,H.E.;GROSS,R,: HOW MATHEMATICAL MODELS CAN
INTERPRET AND PREDICT EXPERIMENTAL RESULTS IN HAEMATOLOGY.
KLIN.WOCHENSCHR. 59 (1981) 1-4

227 WICHMANN,H.E.;KOEPPEN,L.: STABILITY OF NONLINEAR SYSTEMS. ED
IN MED. U. BIOL. 9 (1978) 118-123

228 WICHMANN,H.E.;LOEFFLER,M.: LETTER TO THE EDITOR. A SOLUTION
TO THE CONTROVERSY ON STEM CELL REGULATION. BLOOD CELLS
(1982) IN PRESS

229 WICHMANN,H.E.;LOEFFLER,M.: MATHEMATICAL MODELING OF CELL
PROLIFERATION. VOL I: STEM CELL REGULATION IN HEMOPOIESIS.
CRC PRESS BOCA RATON FLORIDA TO APPEAR IN 1983

230 WICHMANN,H.E.;SPECHTMEYER,H.: MODELLE ZUR HAEMOPOESE
(COMPUTERSIMULATION). IN SCHUMACHER,K.,GROSSER,K.D.:
AKTUELLE PROBLEME DER INNEREN MEDIZIN. SCHATTAUER STUTTGART
(1977) 275-282

231 WICHMANN,H.E.;SPECHTMEYER,H.;GERECKE,D.;GROSS,R.: A
MATHEMATICAL MODEL OF ERYTHROPOIESIS IN MAN. IN:
BERGER,J.,BUEHLER,W.,REPGES,R.,TAUTU,P.: MATHEMATICAL MODELS
IN MEDICINE. LECTURE NOTES IN BIOMATHEMATICS 11 SPRINGER
BERLIN (1976) 159-179

232 WICHMANN,H.E.;THOMAS,B.: VARIABLE ZEITVERZOEGERUNGEN BEI DER
BLUTBILDUNG. IN: SCHNEIDER,B.,RANFT,U.:SIMULATIONSMETHODEN
IN DER MEDIZIN UND BIOLOGIE. MEDIZINISCHE INFORMATIK UND
STATISTIK VOL. 8 SPRINGER BERLIN (1978) 351-366

233 WICHMANN,H.E.;WULFF,H.;GROSS,R.: REGULATION OF
ERYTHROPOIESIS IN RATS AND MICE - A MATHEMATICAL ANALYSIS.
EXP.HEMATOL. 9 SUPPL. 9 (1981) 51

234 WICHMANN,H.E.;WULFF,H.;GURNEY,C.W.: CYCLING OF
ERYTHROPOIESIS IN W/WV MICE - A FIRST MATHEMATICAL ANALYSIS.
EXP.HEMATOL. 10 SUPPL. 11 (1982) 248

235 WICKRAMASINGHE,S.N.: HUMAN BONE MARROW. BLACKWELL OXFORD
(1975)

236 WIDMANN,W.D.;DAVIDSON,S.J.;LAUBSCHER,F.A.;GRENOBLE,R.A.
EFFECTS OF SPLENECTOMY AND SPLENOSIS ON THE BLOOD AND
PLATELET COUNT AND RED CELL MORPHOLOGY. MILIT.MED. 136
(1971) 15-19

237 WILLEMS,J.L.: STABILITAET DYNAMISCHER SYSTEME.
OLDENBOURG-VERLAG MUENCHEN (1973)

238 WILLIAMS,W.J.; BEUTLER,E.; ERSLEV,A.J.; RUNDLES,R.W.:
     HEMATOLOGY. MCGRAW-HILL NEW YORK (1972)

239 WULFF,H.: EIN MATHEMATISCHES MODELL DES ERYTHROPOETISCHEN
     SYSTEMS VON RATTE UND MAUS. DISSERTATION KOELN (1982)

240 YGGE,J.: CHANGES IN BLOOD COAGULATION AND FIBRINOLYSIS
     DURING THE POSTOPERATIVE PERIOD. AM.J.SURGERY 119 (1970)
     225-232

241 ZNOJIL,V.;VACHA,J.: MATHEMATICAL MODEL OF THE CYTOKINETICS
     OF ERYTHROPOIESIS IN THE BONE MARROW AND SPLEEN OF MICE.
     BIOPHYSICS 20 (1975) 671-679

15 Zusammenstellung der verwendeten Symbole

$y(t)$:   zeitlich veränderte Variable

Y :   Gleichgewichtswert

$N(t)$:   Gesamtzellzahl

$n(a,t)$:   Altersverteilung

$n_0(t)=n(0,t)$: Zuflußrate

T,τ :   maximale und mittlere Aufenthaltsdauer
im Compartment

$\ominus (a,t)$:   Verlustfunktion

$\Psi (a,t)$:   Altersfunktion

$\chi (a,t)$:   Verweilfunktion

$1, 1_{12}, 1_{SC}$: konstante Abbau- und Übergangsparameter

$Cr^*(t)$: ^{51}Cr-markierte Zellen, normiert auf den
Anfangswert 1

S :   determinierte megakaryozytäre Stammzellen

MN :   Megakaryozytenzahl

MV :   Megakaryozytenvolumen (Einzelzellvolumen)

M :   Megakaryozytenmasse

P :   Blutplättchen (Gesamtthrombozytenzahl)

PC :   zirkulierende Blutplättchen

PS :   Blutplättchen im Milzspeicher

MT :   Megathrombozyten (mittlerer Zelldurchmesser $> 2,5\,\mu$)

MTC : zirkulierende Megathrombozyten

MTS : Megathrombozyten im Milzspeicher

TP : Thrombopoetin

τ_S : Transitzeit der determinierten Stammzellen

τ_M : Marktransitzeit der Megakaryozyten

τ_{MT} : Megathrombozytenlebensdauer

τ_P : normale Thrombozytenlebensdauer

$\tau_{1/2}$: Thrombozytenhalbwertzeit

τ_{TP} : Thrombopoetinumsatzzeit

Z_S : Proliferationsrate der determinierten Stammzellen (zusätzliche oder übersprungene Mitosen)

Z_M : Proliferationsrate der Megakaryozyten (zusätzliche oder übersprungene Endomitosen)

s_{in}, c_{in} : Anteil neu gebildeter Plättchen in Milz und Zirkulation

s_{out}, c_{out} : Anteil alter Plättchen in Milz und Zirkulation

Ploidy-Wert : Anzahl der Chromosomensätze einer polyploiden Zelle

Recovery-Wert: Anteil, der unmittelbar nach der Transfusion von ^{51}Cr-markierten Thrombozyten in der Zirkulation gemessen wird

St, St_0, t_{St} : Parameter der Stammzellstimulation